Andreas Scherer

Neuronale Netze

Computational Intelligence

herausgegeben von
Wolfgang Bibel, Walther von Hahn und Rudolf Kruse

Die Bücher dieser Reihe behandeln Themen, die sich dem weitgesteckten Ziel des Verständnisses und der technischen Realisierung intelligenten Verhaltens in einer Umwelt zuordnen lassen. Sie sollen damit Wissen aus der Künstlichen Intelligenz und der Kognitionswissenschaft (beide zusammen auch Intellektik genannt) sowie aus interdisziplinär mit diesen verbundenen Disziplinen vermitteln. Computational Intelligence umfaßt die Grundlagen ebenso wie die Anwendungen.

Das Rechnende Gehirn
von Patricia S. Churchland und Terrence J. Sejnowski

Neuronale Netze und Fuzzy-Systeme
von Detlef Nauck, Frank Klawonn und Rudolf Kruse

Fuzzy-Clusteranalyse
von Frank Höppner, Frank Klawonn und Rudolf Kruse

Einführung in Evolutionäre Algorithmen
von Volker Nissen

Neuronale Netze
Grundlagen und Anwendungen
von Andreas Scherer

Titel aus dem weiteren Umfeld,
erschienen in der Reihe Künstliche Intelligenz des Verlages Vieweg:

Automatische Spracherkennung
von Ernst Günter Schukat-Talamazzini

Deduktive Datenbanken
von Armin B. Cremers, Ulrike Griefahn und Ralf Hinze

Wissensrepräsentation und Inferenz
von Wolfgang Bibel, Steffen Hölldobler und Torsten Schaub

Andreas Scherer

Neuronale Netze

Grundlagen und Anwendungen

Die Deutsche Bibliothek – CIP-Einheitsaufnahme

Scherer, Andreas:
Neuronale Netze: Grundlagen und Anwendungen /
Andreas Scherer. – Braunschweig; Wiesbaden:
Vieweg, 1997
  (Computational intelligence)
  ISBN-13: 978-3-528-05465-6   e-ISBN-13: 978-3-322-86830-5
  DOI: 10.1007/978-3-322-86830-5

Gedruckt auf säurefreiem Papier

Inhaltsverzeichnis

Vorwort

Das Gebiet "Neuronale Netze" erfreut sich zunehmenden Interesses. Im Laufe der letzten Jahre wurde eine Reihe wissenschaftlicher Konferenzen, Symposien und Workshops zu verschiedenen Aspekten dieses Themas abgehalten. Fachzeitschriften sind eigens neu ins Leben gerufen worden. Damit zählt es zu den derzeit sehr aktiven Forschungsbereichen. Aber auch in der breiten Öffentlichkeit nimmt man Notiz von dieser Technologie, insbesondere durch medienwirksame Anwendungsbeispiele etwa aus den Bereichen Robotik, Bild- und Sprachverarbeitung, Aktienprognose etc.

Dieses Buch dient dazu, die Grundlagen neuronaler Netze zu vermitteln. Der Leser lernt die wichtigsten Architekturen und Lernparadigmen kennen und ist mit dem vermittelten Wissen in der Lage, eigenständig Arbeiten in diesem Gebiet durchzuführen. Eine ausführliche Bibliographie erlaubt die Vertiefung selbstgewählter Schwerpunkte.

Dieses Buch entstand in meiner Zeit am Lehrstuhl Praktische Informatik I der FernUniversität Hagen von Herrn Prof. Dr. G. Schlageter, dem ich für seine freundliche Unterstützung danke. Im Laufe seiner Erstellung gab mir eine Reihe von Personen wichtige Anregungen, die von redaktionellen Hinweisen bishin zu wertvollen inhaltlichen Anmerkungen reichten. Namentlich möchte ich mich daher bedanken bei: Dr. Michael Gerke, Dr. Eberhard Heuel, Roland Rahn, Dr. Martin Schürmann und Dr. Nina Vojdani. Bei der Erstellung der Graphiken standen mir Thorsten Rieth und Andreas Wegener helfend zur Seite.

Abschließend möchte ich mich bei Herrn Dr. Klockenbusch (Vieweg-Verlag) bedanken. Er hat mir im Laufe der Erstellung des Buches unendlich viel Geduld entgegengebracht, ohne die dieses Buch nicht möglich gewesen wäre.

Ich wünsche Ihnen bei dem Einstieg in das Thema viel Spaß!

Weil im Schönbuch, im März 1997   Andreas Scherer

1 Einführung

In diesen Zeiten erleben wir die Durchdringung nahezu aller Bereiche unseres Lebens durch den Computer. Wir führen mit seiner Hilfe komplizierte Berechnungen durch, verwalten große Datenbestände und steuern komplexe Systeme. Diese Liste ließe sich problemlos fortsetzen. Der Computer hat seine universelle Einsetzbarkeit an vielen Stellen erfolgreich bewiesen. Dennoch ist uns eine Reihe von Problemen bekannt, die etwa der Mensch exzellent lösen kann, die aber selbst von mächtigen Computersystemen nicht ansatzweise in vergleichbarer Form bearbeitet werden können. Beispiele hierfür sind etwa das Erkennen von Gesichtern, das Verstehen von Sprache, die Handschriftenerkennung, das Entwickeln komplizierter Bewegungsmuster etc.

Ein Charakteristikum der Problemlösung in biologischen Systemen ist die Adaption. Durch Lernprozesse sind wir in der Lage, bestimmte Dinge besser, schneller oder effizienter zu erledigen. So lernen wir in sehr frühen Jahren, die uns umgebende Umwelt zu erkennen, wir beginnen Objekte dieser Umwelt zu benennen und lernen immer komplexere Bewegungsmuster aufzubauen.

Es liegt nahe, diese Vorgehensweise auf die Entwicklung von Computerprogrammen zu übertragen. Hierzu müssen Verfahren erforscht werden, die in der Lage sind, aufgrund von Beispielen zu lernen und so Lösungen zu schwierigen Problemen selbständig zu entwickeln. Das Fachgebiet der neuronalen Netze beschäftigt sich mit Ansätzen und Methoden, die genau diese Eigenschaft aufweisen und die im Unterschied zu anderen Verfahren des maschinellen Lernens durch den Aufbau unseres Nervensystems inspiriert sind und damit der Analogie zum menschlichen Wissenserwerb ein Stück näher kommen.

In der Tat haben neuronale Netze sich in unterschiedlichsten Bereichen etabliert, in denen mit ihrer Hilfe Lösungen ermöglicht wurden, die mit konventionellen Methoden nicht in vergleichbarer Form erreichbar gewesen wären. Dieses Buch beschreibt die wichtigsten Konzepte, die in diesem derzeit sehr aktiven Forschungsbereich entwickelt worden sind.

1.1 Was ist ein neuronales Netz?

Neuronale Netze werden in verschiedenen Bereichen, etwa der Mustererkennung, Kategorisierung, Funktionsapproximation, Optimierung, Prognose, der inhaltsbasierten Speicherung oder

Regelung (vergleiche Kapitel 1.4) erfolgreich eingesetzt. Dabei werden sie jedoch immer auf die gleiche Weise eingesetzt. Ein neuronales Netz kann als Abbildungsvorschrift verstanden werden, das eine Menge von Eingaben, deren spezifische Eigenschaften durch sogenannte Eingabevektoren kodiert werden, in eine Menge von Ausgaben, die ebenfalls durch Vektoren beschrieben werden, abbildet (vergleiche Abbildung 1.1). Dabei können die Ein- und Ausgabevektoren aus unterschiedlichen Datenräumen entnommen werden.

Abbildung 1.1: Neuronale Netze als Abbildungsvorschrift

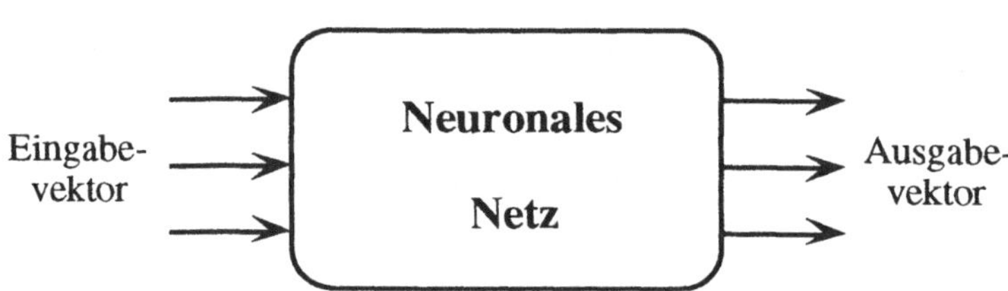

Neuronale Netze verknüpfen einfache Prozessoren. Die einzelnen Prozessoren können nur einfache Rechnungen durchführen (z. B. die Berechnung der gewichteten Summe aller Eingaben). Die Verbindung zweier Prozessoren wird durch ein Gewicht bewertet. Allein durch die Modifikation dieser Gewichtungen kann bereits das Ein- und Ausgabeverhalten des Netzes in die gewünschte Form gebracht werden (vergleiche Abbildung 1.2).

Abb. 1.2: Neuronale Netze als Verbindungsstruktur einfacher Prozessoren

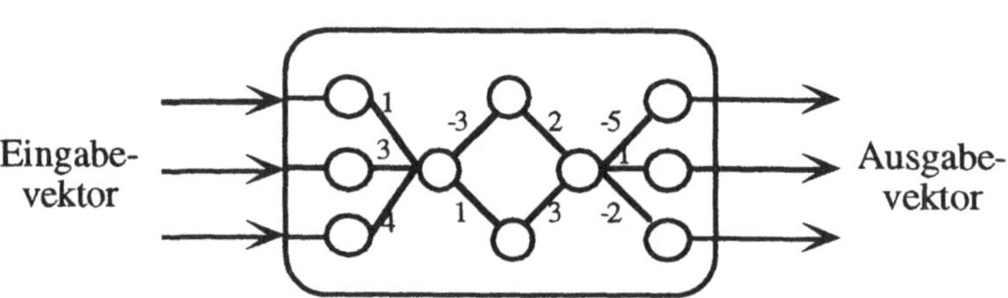

Der erfolgreiche Einsatz von neuronalen Netzen erfordert derzeit ein großes Wissen über die unterschiedlichen Neuro-Methoden, deren Verwendungsform und über deren Stärken und Schwächen. Aus einer Metasicht betrachtet, beschäftigt sich dieses Buch mit der Frage, welche Netzwerktypen in welcher

Art und Weise ihre interne Repräsentation modifizieren, um das intendierte Ein-, Ausgabeverhalten zu erzielen. Sie werden unterschiedliche Netzwerkansätze kennenlernen, deren verfahrenstechnische Besonderheiten untersuchen und am Ende in der Lage sein, die Vor- und Nachteile eines jeden Ansatzes zu diskutieren.

1.2 Eigenschaften neuronaler Netze

1.2.1 Allgemeine Merkmale

In vielen Anwendungsdomänen existieren Teilbereiche, die nicht vollständig verstanden bzw. systematisiert sind. Wissen liegt dort in Form von Beispielen vor. Erfolgreiche Experten in diesen Gebieten zeichnen sich durch die Fähigkeit aus, aktuell vorliegende Probleme mit entsprechenden, in der Vergangenheit erfolgreich gelösten Problemen zu assoziieren. Durch Übertragen von früher erfolgreich angewendeten Lösungsstrategien wird das neue Problem gelöst. Neuronale Netze arbeiten auf ähnliche Weise. In einer Trainingsphase werden spezifische Daten eingelernt. Dabei kommt der Auswahl der Trainingsbeispiele eine außerordentliche Bedeutung zu. Inkonsistenzen in den Trainingsbeispielen, Widersprüchlichkeiten etc. können die Effektivität des resultierenden Systems negativ beeinflussen.

Neuronale Netze weisen einige attraktive Eigenschaften auf, die in diesem Zusammenhang zu nennen sind.

Lernfähigkeit

Neuronale Netze verfügen über anwendungsunabhängige Lernverfahren, die es ihnen erlauben, Trainingsdaten zu reproduzieren. Hierzu werden in der Regel verfahrensspezifische, interne Parameter modifiziert.

Robustheit

Einer der zentralen Vorteile konnektionistischer Verfahren ist ihre Robustheit gegenüber verrauschten Daten. Diese Eigenschaft macht sie insbesondere attraktiv für viele "real-world"-Probleme.

Fehlertoleranz

Aufgrund der verteilten Informationsrepräsentation in der Netzstruktur können neuronale Netze fehlertolerant auf Ausfälle einzelner Subkomponenten reagieren.

Generalisierungs-fähigkeit

Netze können durch geeignete Trainingsbeispiele und entsprechende Lernstrategien Entscheidungsregeln ausbilden, deren Gültigkeit über die Trainingsdaten hinausgeht und somit von allgemeinerer Bedeutung sind.

Performanz

Auch wenn der Trainingsprozeß bisweilen sehr aufwendig ist, können neuronale Netze in der Anwendungsphase durch außerordentlich hohe Performanz überzeugen. Dies macht sie u. a. für Realzeitanwendungen attraktiv.

Allerdings ist an dieser Stelle zu bemerken, daß immer dann, wenn genaue Entscheidungsregeln für eine Anwendungsdomäne existieren, genau überprüft werden muß, ob nicht mit anderen bzw. zusätzlichen Methoden das zugrundeliegende Anwendungsproblem gelöst werden sollte. Immerhin kann man einwenden, daß das Lernen allein aufgrund von Beispieldaten immer dann an seine Grenze stößt, wenn es gilt, allgemeine Prinzipien zu erkennen, adäquat zu formulieren und schließlich anzuwenden. Häufig werden dann neuronale Netze in Kombination mit anderen Problemlösungstechniken, z. B. Expertensystemen, Fuzzy-Logik etc., verwendet. Zu der Anwendung von neuronalen Netzen in sogenannten hybriden Systemen ist eine Buchpublikation von Goonatilake und Khebbal (1995) erschienen, in der verschiedene Autoren Fallbeispiele für hybride Systeme beschreiben.

1.2.2 Neuronale Netze als Klassifikatoren

Bei dem Versuch, allgemein zu beschreiben, was neuronale Netze grundsätzlich leisten, ist sicherlich eine ihrer vorrangigen Fähigkeiten zu nennen, Daten zu klassifizieren. Zur Ausführungszeit werden Objekte in geeigneter Form dem Netz präsentiert; dieses legt dann fest, zu welcher Klasse das jeweilige Objekt gehört. Um dieses angemessen leisten zu können, ist es notwendig, in der Trainingsphase genügend "richtige" Beispiele von solchen Tupeln (Objekt, Objektklasse) dem Netz zu präsentieren. Interessanterweise kann man auch die Prognose als eines der wichtigen Anwendungsgebiete für neuronale Netze auf die Klassifikation zurückführen. Hier werden historische Situationen mit resultierenden Folgeereignissen assoziiert. Das Ergebnis des Netzes, angewendet auf eine aktuelle Situationsbeschreibung, kann als Prognose interpretiert werden und stellt im Kern nichts anderes dar als eine Klassifikation aufgrund zuvor eingelernter Beispiele.

Prognose ist eine Variante der Klassifikation

Um ein Netz erfolgreich als Klassifikator einsetzen zu können, sind verschiedene Dinge notwendig. Um nur die wichtigsten zu nennen:

1) **Auswahl der Trainingsbeispiele**: Wenn ein konnektionistischer Klassifikator sinnvolle Ergebnisse erzielen soll und insbesondere auch für Daten, die nicht bereits in der Lernphase bekannt sind, korrekte Resultate zeigen soll, so ist es erforderlich, die Trainingsbeispiele repräsentativ auszuwählen.

2) **Auswahl der Merkmale**: Als ein weiterer zentraler Schritt bei der Datenaufbereitung ist die Auswahl der Merkmale für ein gegebenes Klassifikationsproblem zu nennen. Es ist sehr viel Sorgfalt auf die hinreichende Beschreibung der Trainingsbeispiele durch geeignete Attribute aufzuwenden.

3) **Wahl des richtigen Lernverfahrens**: Unter der Vielzahl von Lernverfahren ist je nach Anforderung des Anwendungsproblems genau abzuwägen, welches Verfahren für das konkret vorliegende Problem am besten geeignet ist.

4) **Korrekte Parametrisierung**: Häufig können Lernverfahren durch spezielle Parameterbelegungen für bestimmte Problemklassen "getunt" werden. Durch geschickte Wahl der Parameter kann die meßbare Klassifikationsleistung in der Regel deutlich gesteigert werden.

5) **Validierung**: Es existieren Techniken, die eine Überprüfung der Klassifikationsleistung von trainierten Netzen erlauben. Diese sollten insbesondere dann angewendet werden, wenn in den Punkten 1-4 erhebliche Variationsmöglichkeiten existieren.

Die Anwendung neuronaler Netze auf ein gegebenes Problem erfordert ein zielgerichtetes, methodisches Vorgehen, das ganzheitlich gesehen werden sollte. Der Anwender muß die Korrelation von Daten und den darauf arbeitenden Lern- und Klassifizierungsverfahren sehen.

1.3 Zur Historie

Das Forschungsgebiet "Neuronale Netze" kann auf eine für die Informatik vergleichsweise lange Tradition zurückblicken. Erste Arbeiten auf diesem Gebiet wurden bereits Anfang der vierziger Jahre publiziert. Das Forschungsgebiet durchlebte dann verschiedene Stadien, die man wie folgt strukturieren kann:

Die Epochen der Neuroforschung

- Die Anfänge (1943-1955)

- Die frühe Hochzeit (1955-1969)

- Die ruhigen Jahre (1969-1985)

- Die Renaissance (1985-heute)

Damit ist die Geschichte der neuronalen Netze beinahe so alt wie die ersten programmierbaren Computer auf elektronischer Basis. Dies zeigt sehr deutlich, daß der Wunsch, intelligentes Verhalten auf Automaten zu simulieren eines der grundlegenden Motive der Pioniere auf dem Gebiet der Informatik war. Wir wollen im folgenden einige Arbeiten stellvertretend für die Zeit, aus der sie stammen, anführen.

1.3.1 Die Anfänge

McCulloch und Pitts

McCulloch und Pitts beschrieben schon 1943 in ihrem Paper "A logical calculus of the ideas immanent in nervous acitivity" eine Struktur, die wir heute als neuronales Netz bezeichnen würden. Auf die beiden Autoren geht das sogenannte McCulloch-Pitts-Neuron zurück, das Ausgangspunkt einer Reihe von Neuronenmodellen wurde, die wir in den folgenden Kurseinheiten kennenlernen und gebrauchen werden. Sie konnten für das von ihnen vorgeschlagene Modell nachweisen, daß dieses grundsätzlich jede arithmetische und logische Funktion berechnen kann. Zu diesem Zweck zeigten sie, wie man mit McCulloch-Pitts-Neuronen eine NAND-Funktion simulieren kann. Im weiteren argumentierten sie, daß durch eine geeignete Kombinationen verschiedener NAND-Gatter jede im intuitiven Sinne berechenbare Funktion simuliert werden könne. In nachfolgenden Arbeiten beschrieben die Autoren für ihr Modell erste praktische Anwendungen. So zeigten sie etwa, wie die lageinvariante Erkennung räumlicher Muster mit ihrem Ansatz zu realisieren ist (vergleiche McCulloch und Pitts (1947)).

Hebb

In seinem Buch "The Organization of Behavior" beschrieb Hebb (1949) eine lokale Trainingsstrategie für Neurone. Die als *Hebb'sche Lernregel* bekannt gewordene Strategie bildet eine wichtige Voraussetzung für viele der heute bekannten Lernverfahren. Wir werden auf die Hebb'sche Lernregel in Kurseinheit 2 genauer eingehen.

Lashley

Der Neuropsychologe Karl Lashley vertrat als einer der ersten Experten auf seinem Gebiet die Ansicht, daß Informationsspeicherung und -verarbeitung im Gehirn auf einer verteilten Repräsentation basieren müsse. Er schloß dies aus umfangreichen experimentellen Untersuchungen an Ratten. Deren Aufgabe im Experiment bestand darin, ein Labyrinth zu durchlaufen. Systematisch entfernte er den Versuchstieren Nervenzellgewebe und kam dabei zu dem Ergebnis, daß nicht in erster Linie der Ort, sondern das Ausmaß der Zerstörung über den Grad der Retardiertheit (und damit die Fähigkeit zur Orientierung) entschied. Wenngleich weiterführende Arbeiten die These der vollständigen Verteilung von Informationen im Hirn widerlegten, so waren seine Arbeiten dennoch richtungsweisend für jene Zeit.

1.3.2   Die frühe Hochphase

Rosenblatt

Eine der ersten, überaus populären Entwicklungen im Bereich der Neurocomputer gelang Frank Rosenblatt und Mitarbeitern am MIT. Sie entwickelten das sogenannte *Perzeptron* und realisierten die Implementierung dieser Lernarchitektur mittels Hardwarekomponenten. So wurden die für neuronale Netze typischen Gewichte mittels **motorgetriebener Potentiometer** angesteuert. Das System war in der Lage, einfache Ziffern auf einer vergleichsweise kleinen Pixelmatrix (20*20) zu erkennen. Außerdem ist Rosenblatt als Autor des Buches "Principles of Neurodynamics" (vergleiche Rosenblatt (1962)) bekannt geworden, in dem verschiedene Formen des Perzeptrons dargestellt sind und überdies Aussagen zu dessen Mächtigkeit (*Perzeptron-Konvergenz-Theorem*) gemacht werden.

Widrow und Hoff

Ähnlich dem Perzeptron konnte das sogenannte Adaline, eine von Bernhard Widrow und Marcian E. Hoff (1960) entwickelte Netzsorte, für erste Anwendungen in der Mustererkennung erfolgreich eingesetzt werden. Widrow gründete in der Folgezeit die erste Firma im Bereich Neurocomputing, die sich mit Hardwarekomponenten zur Realisierung neuronaler Netze beschäftigte.

Als weitere wichtige Arbeiten auf diesem Gebiet sind folgende Autoren zu nennen: "Die Lernmatrix" von Karl Steinbuch (1961) beschreibt die erste technische Realisierung eines Assoziativspeichers. Als eines der wichtigsten Überblicksbücher zu Arbeiten aus dieser Zeit erschien 1965 das Buch von Nils Nilson "Learning Machines". In dieser ersten Blütezeit wurden die Möglichkeiten der bis dahin bekannten Systeme sicherlich überschätzt. Man glaubte, die grundlegenden Mechanismen entdeckt zu haben, selbstlernende und zugleich intelligente Systeme entwickeln zu können. Eingehende mathematische Analysen zeigten aber deutliche Probleme auf.

1.3.3   Die ruhigen Jahre

Minsky und Papert

Einen herben Rückschlag erlebte das Forschungsgebiet durch die Untersuchungen von Marvin Minsky und Seymour Papert (1969) zum Perzeptron. Die Autoren wiesen nach, daß das Modell für eine ganze Reihe sehr einfacher Probleme nicht geeignet ist (*XOR-Problem*, *Parity-Problem*, *Connectivity-Problem*). Daraus wurde - aus heutiger Sicht fälschlicherweise - abgeleitet, daß das Gebiet der neuronalen Netze insgesamt als wenig erfolgversprechend einzustufen sei. Die negativen Auswirkungen sind nicht so sehr auf die Tatsache zurückzuführen, daß eine sehr starke Gegenposition zu neuronalen Netzen bezogen wurde. Dies kann innerhalb des wissenschaftlichen Diskurs eher als anregend gesehen werden. Das Hauptproblem bestand vielmehr darin, daß es für Forscher auf diesem Gebiet lange Zeit nahezu unmöglich war, Forschungsgelder für Arbeiten auf dem Gebiet der neuronalen Netze zu erhalten. Dies entzog der "community" die finanzielle Basis für weitere Forschungen. Dennoch setzte eine Reihe von Wissenschaftlern ihre Arbeiten auf diesem Gebiet fort. Einige von ihnen sollen im folgenden kurz aufgeführt werden.

Kohonen

Als einer der herausragenden Pioniere auf dem Gebiet ist Teuvo Kohonen zu nennen. Mit seinem Artikel "Correlation Matrix Memories" (vergleiche Kohonen (1972)) präsentierte er einen speziellen linearen Assoziativspeicher. Seine weiteren Arbeiten waren dem Gebiet der sogenannten *selbstorganisierenden Karten* gewidmet. Hier machte Kohonen durch eine Reihe von Publikationen, die heute zu den Standardwerken gehören, auf sich aufmerksam (vergleiche Kohonen (1977), Kohonen (1982), Kohonen (1984)).

von der Malsburg

Ebenfalls auf dem Gebiet der *Selbstorganisation* stellte Christoph von der Malsburg bereits 1973 einen biologisch plausiblen, nichtlinearen Ansatz zur Modellierung neuronaler Netzwerke vor.

Werbos

Eines der zentralen Probleme der Perzeptrons ist, wie für mehrschichtige Architekturen die inneren Netzknoten trainiert werden können. In seiner Dissertation entwickelte Paul Werbos (1974) einen Ansatz, um dieses Problem zu lösen. Das Verfahren, *Backpropagation*, wurde jedoch erst sehr viel später (Mitte der achtziger Jahre) von einer größeren Fachöffentlichkeit gewürdigt.

Grossberg

Stephen Grossberg machte seit Mitte der siebziger Jahre durch eine Reihe von mathematisch fundierten Arbeiten auf sich aufmerksam. Auf ihn gehen die Netzmodelle zur "Adaptive Resonance Theory" (ART) zurück, die sich insbesondere dadurch auszeichnen, daß sie neue Muster in der Trainingsmenge einlernen können, ohne damit bereits bestehende Muster zu verdrängen (*Plastizität*). Zu den Modellen, die von ihm und seinen Mitarbeitern entwickelt wurden, gehören u. a. ART-1, ART-2, ART-3, ARTMAP und Fuzzy-ART. Zu den wichtigsten Publikationen gehören Grossberg (1969), Grossberg (1971), Grossberg (1976), Grossberg (1978), Grossberg (1980).

Einen vielbeachteten Artikel veröffentlichte 1982 der Physiker John Hopfield. Dort beschrieb er zum ersten Mal die binären

Hopfield-Netze und zeigte Parallelen zur Spinglastheorie auf. Mit seiner Arbeit konnten Methoden der theoretischen Physik auf die Analyse von neuronalen Netzen übertragen werden. Mit seiner Arbeit leitete Hopfield eine Trendwende innerhalb der Neuroinformatik ein.

Weitere wichtige Arbeiten in dieser Zeit wurden von Marr und Poggio (1976), Amari (1977), Feldman und Ballard (1982), Haken (1983), Barto, Sutton und Anderson (1983), Kirkpatrick, Gelatt und Vecchi (1983), Fukushima, Miyake und Ito (1983), Crick (1984) sowie Geman und Geman (1984) veröffentlicht - um nur einige zu nennen.

Nach wie vor wurde das Gebiet durch vergleichsweise wenige Forscher vertreten. Einige weitere wichtige Publikationen und erste erfolgreiche Referenzanwendungen sollten zu einer schlagartigen Aufwertung und Expansion führen.

1.3.4   Die Renaissance

Es wird derzeit ein wenig uneinheitlich gesehen, welcher Beitrag nun tatsächlich die Trendwende auslöste. Viele sehen die Arbeiten von Hopfield als ausschlaggebend an, andere den Beitrag von Rumelhart, Hinton und Williams.

Rumelhart, Hinton und Williams

In dem Buch von Rumelhart und McClelland (1986) findet sich u. a. ein sehr häufig zitierter Artikel von Rumelhart, Hinton und Williams: "Learning internal representations by error propagation" (vergleiche Rumelhart, Hinton und Williams (1986)), der das schon von Werbos (1974) veröffentlichte Verfahren Backpropagation detailliert beschreibt. Rasch entwickelte sich das Buch "Parallel Distributed Processing" zu einem Standardwerk für neuronale Netze und sorgte für eine große Popularität der Disziplin. Mit Backpropagation stand nun ein Lernverfahren zur Verfügung, mit dem mehrschichtige neuronale Netze effektiv trainiert werden konnten. Die Einschränkungen des Perzeptrons, formuliert von Minsky und Pappert, galten für Backpropagation-Netze nicht mehr. Es kann schon als eine Kuriosität bezeichnet werden, daß dieses Verfahren unabhängig von zwei weiteren Autoren (vergleiche Lecun (1986) und Parker (1985)) entdeckt wurde.

Hopfield und Tank

Hopfield, der bereits Anfang der achtziger Jahre eine neue Netzsorte, die sogenannten Hopfield-Netze einführte, zeigte zusammen mit Tank in einem richtungsweisenden Aufsatz (vergleiche Hopfield und Tank (1985)) auf, wie neuronale Netze zur Lösung komplexer Optimierungsprobleme (Travelling-Salesman-Problem) eingesetzt werden können. Damit wurde die grundsätzliche Bedeutung dieser Technologie eindrucksvoll deutlich gemacht.

Sejnowski und Rosenberg

Mit NETTALK entwickelten Sejnowski und Rosenberg (1986) die erste bekannte Anwendung neuronaler Netze. Auf der Basis von Backpropagation konnte die Anwendung die Aussprache englischsprachiger Texte automatisch lernen. Der Forschungsprototyp, der innerhalb weniger Wochen erstellt wurde, drang in Leistungsbereiche konventioneller (wissensbasierter) Ansätze vor, die mehrere Mann-Jahre an Entwicklungsarbeit gekostet hatten. Diese und viele andere erfolgreiche Anwendungen richteten den Blick industrieller Unternehmen auf dieses Forschungsgebiet.

Das sprunghaft gestiegene Interesse an dieser Disziplin spiegelt sich auch in der Vielzahl neuer Zeitschriften mit dem Schwerpunkt "Neuronale Netze" wider. Um nur einige zu nennen: Neural Networks, Neural Computation, Neurocomputing, IEEE Transactions on Neural Networks etc., die dem interessierten Leser zur Vertiefung empfohlen seien.

1.4 Problemklassen

Aus der Sicht des potentiellen Anwenders ist es von entscheidender Bedeutung, welche Problemklassen mit neuronalen Netzen bearbeitet werden können. Auch wenn die grundlegende Funktionsweise eines Netzes die eines Klassifikators ist, so können aus der Anwendungssicht eine Reihe verschiedener Problemklassen identifiziert werden, in denen sich Beispiele für die erfolgreiche Applikationen dieser Technologie finden (vergleiche Jain, Mao und Mohiuddin (1996)). Zu den wichtigsten Problemklassen zählen dabei:

- Musterklassifikation
- Kategorisierung
- Funktionsapproximation
- Prognose
- Optimierung
- Inhaltsbasierte Speicherung
- Steuerung und Regelung

Musterklassifikation

Für diese Problemklasse ist es typisch, daß ein gegebenes Muster einer von mehreren zuvor definierten Musterklassen zugeordnet wird. Anwendungsbeispiele sind etwa die Schrifterkennung oder die EEG-Klassifikation (vergleiche auch Kapitel 2).

Abb. 1.3: EEG-
Klassifikation

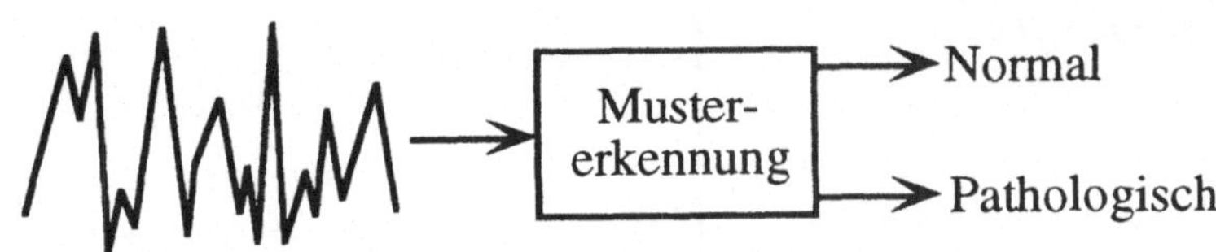

Kategorisierung

Bei der Kategorisierung (Clustering) werden Ähnlichkeiten innerhalb der zur Verfügung stehenden Daten ausgenutzt, um sogenannte Musterklassen zu bilden. Im Gegensatz zur Muster-erkennung sind die Musterklassen nicht a priori bekannt. Konkrete Anwendungsbereiche sind etwa das sogenannte Data-mining oder die Datenkompression.

Abb. 1.4:
Kategorisierung
(Clustering)

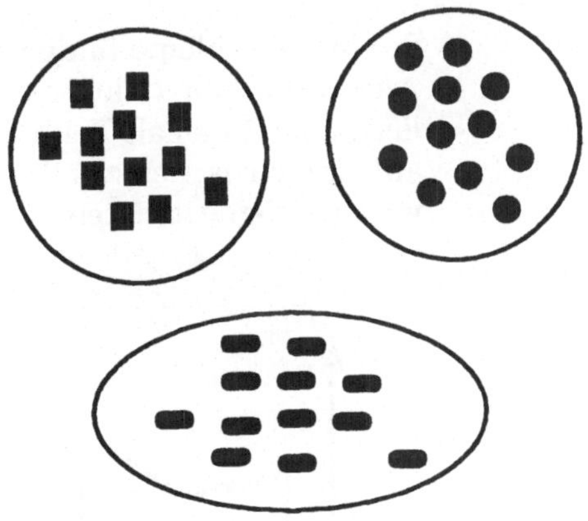

Funktionsapproximation

Typischerweise liegen bei dieser Problemklasse die Ein-Ausgabetupel (x_i, y_i) einer unbekannten Funktion f als Beispiele vor. Es gilt nun auf der Basis dieser Daten ein neuronales Netz zu finden, das in der Lage ist, sowohl die bekannten Tupel zu reproduzieren, als auch neue bis dahin unbekannte Funktionswerte korrekt zu approximieren. Eine Reihe von Modellierungsproblemen in Ingenieursdomänen lassen sich auf Funktionsapproximationsprobleme zurückführen.

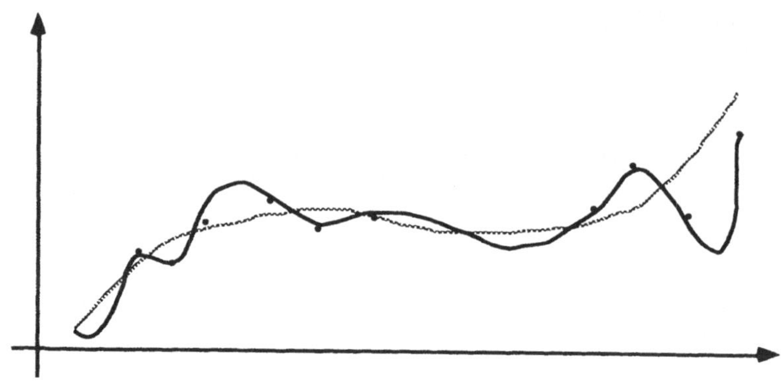

Abb. 1.5: Funktions-
approximation

Prognose

Prognoseprobleme finden sich etwa in betriebswirtschaftlichen Anwendungen (Aktienkursprognose). Im einfachsten Falle liegen die Daten als Zeitreihe $y(t_i)$ ($1 \leq i \leq n$) vor. Ein Netz soll nun auf der Basis des zur Verfügung stehenden Datenmaterials $y(t_{n+1})$ prognostizieren.

Abb. 1.6: Prognose

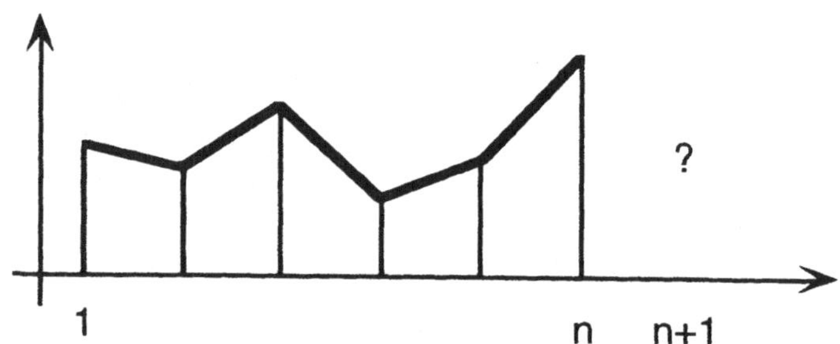

Optimierung

Bei Optimierungsproblemen wird innerhalb eines gegebenen Lösungsraums unter Berücksichtigung vorgegebener Randbedingungen eine Lösung gesucht, die bezüglich einer Bewertungsfunktion möglichst gut ist. Optimierungsprobleme finden sich in verschiedensten Bereichen der Mathematik, Statisktik, Medizin, Betriebs- und Volkswirtschaftslehre etc. Ein prominenter Vertreter ist das Travelling-Salesman-Problem (TSP), einem sogenannten NP-vollständigenProblem.

Abb. 1.7: Optimierung

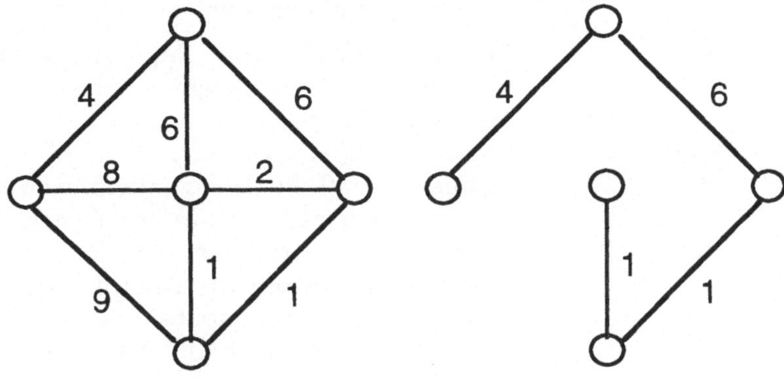

Inhaltsbasierte Speicherung

In konventionellen Programmumgebungen werden Speicherinhalte über Adressierungsmechanismen erreicht. Denken Sie etwa Registeradressen in Assemblersprachen oder an Zeigerzugriffe in höheren Programmiersprachen. In neuronalen Netzen kann der Zugriff auf Speicherinhalte durch partielle Information über ein Objekt realisiert werden. Beispielsweise kann durch Vorgabe eines Bildausschnittes der fehlende Bildbereich ergänzt werden.

Abb. 1.8:
Inhaltsbasierte
Speicherung

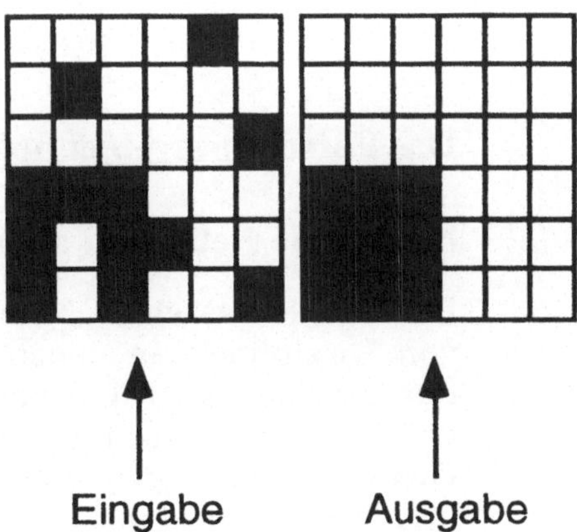

Steuerung und Regelung

Bei Steuerungs- und Regelungsproblemen findet man typischerweise eine Menge von Systemparametern X und eine Menge von Zustandsparametern Y. Durch geschickte Wahl der Parameter X(t-1) wird der Zustand Y(t) des zu steuernden System beeinflußt. Da in komplexen Steuerungs- und Regelungsproblemen komplizierte Dynamiken vorzufinden sind, können mit neuronalen Netzen adaptive Regeler gebaut werden, die sowohl die Komplexität der Zusammenhänge zwischen Steuerungsparametern und Systemzuständen modellieren, als auch die Realzeitanforderungen erfüllen können.

Abb. 1.9: Steuerung
und Regelung

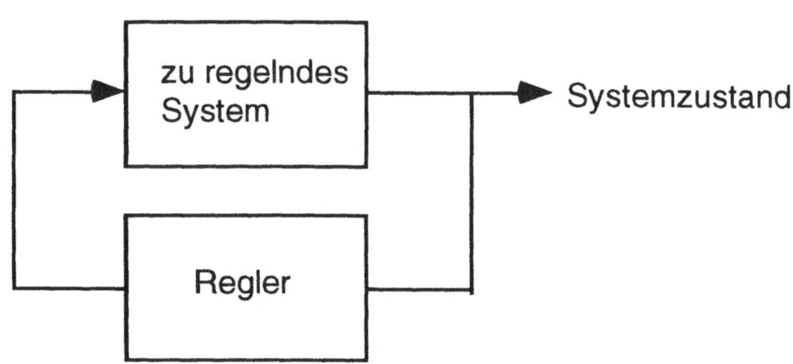

1.5 Das Forschungsgebiet neuronale Netze

1.5.1 Neuronale Netze und angrenzende Gebiete

Das Forschungsgebiet "Neuronale Netze" berührt eine Reihe von Disziplinen, in denen unter verschiedenen Gesichtspunkten mit dieser Technologie Forschungsarbeiten durchgeführt werden. In den biologie- bzw. medizinorientierten Disziplinen (Biologie, insbesondere Neurobiologie, Medizin und Psychologie, insbesondere Neurophysiologie, Neuropsychologie) werden konnektionistische Ansätze zur Modellierung von natürlichen Systemen betrachtet. Insbesondere in diesem Teil des Forschungsgebietes spielen Aspekte der biologischen Plausibilität der Neuromodelle eine entscheidende Rolle.

Im Bereich der Elektrotechnik sind Probleme der hardwaremäßigen Realisierung neuronaler Architekturen von großer Bedeutung. Weiterhin werden neuronale Netze zur Steuerung von Robotern oder bei der Auswertung von Sensordaten verwendet.

Bereiche der Physik, der Mathematik, aber insbesondere natürlich der Informatik beschäftigen sich mit den theoretischen und praktischen Grundlagen der neuronalen Netze. Neben sehr formalen Untersuchungen zu deren Eigenschaften (Mächtigkeit des Ansatzes, Theorie des Lernbaren) werden Untersuchungen zu neuen Lernalgorithmen, Konvergenzanalysen und performanten Realisierungen vorgenommen.

Anwendungen neuronaler Netze finden sich in nahezu allen naturwissenschaftlichen Disziplinen (z. B. Biologie: Proteinfaltungsprognose, Geologie: Analyse von Gesteinsformationen, Medizin: Krebsdiagnose), in betriebs- und volkswirtschaftlichen Gebieten (BWL: Aktienindexprognose, VWL: Konjunkturprognose), sowie in ingenieurwissenschaftlich geprägten Anwendungsbereichen (Maschinenbau: Optimierungsprobleme in der Produktionsplanung, Elektrotechnik: Robotersteuerung, Chemietechnik: Anlagenüberwachung und -steuerung).

Abb. 1.10: Einfluß verschiedener Disziplinen auf das Teilgebiet "Neuronale Netze"

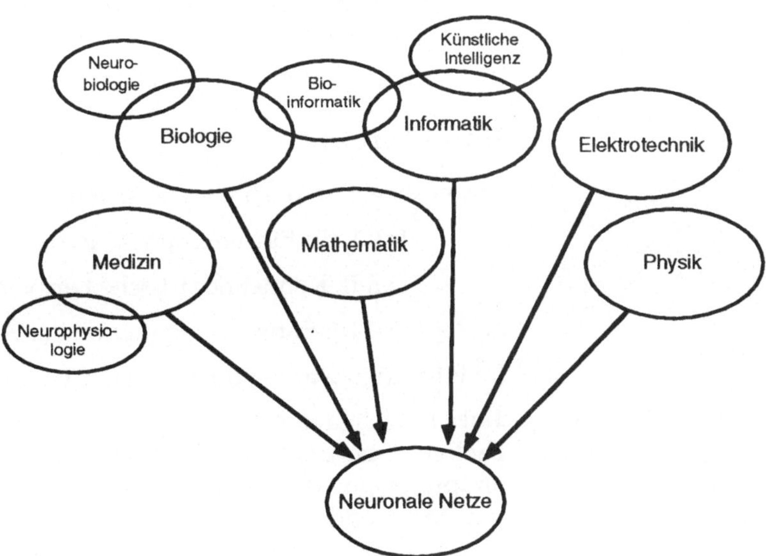

Damit sind neuronale Netze ein typisches Beispiel für ein sehr interdisziplinäres Arbeitsgebiet, das von sehr unterschiedlichen Sichtweisen angegangen werden kann.

1.5.2 Neuronale Netze und KI

Diskutiert man die Beziehungen des Arbeitsgebietes "Neuronale Netze" zu anderen Disziplinen, so darf eine Bemerkung zum Gebiet Künstliche Intelligenz (KI) nicht fehlen. Das Gebiet der KI hat großes, öffentliches Interesse geweckt und durch z. T. bemerkenswerte Erfolge auf sich aufmerksam gemacht. Wie weit man tatsächlich bei der Erforschung der (menschlichen) Intelligenz gelangen kann, wird in der KI selbst bisweilen kontrovers diskutiert. Wir wollen diese Diskussion im Rahmen dieses Kurses nicht weiterverfolgen. Interessierte Leser seien etwa auf Minsky (1985) und Weizenbaum (1978) verwiesen.

Innerhalb dieses Kurses sollen Aspekte der Künstlichen Intelligenz, insbesondere im Sinne der "strong AI", außer acht gelassen werden. Die Technologie neuronaler Netze hat eine Reihe von interessanten Ansätzen hervorgebracht, die eine sinnvolle Ergänzung des Methodenrepertoires von Informatikern darstellt. Wenn man so etwas wie ein übergeordnetes Ausbildungsziel dieses Buches formulieren möchte, so sollten Sie nach der Lektüre

- die wichtigsten Konzepte neuronaler Netze benennen können und

- die zentralen Modellierungsansätze beschreiben können.

1.6 Buchüberblick

Das vorliegende Buch gliedert sich in 3 Teile

1) Teil I: Einführung und Grundlagen

2) Teil II: Konnektionistische Lernverfahren

3) Teil III: Entwicklung neuronaler Systeme

Im folgenden werden die einzelnen Teile kurz beschrieben.

Teil I: Einführung und Grundlagen

Teil I führt in das Arbeitsgebiet ein. Nach einer Einordnung des Fachgebiets und der Darstellung interdisziplinärer Anknüpfungspunkte werden allgemeine Eigenschaften neuronaler Verfahren und Grundlagen der Mustererkennung besprochen. In einem weiteren Grundlagenkapitel behandeln wir die Prinzipien der Informationsverarbeitung in biologischen Systemen . Weiterhin wird in einem eigenen Kapitel auf zentrale Bausteine neuronaler Netze eingegangen, und Sie lernen das Rosenblatt'sche Perzeptron kennen (Kapitel 5). Dieser erste einleitende Grundlagenteil bildet eine wichtige Ausgangsbasis für das weitere Verständnis des Buches.

Teil II: Neuronale Verfahren

Wie schon im historischen Abriß deutlich wurde, spielt das Verfahren *Backpropagation* eine entscheidende Bedeutung in der neueren Entwicklung des Forschungsgebietes. Backpropagation ist prominenter Vertreter einer ganzen Klasse von Verfahren, die gemeinhin zu den überwachten Lernstrategien zusammengefaßt werden. Kapitel 6 beschäftigt sich mit den wichtigsten Verfahren und Prinzipien dieses Neuroansatzes. Kapitel 7 und 8 untersuchen sogenannte selbstorganisierende Lernarchitekturen. Es werden die Arbeiten von Teuvo Kohonen und Stephen Grossberg detailliert dargestellt.

In den letzten Jahren sind weitere Verfahren entwickelt worden, die eine Reihe interessanter Eigenschaften aufweisen. Die Kapitel 9 - 12 stellen einige weitere Lernarchitekturen vor: Hopfield-Netze und die Boltzmannn-Maschine, das topologie-optimierende Cascade-Correlation und Counterpropagation, ein Verfahren, das Elemente überwachten Lernens mit solchen des selbstorganisierenden Lernens verbindet. Die Kapitel 13 und 14 (Probabilistische Neuronale Netze und RBF-Netze) stellen Netzsorten vor, die sehr stark aus dem Bereich der Statistik motiviert sind. Diese im allgemeinen als sehr wichtig erachteten Netzsorten werden daher ausführlich behandelt. Häufig werden in Neuro-Anwendungen andere Technologien mitverwendet, die in der einen oder anderen Form eine sinnvolle Ergänzung darstellen. Zum Abschluß des zweiten Teils werden hybride Architekturen daher genauer betrachtet. Insbesondere werden Kombinationen von neuronalen Netzen mit Fuzzy-Logik bzw. Genetischen Algorithmen untersucht.

Teil III: Entwicklung neuronaler Systeme

Der abschließende Teil III beinhaltet Methodiken für die Erstellung neuronaler Systeme und liefert einige Beispielanwendungen, die die breite Einsatzmöglichkeit neuronaler Netze aufzeigen.

1.7 Einige ausgewählte Lehrbücher

Zu dem Thema ist mittlerweile eine Reihe von empfehlenswerten Lehrbüchern erschienen. Die Erfahrung zeigt, daß viele Leser auf weitere Literatur zurückgreifen, etwa um ihre Kenntnisse in speziellen Bereichen zu vertiefen oder einen komplexeren Sachverhalt in einer anderen Form zu studieren. Ohne Anspruch auf Vollständigkeit zu erheben, sei an dieser Stelle insbesondere auf folgende Publikationen hingewiesen.

Als einzigen englischsprachigen Titel möchte ich das Buch von Weiss und Kulikowski (1990) nennen. Die Autoren stellen in verständlicher Weise Prinzipien der Entwicklung lernender Systeme dar. Besonderheit des Buches ist, daß neben neuronalen Netzen ebenfalls statistische Lernansätze und Verfahren aus dem Bereich des maschinellen Lernens eingeführt und vergleichend betrachtet werden.

Brause (1995) und Rojas (1993) legen in sehr sorgfältiger Weise die theoretischen Grundlagen neuronaler Netze dar. Beide Autoren binden in ihren Ausführungen ebenfalls anwendungsbezogene Aspekte ein.

In Ritter, Martinez & Schulten (1991) wird eine lesenswerte Einführung in selbstorganisierende Netzwerke gegeben. Dieser sehr wichtige Teilbereich der neuronalen Netze wird durchgehend von der Theorie bis hin zu praktischen Anwendungen abgehandelt.

Zell (1994) liefert einen reichhaltigen Überblick derzeitig bekannter Lernverfahren und beschäftigt sich überdies intensiv mit dem Problem der Simulation neuronaler Netze. Der Autor stützt sich dabei auf umfangreiche theoretische und praktische Kenntnisse aus der Entwicklung des Stuttgarter Neuronale Netze Simulators (SNNS).

1.8 Fragen zu Kapitel 1

1.1 Was sind die wichtigsten Eigenschaften neuronaler Netze?

1.2 Was versteht man unter Klassifikation?

1.3 Wie ist der Begriff Prognose im Verhältnis zur Klassifikation einzuordnen?

1.4 Welche Punkte sind bei der Erstellung von lernenden Klassifikatoren von besonderer Bedeutung?

2 Mustererkennung

Warum beginnt ein Buch über neuronale Netze mit einer Einführung in die Mustererkennung? Die Antwort auf diese Frage hat mit der Tatsache zu tun, daß die bisherigen Hauptanwendungsgebiete für neuronale Netze im Bereich der Mustererkennung anzusiedeln sind. Die Beschäftigung mit Grundlagen zu diesem Gebiet bringt eine Reihe von Vorteilen mit sich.

Zum einen werden in der Mustererkennung, die ihrerseits aufgrund ihrer sehr langen Tradition über eine hochentwickelte Theorie und ein reichhaltiges Methodenwissen verfügt, Begriffe geprägt, die wir bei der Beschreibung von Neuroansätzen übernehmen werden. Zum anderen stellen wir die neuronalen Netze damit in eine gesunde Konkurrenz zu bestehenden Theorien und erprobten Verfahren. Der weitere Erfolg neuronaler Netze wird insbesondere davon abhängen, sich gegenüber Neuentwicklungen in diesem Bereich zu behaupten. Dabei ist zu erwähnen, daß bereits heute Neuro-Verfahren zum Standardinstrumentarium zur Behandlung von Mustererkennungsproblemen gehören. Die Darstellungen dieses Kapitels basieren auf Beale und Jackson (1992), Weiss und Kulikowski (1991) sowie Fukunaga und Young (1991).

2.1 Einführung

Zu den kürzesten Beschreibungen zum Wesen der Mustererkennung gehört sicherlich die von Bezdeck (1981): "[Pattern recognition is] a search for structure in data". Aus dieser Definition lassen sich folgende wesentliche Fragestellungen für die Bearbeitung von Mustererkennungsproblemen ableiten:

- Welche Daten liegen dem Problem zugrunde?
- Wie sind diese Daten in Muster umzusetzen?
- Wie legt man die für das Problem relevanten Beschreibungsmerkmale fest?
- Wie kann das eigentliche Problem beschrieben werden (etwa als Entscheidungsproblem)?
- Wie gestaltet sich eine effektive Suchstrategie?

Die Mustererkennung ist diejenige Wissenschaft, die sich mit der systematischen Beantwortung dieser Fragen beschäftigt.

Sie werden im Laufe dieses Buches wiederholt mit einigen sehr grundlegenden Begriffen konfrontiert, die an dieser Stelle kurz eingeführt werden.

Daten

Ein Mustererkennungsproblem basiert auf *Daten*, die verschiedenen Ursprungs sein können. Sie können einem physikalischen Prozeß entstammen oder aber auch künstlich generiert worden sein. Die Daten können qualitativer oder quantitativer Art sein. Sie können numerischer, graphischer, auditiver, textueller Natur sein oder Permutationen über diese Möglichkeiten bilden. Die Daten können eindimensional sein oder aber auch hochkomplexe n-dimensionale Datenräume aufspannen.

Musterräume

Mit *Musterräumen* meinen wir die Umsetzung der Daten in Strukturen, die deren Eigenschaften adäquat repräsentieren. Z. B. kann man Informationen über das Licht durch die Kodierung der Anteile der Primärfarben Rot, Grün und Blau beschreiben. Die Umsetzung der tatsächlichen Daten in Musterräume ist in sich bereits ein sehr kritischer Abbildungsprozeß, der nicht mehr unabhängig vom Problem durchzuführen ist. Denken Sie nur daran, Sie müßten das Licht der Akropolis in der untergehenden Sonne eines Frühlingsabends als ein $x \in \mathbb{R}^3$ beschreiben!

Merkmale

Für das eigentliche Mustererkennungsproblem gilt es nun, die wirklich wichtigen *Merkmale* herauszufinden. Diese sind in der Regel zahlenmäßig geringer, als es das zugrundeliegende Datenmaterial erlaubt. Dabei kommt es jedoch nicht nur auf eine Datenreduktion an, die in der Regel zu effizienteren Lösungen führt. Ebenso können unwichtige Merkmale, die zu der Lösung des Erkennungsproblems nicht verwendet werden, das Muster stören. Diese Variablen verrauschen das zu untersuchende Signal.

Klassifikation

Die *Klassifikation* ist dann der Teil der Problemlösung, der die Daten in Klassen einordnet. Anschaulich wird der Datenraum in Entscheidungsräume partitioniert. Der Klassifikator ist ein Verfahren, das zu einem gegebenen Datum x den entsprechenden Teilraum liefert.

2.2 Entscheidungsgrenzen

Wenn wir von einem Klassifikationsproblem sprechen, so gehen wir von einem Musterraum X (Eingaberaum) aus, der in Klassen $X_1, ..., X_n$ zerfällt. Häufig kennt man nur eine endliche Teilmenge $S_i \subseteq X_i$.

Bei der Formulierung des Entscheidungsproblems gehen wir im weiteren davon aus, daß es eine Grenze (decision boundary) zwischen den X_i gibt, die wir approximieren wollen. Indem wir eine Beschreibung des Verlaufs dieser Grenze finden, lösen wir das Problem, für ein gegebenes $x \in X$ sagen zu können, welchem Teilraum X_i dieses Element angehört (vergleiche Abbildung 2.1a).

Es gibt nun Methoden, solche Entscheidungsgrenzen zu bestimmen. In Abbildung 2.1b sind verschiedene parametrische Ansätze zur Separierung der Teilräume skizziert. Man kann etwa lineare, quadratische oder stückweise lineare Zusammenhänge unterstellen. So ist es dann im Einzelfall möglich, eine hinreichend genaue Approximation der tatsächlichen Entscheidungsgrenze durch den unterstellten funktionellen Zusammenhang vorzunehmen.

Abb. 2.1a: Ein aus zwei Partitionen bestehendes Klassifikationsproblem

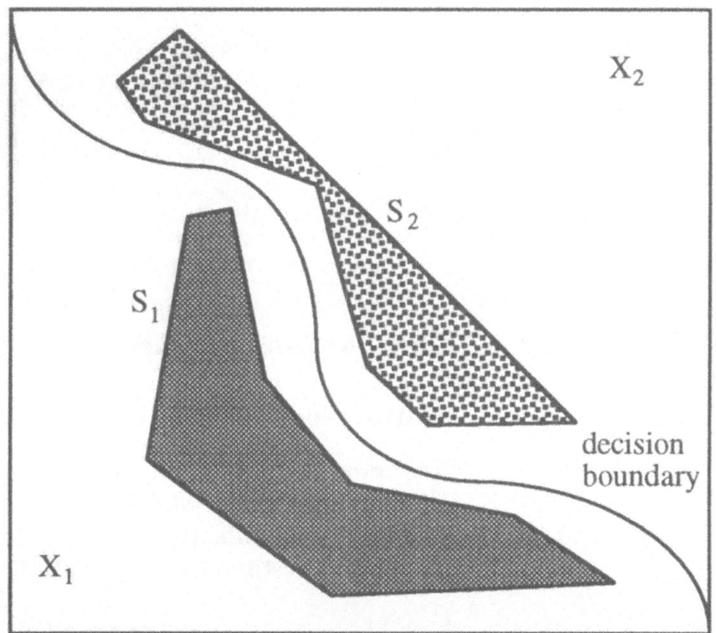

Unser Beispiel in Abbildung 2.1a und 2.1b zeigt dies für zweidimensionale Daten, die überdies lediglich in zwei Klassen (Partitionen, Unterräume) zerfallen. Im allgemeinen sind die Musterräume hochdimensional und es müssen n > 2 Klassen separiert werden. Damit werden die auszubildenden Entscheidungsgrenzen zu Hyperflächen, deren Bestimmung keineswegs trivial ist.

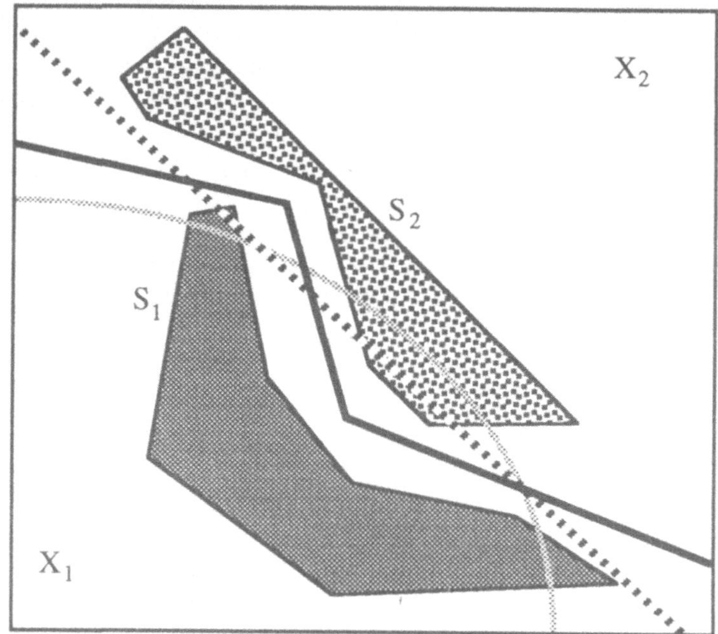

Abb. 2.1b: Mögliche Entscheidungsfunktionen

2.3 Klassifikationstechniken

2.3.1 Nearest Neighbour-Klassifikation

Eine der einfachsten Techniken zur Klassifikation eines Elementes x in einem Musterraum $X = X_1, .., X_n$ ist die Nearest-Neighbour-Klassifikation. Dabei wird aus jeder der n Klassen, ein Element bestimmt, das x am ähnlichsten ist:

$$\left\{ x_j^i \middle| x_j^i \in X_i : \forall x_k^i \in X_i : k \neq j \wedge d\left(x, x_j^i\right) \leq d\left(x, x_k^i\right) \right\} \quad (2.1)$$

Hierbei ist d ein beliebiges Distanzmaß, das im Sinne der Anwendung Ähnlichkeit zwischen zwei Vektoren beschreibt. Das Element x wird dann jener Klasse zugeordnet, die ein Element y mit minimalem Abstand zu x aufweist:

$$\min_{i=1}^{n}\left(d\left(x, x_{j_i}^i\right)\right) = d\left(x, x_{j_k}^k\right) \Rightarrow x \in X_k \quad (2.2)$$

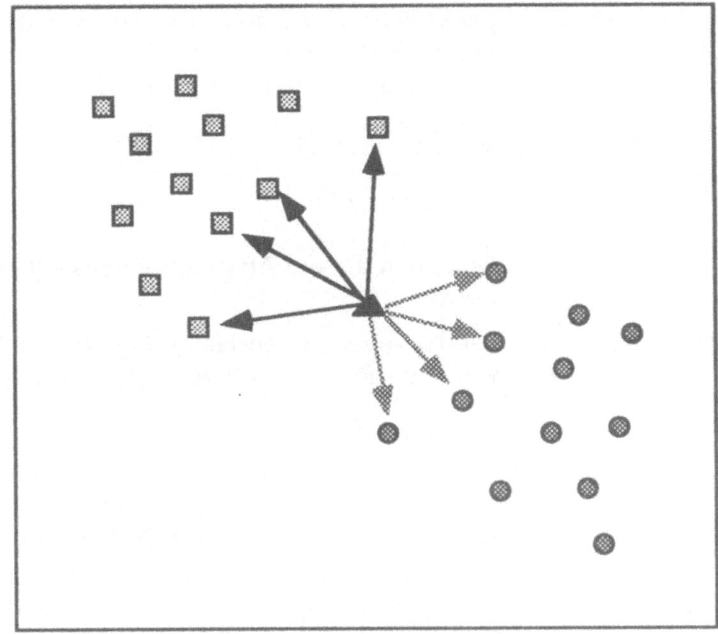

Um statistische Ausreißer zu eliminieren, wird diese Strategie häufig durch die sogenannte k-Nearest-Neighbour-Klassifikation erweitert. In diesem Fall wird eine gemittelte Ähnlichkeit der zu x ersten k ähnlichsten Vektoren einer Klasse X_i berechnet. Das weitere Vorgehen erfolgt aber analog zu der oben beschriebenen Vorgehensweise (vergleiche auch Abbildung 2.2).

2.3.2   Distanzmetriken

Um die Methode der k-Nearest-Neighbour-Klassifikation einzusetzen, muß auf geeignete Weise die Ähnlichkeit zwischen zwei Vektoren x und y ausgedrückt werden. Zu diesem Zweck sind sogenannte *Distanzmaße* verschiedenster Form erstellt worden. Ohne einen vollständigen Überblick geben zu wollen, zeigen wir an dieser Stelle einige einfache Standardmaße auf. In praktischen Anwendungen werden häufig mehrere Distanzmaße kombiniert. Gehen wir also davon aus, daß wir zwei Vektoren folgender Form haben:

$$x = (x_1, \ldots, x_n)$$
$$y = (y_1, \ldots, y_m)$$

Bei den in diesem Abschnitt vorgestellten Maßen gilt allerdings $n = m$.

Hamming-Distanz

Bei der sogenannten Hamming-Distanz h wird komponentenweise die absolute Differenz der Vektoren aufaddiert:

$$h(x, y) = \sum_i |x_i - y_i| \qquad (2.3)$$

Häufig wird die Hamming-Distanz auf binäre Vektoren angewendet.

Abb. 2.3: Die euklidische Distanz

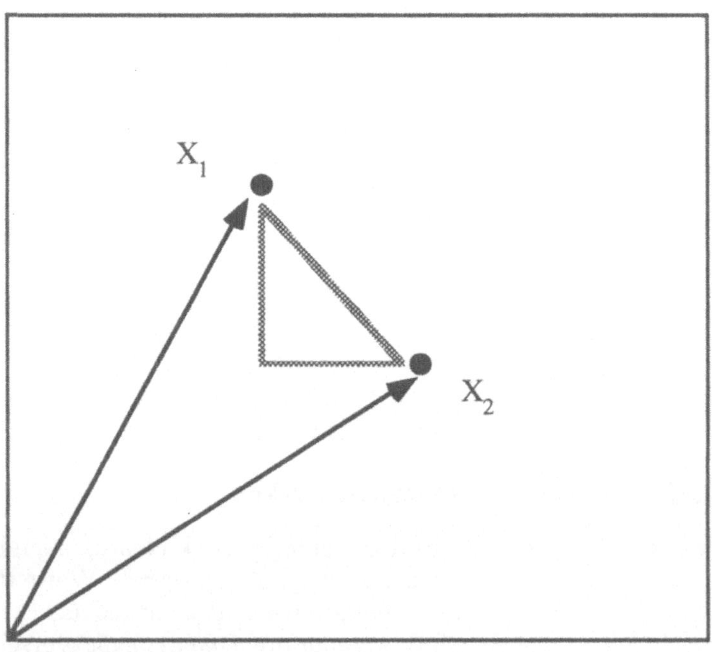

euklidische-Distanz

Ein sehr häufig verwendetes Distanzmaß ist die euklidische Distanz. Hierbei werden die komponentenweise ermittelten Fehlerquadrate aufaddiert und anschließend die Wurzel aus der Summe gezogen:

$$d_{euklid}(x, y) = \sqrt{\sum_i (x_i - y_i)^2} \qquad (2.4)$$

Für den zweidimensionalen Fall ist die euklidische Distanz in Abbildung 2.3 dargestellt.

Aufgabe 2.1: Berechnen Sie die Hamming-Distanz für folgende Vektoren

x=	1	0	1	1	0	1	1
y=	1	0	1	0	1	1	1

2.3.3   Lineare Klassifikatoren

Die k-Nearest-Neighbour-Methode hat den entscheidenden Nachteil, daß zu ihrer Berechnung alle Elemente der X_i betrachtet werden müssen. Dies kann für große Datenmengen ein entscheidendes Manko sein. Daher ist man an allgemeineren Methoden interessiert, um neue Elemente zu klassifizieren.

Lineare Klassifikatoren stellen im Grunde eine lineare Approximation der Entscheidungsfläche dar. Im Falle zweier Klassen A, B eines gegebenen Problems kann durch Auswertung der Funktion f(x) die Zugehörigkeit des zu klassifizierenden Elementes x bestimmt werden (vergleiche Abb. 2.5).

$$f(x) \geq 0 \Rightarrow x \in A$$
$$f(x) < 0 \Rightarrow x \in B \qquad (2.5)$$

Abb. 2.5: Lineare
Klassifikation

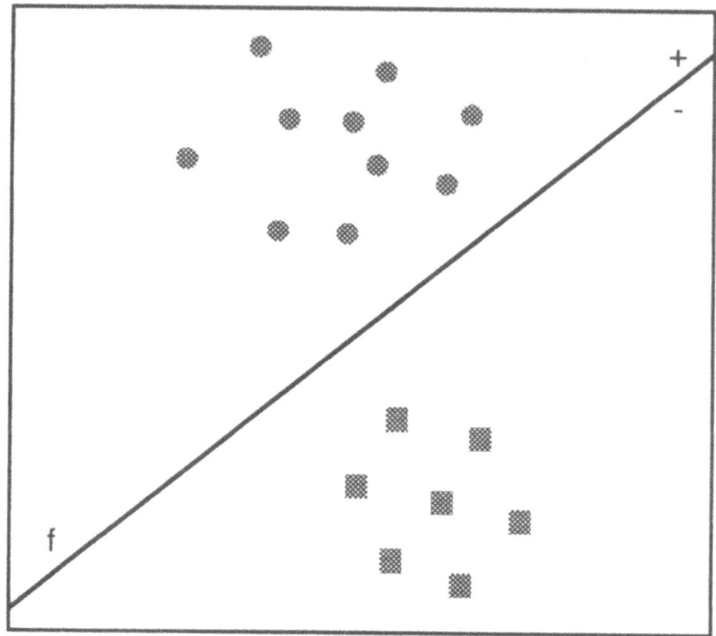

Abb. 2.6:
Zusammengesetzte li-
neare Klassifikation

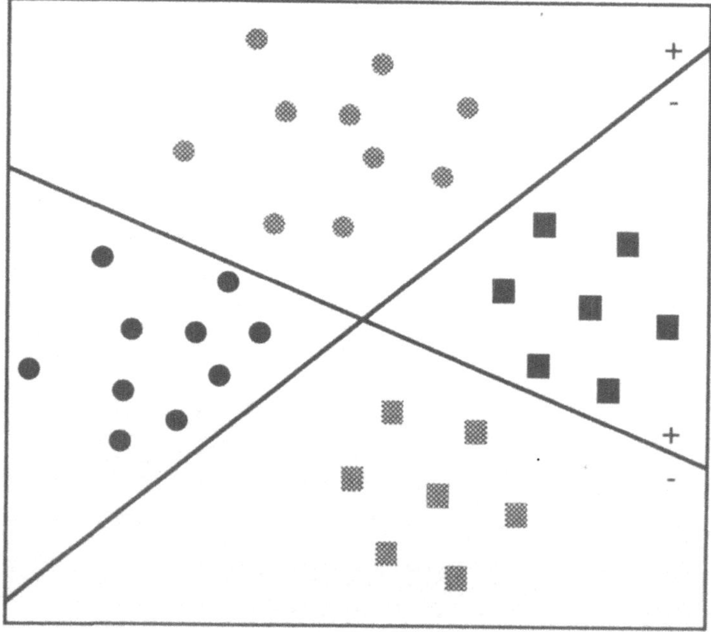

Man kann nun mehrere lineare Klassifikatoren zusammensetzen, um komplexere Entscheidungsfunktionen zu konstruieren. Für ein aus vier Kategorien bestehendes Klassifikationsproblem kann dies wie folgt geschehen:

$$f_1(x) \geq 0 \land f_2(x) \geq 0 \Rightarrow x \in A$$
$$f_1(x) \geq 0 \land f_2(x) < 0 \Rightarrow x \in B$$
$$f_1(x) < 0 \land f_2(x) \geq 0 \Rightarrow x \in C \qquad (2.6)$$
$$f_1(x) < 0 \land f_2(x) < 0 \Rightarrow x \in D$$

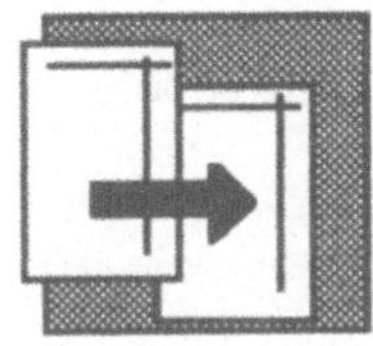

Wir werden uns in Kapitel 5 mit einem Klassifikator beschäftigen, der in der Lage ist, durch einen Lernprozeß lineare Entscheidungsflächen auszubilden.

2.3.4   Bayes-Klassifikation

Für den Fall, daß die Ausgangsdaten eines Problems einem stochastischen Prozeß entstammen, sind verschiedene statistische Ansätze entwickelt worden. Die Bayes-Klassifikation stellt dabei eine optimale Methode dar, die wahrscheinlichste Klasse X_i für ein Element x zu schätzen, wenn bestimmte Voraussetzungen erfüllt sind. Wir wollen in diesem Einführungstext die wichtigsten Grundlagen zur Bayes-Klassifikation behandeln.

Wir gehen davon aus, daß sich ein Musterraum X in verschiedene Partitionen unterteilt, die die Kategorien unseres Problems darstellen:

$$X = X_1 \cup X_2 \cup ... \cup X_n \qquad (2.7)$$

In der Statistik wird bei der Zuordnung der Wahrscheinlichkeit für ein Ereignis A zwischen der bedingten und der unbedingten Wahrscheinlichkeit unterschieden.

unbedingte Wahrscheinlichkeit

Bei der unbedingten Wahrscheinlichkeit werden keine Bedingungen (außer den axiomatischen) zur Berechnung der Wahrscheinlichkeit für ein Ereignis A herangezogen. Ein Beispiel für diesen Fall ist der Würfelwurf. Angenommen es werden zwei Würfel geworfen. Die unbedingte

Wahrscheinlichkeit für das Ereignis A = "Die Summe der Augenzahlen ist 10" ist: P(A) = 3/36.

Bei der bedingten Wahrscheinlichkeit wird bei der Berechnung der Wahrscheinlichkeit von Ereignis A berücksichtigt, daß ein Ereignis B zuvor eingetreten ist (oder bekannt ist) und damit die Wahrscheinlichkeit des Eintretens von A beeinflußt.

Greifen wir unser Würfelbeispiel zur Veranschaulichung erneut auf. Sei wiederum unser zu schätzendes Ereignis A = "Die Summe der Augenzahlen ist 10" und sei das Ereignis B = "Die Summe der Augenzahlen ist gerade". Soll also nun die Wahrscheinlichkeit von A unter der Bedingung B geschätzt werden, so erhalten wir P(A | B)= 3/18.

Aufgrund von Vorabinformation über den Musterraum X können wir die unbedingte Wahrscheinlichkeit $P(X_i)$ angeben, die besagt, daß ein beliebiger Vektor x aus X_i ist.

$$\sum_i P(X_i) = 1 \text{ mit } 0 \leq P(X_i) \leq 1 \qquad (2.8)$$

Was ist die Wahrscheinlichkeit für x, zur Klasse X_i zu gehören? Man kann dies als die Frage nach der bedingten Wahrscheinlichkeit $P(X_i | x)$ reformulieren.

Die Bayes'sche Regel ordnet x genau jener Klasse X_i zu, die die höchste bedingte Wahrscheinlichkeit für x aufweist. Für die gilt somit:

$$P(X_i|x) > P(X_j|x) \text{ mit } j = 1 \cdots n \wedge j \neq i \qquad (2.9)$$

Bei der Entwicklung von Bayes-Klassifikatoren macht man sich nun zunutze, daß man die Wahrscheinlichkeit $P(X_i | x)$, die in den seltensten Fällen a priori bekannt ist, durch die etwas einfacher zu erhaltenden bedingten Wahrscheinlichkeiten $P(x | X_i)$ ersetzen kann. Der Satz von Bayes besagt:

$$P(X_i|x) = \frac{P(x|X_i) \cdot P(X_i)}{\sum_{j=1}^{n} P(x|X_j) \cdot P(X_j)} \qquad (2.10)$$

Unter der Annahme, daß x zu einer der n Partitionen X_i gehört, drückt die bedingte Wahrscheinkeit $P(x | X_i)$ aus, wie groß die Wahrscheinlichkeit ist, daß man Muster x unter der Bedingung, daß dieses Element aus X_i sei, erhält. Zwar sind diese bedingten

Wahrscheinlichkeiten im allgemeinen ebenfalls nicht exakt bekannt; immerhin lassen sich hierfür jedoch vereinfachte
Annahmen über die Verteilung der Muster in den X_i machen.

Um das Verhalten einer Zufallsgröße zu beschreiben, reicht es
nicht, den Wertebereich zu kennen, den diese annehmen kann.
Dabei sind prinzipiell verschiedene Möglichkeiten denkbar. Die
Anzahl der von einer Zufallsgröße angenommenen Werte kann
endlich, abzählbar oder überabzählbar sein. Sie kann diskret
verteilt sein oder über einem Intervall verteilt sein. Um das
Verteilungsfunktion   Verhalten einer Zufallsgröße ξ zu beschreiben, benützt man in
der Regel eine sogenannte Verteilungsfunktion F. Die
Wahrscheinlichkeit, daß ξ einen Wert, der kleiner als x ist, annimmt ist der Wert der Verteilungsfunktion F angewendet auf
x.

$$F(x) = P\{\xi < x\} \tag{2.11}$$

Von großer praktischer Bedeutung sind dabei
Verteilungsfunktionen, die normal verteilt sind. Die allgemeine
Form dieser Funktionen ist in Formel 2.12 beschrieben. Dabei
heißt p(z) Wahrscheinlichkeitsdichte.

$$F(x) = \int_{-\infty}^{x} p(z)\, dz \tag{2.12}$$

Wahrscheinlich-
keitsdichte   Die Wahrscheinlichkeitsdichte hat dabei folgenden allgemeinen
Eigenschaften zu genügen:

1. $p(x) \geq 0$

2. $P\{x_1 \leq \xi < x_2\} = \int_{x_1}^{x_2} p(x)\, dx \tag{2.13}$

3. $\int_{-\infty}^{\infty} p(x)\, dx = 1$

Normalverteilung   Dabei heißt die Verteilungsfunktion normal verteilt, wenn ihre
Dichtefunktion p(x) die Form (2.14) hat.

$$p(x) = \frac{1}{\sigma\sqrt{2 \cdot \pi}} \cdot e^{-\frac{(x-a)^2}{2\sigma^2}} \tag{2.14}$$

Hierbei kann der reellwertige Parameter a die Dichtefunktion auf der x-Achse verschieben. Der Parameter σ beschreibt die Streuung der Zufallsvariablen ξ. Abbildung 2.7 zeigt seinen Einfluß auf p(x).

Abb.: 2.7:

Dichtefunktion für $\sigma =$ 0.5 , $\sigma = 1$ und $\sigma = 2$

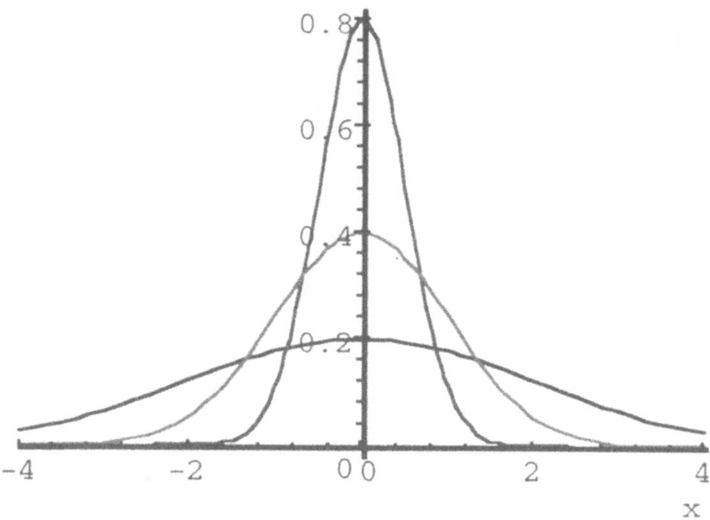

Für den Fall, daß die Wahrscheinlichkeiten $P(x \mid X_i)$ bekannt sind, stellt der Bayes-Klassifikator die optimale Methode dar, einen gegebenen Vektor x in eine der zur Verfügung stehenden Klassen X_i einzuordnen. Genau hier besteht jedoch andererseits das grundsätzliche Problem, da diese Bedingung nicht immer exakt erfüllt ist. Errät man zudem nicht eine angemessene Näherung der Wahrscheinlichkeitsverteilung, dann kann die Gesamtleistung des Klassifikators beliebig schlecht werden.

2.4 Fragen zu Kapitel 2

2.1 Erläutern Sie allgemein den Begriff Klassifikator

2.2 Was ist ein Bayes-Klassifikator?

3   Biologische Grundlagen

Dieses Kapitel behandelt die biologischen Grundlagen neuronaler Netze. Dabei sollen nur wesentliche Organisationsprinzipien und Mechanismen, die bei der Informationsverarbeitung in biologischen Systemen bekannt sind, untersucht werden. Ziel dieses ersten einleitenden Kapitels ist es, wesentliche Merkmale neuronaler Netze zu vermitteln, um so die Gemeinsamkeiten und Unterschiede zu ihren mathematischen Modellen, die ausführlich in den folgenden Kapiteln behandelt werden, erkennen zu können.

Nach einer kurzen Einführung in den Aufbau der Nervenzelle und deren prinzipielle Funktionsweise beschäftigen sich die beiden darauf folgenden Unterkapitel mit der Informationsweiterleitung innerhalb neuronaler Netze. Die beiden letzten Unterkapitel behandeln Organisationsprinzipien komplexer Neuronensysteme. Wir betrachten die Physiologie kleiner Nervensysteme, bei der die Verflechtung von Neuronen innerhalb kleinerer Teilnetze von besonderer Bedeutung ist.

3.1   Die Nervenzelle

Abb. 3.1: Schematischer Aufbau eines Neurons (nach Schmidt (1983))

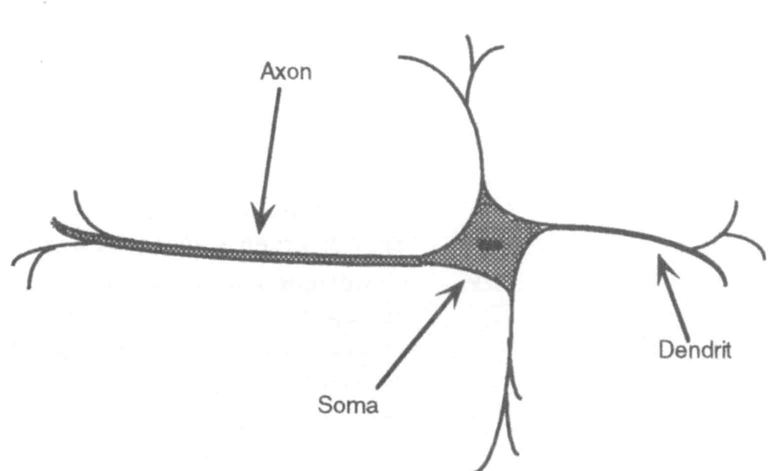

Gemeinhin werden Nervenzellen (Ganglienzellen, Neurone) als die Bausteine des Nervensystems bezeichnet. Schätzungsweise besteht das menschliche Nervensystem aus etwa $2{,}5 \times 10^{10}$ Neuronen. In den wesentlichen Punkten entspricht der Aufbau einer Nervenzelle demjenigen anderer Zelltypen. Sie verfügt über eine Zellmembran, die die Zellflüssigkeit, das sogenannte Cytoplasma, und den Zellkern umgibt. Abbildung 3.1 zeigt den typischen Aufbau einer Nervenzelle.

Abb. 3.2: Möglich-keiten der Verschal-tung von Neuronen (nach Schmidt (1983))

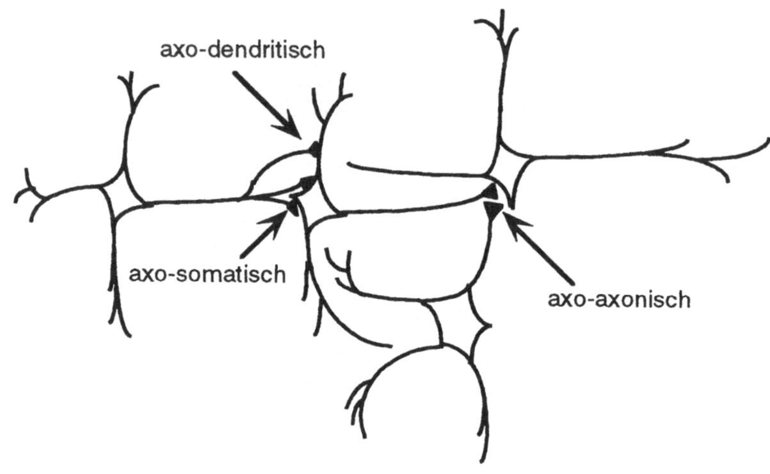

Bestandteile des Neurons

Unter funktionellen Gesichtspunkten kann man ein Neuron in folgende Bestandteile zerlegen:

- **Soma**: Der Zellkörper eines Neurons.

- **Axon**: Stellt die Verbindung zu anderen Neuronen im Zentralnervensystem (ZNS) her.

- **Dendriten**: Dienen der Reizaufnahme. Manche Neurone verfügen über hochkomplexe Dendritenbäume, andere hingegen sind mit nur wenigen dieser Neuronenfortsätze ausgestattet.

- **Synapse**: Verbindungsstelle einer axonalen Endigung zu einer anderen Zelle.

Das Axon verbindet die Nervenzelle mit anderen Zellen. Dies können z. B. andere Nervenzellen, Muskel- oder Drüsenzellen sein. Dabei gibt es mehrere Ansatzmöglichkeiten. Abbildung 3.2 zeigt dies im Schema. Entsprechend der verschiedenen Ver-schaltungsmöglichkeiten spricht man von axo-somatischer, axo-dendritischer oder axo-axonischer Synapse, wenn das Axon an einem Soma, an einem Dendriten bzw. an einem anderen Axon endet. Wird ein Axon auf eine Muskelfaser verschaltet, so handelt es sich dabei um eine neuromuskuläre Endplatte.

Abb. 3.3: Membran-ladung beim Ruhepotential (nach Schmidt, 1983). Dabei sind die A- intrazelluläre Eiweiß-anionen und die K+ extrazelluläre Kationen.

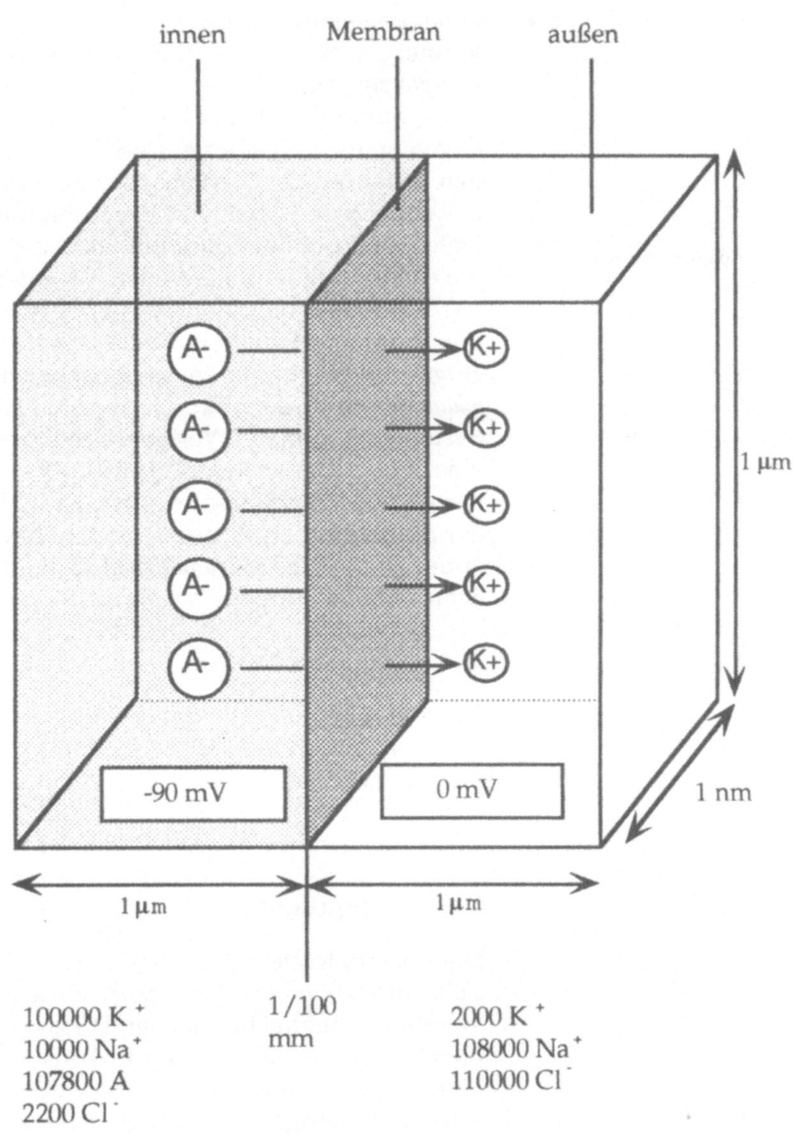

Aufgaben von Rezeptoren

Für das Überleben eines Organismus ist es von zentraler Bedeutung, über Mechanismen zu verfügen, die die Umwelt in verschiedenen Ausschnitten (Bild, Ton, Geruch etc.) wahrnehmen können, um so adäquat auf sich ändernde Bedingungen reagieren zu können. Darüber hinaus müssen höhere

Lebewesen über komplexe Introspektionsmöglichkeiten verfügen, die beispielsweise die korrekte Funktion komplexer Regelkreise im Organismus (z. B. die vielfältigen hormonellen Kreisläufe) überwachen.

Rezeptoren

Um die vielfältigen internen und externen Reize aufnehmen zu können, werden spezielle Nervenzellen, die sogenannten *Rezeptoren*, ausgebildet. Allgemein besteht deren Aufgabe darin, auf definierte Änderungen innerhalb oder außerhalb des Organismus zu reagieren und ihre Antwort weiterverarbeitenden Instanzen des Nervensystems mitzuteilen. Typischerweise antwortet jede Klasse von Rezeptoren nur auf eine klar festgelegte Reizsorte. So reagieren etwa die Rezeptoren des Auges

Adäquater Reiz

auf elektromagnetische Wellen mit einer Wellenlänge von 400 - 800 nm. Das entspricht der Bandbreite des sichtbaren Lichts von blauviolett bis rot. Dieses Spektrum stellt also für die Augenrezeptoren einen spezifischen Reiz, den sogenannten *adäquaten Reiz*, dar. Für die meisten Rezeptoren biologischer Systeme kann man "Wertebereiche" angeben, innerhalb derer eine Sensitivität besteht. Damit ein Rezeptor auch auf Reize einer anderen Reizklasse reagiert, ist in der Regel ein Vielfaches der üblichen Energie aufzuwenden. In diesem Fall spricht man vom sogenannten *inadäquaten Reiz* (z. B. Sternchen-Sehen beim Schlag auf das Auge).

3.2   Erregung von Nerven

Die spezielle Aufgabe der Zellen des Nervensystems besteht darin, innerhalb des Organismus Informationen aufzunehmen und weiterzuleiten. Dies geschieht, indem Änderungen des Potentials in gerichteter Weise fortgeleitet werden. Dieses Unterkapitel gibt einen Überblick der wichtigsten Prinzipien.

3.2.1   Das Ruhepotential

Die Potentialdifferenz zwischen dem Zellinneren und der die Zelle umgebenden Flüssigkeit wird im allgemeinen als das Membranpotential bezeichnet. Dieses ist bei den meisten Zellen über einen längeren Zeitraum konstant; es sei denn, gewisse Einflüsse von außen aktivieren die Zelle. Man spricht in diesem Zusammenhang auch von dem sogenannten *Ruhepotential*. Dieses ist bei Nerven- und Muskelzellen immer negativ und hat für einzelne Zelltypen eine spezifische Größe. So liegt das Ruhepotential bei Nerven- und Muskelfasern von Warmblütern im Bereich von -55 bis -100 mV.

Das Ruhepotential ist nun auf eine bestimmte Verteilung von positiven bzw. negativen Ionen diesseits und jenseits der

Zellmembran zurückzuführen. Abbildung 3.3 gibt eine Vorstellung von der Größenordnung der Ionenverteilung.

Abb. 3.4: die Na$^+$-K$^+$-Pumpe (nach Schmidt, 1983)

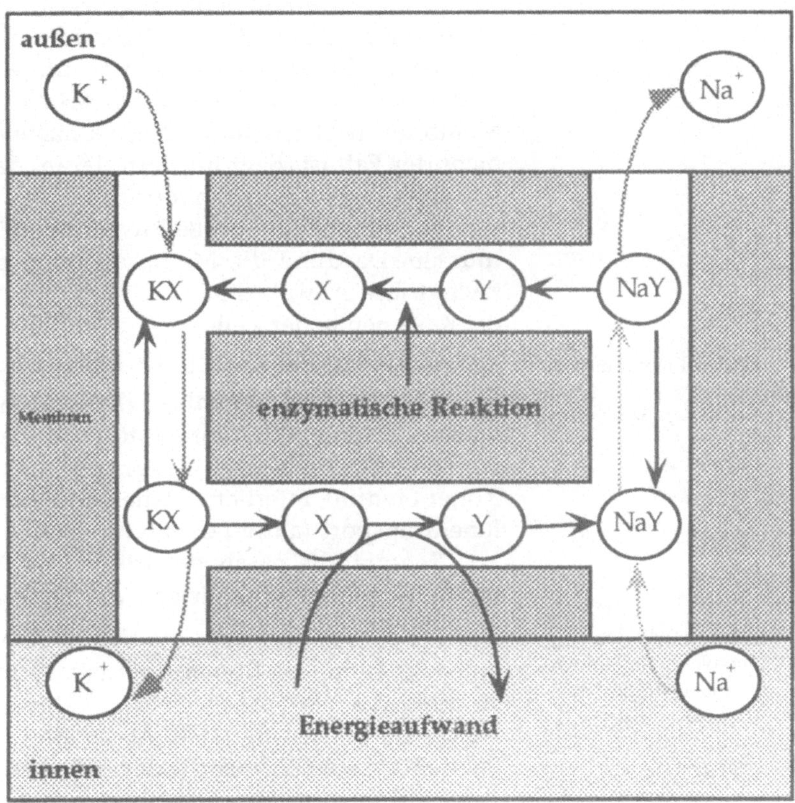

Zellmembran als Kondensator

Dabei kann die Zellmembran als Kondensator verstanden werden, bei dem zwei leitende Medien (Flüssigkeiten im Inneren bzw. Äußeren der Zelle) durch eine dünne Isolationsschicht separiert werden. Das am Kondensator meßbare elektrische Potential entspricht im Verhältnis der Zahl der Ladungen, die auf seinen Platten festgehalten werden. Die Gründe, warum sich dieses Ruhepotential einstellt, beruhen zum einen auf Diffusionsverhältnissen an der Membran und zum anderen auf aktiven Ionentransportprozessen in der Zellmembran.

Diffusionsverhältnisse an der Zellmembran

Unterschiedliche Ionenkonzentrationen im intra- bzw. extrazellulären Bereich würden sich - einen unbehinderten Austausch von Stoffen vorausgesetzt - schnell ausgleichen, wäre die Membran völlig durchlässig (*permeabel*). Umgekehrt: bei vollkommener Undurchlässigkeit der Membran würden sich die angegebenen Ionenverhältnisse überhaupt nicht ändern.

Tatsächlich können jedoch gewisse Stoffe relativ gut die Membran passieren. Dies gilt zunächst für die vergleichsweise kleinen K$^+$-Ionen. Diese könnten ungehindert die Membran durchqueren und würden relativ schnell auf beiden Seiten der Membran in gleichem Verhältnis nachweisbar sein. Daß dies nicht der Fall ist, liegt im Kern daran, daß die K$^+$-Ionen einen Ladungsausgleich zu den intrazellulären Anionen, bei denen es sich vorwiegend um große Eiweißmoleküle handelt, herstellen müssen. Da diese die Membran nicht passieren können, erzwingt ihre Anwesentheit indirekt eine höhere Konzentration der K$^+$-Ionen in der Zelle.

Aktiver Ionentransport

Neben der Durchlässigkeit der Membran für K$^+$- und Cl$^-$-Ionen kann eine leichte Durchlässigkeit für Na$^+$-Ionen festgestellt werden. Ströme dieser Ionen stören aber das Gleichgewicht der Konzentrationsverhältnisse; es wäre kein konstantes Ruhepotential möglich. Daher werden über einen aktiven Ionentransport (aktiv bedeutet in diesem Fall unter Aufwand von Energie) die passiv einströmenden Na$^+$-Ionen wieder aus der Zelle befördert (vergleiche Abbildung 3.4).

Stabilisierung der Ionenverteilung durch die Ionenpumpe

Die *Na$^+$-K$^+$-Pumpe* bildet ein stabilisierendes Moment in der Ionenverteilung bei Ruhebedingung. Würde sie nicht existieren, so strömten Na$^+$-Ionen in die Zelle und würden in einer Ausgleichsbewegung K$^+$-Ionen austreten lassen. Dies würde letztlich zu einer Abnahme des Ruhepotentials führen. Die Cl$^-$-Konzentration in der Zelle stiege infolge dieser Änderung. Da die großen Anionen nicht die Zelle in einer Ausgleichsbewegung verlassen können (Nonpermeabilität der Membran), erhöht sich die Ionenkonzentration in der Zelle, der osmotische Druck steigt. Zum Ausgleich dringt mehr Wasser aus dem extrazellulären Bereich in die Zelle. Dies setzt nun eine Kettenreaktion in Gang, deren Ende erst mit dem Potentialausgleich erreicht ist.

3.2.2 Das Aktionspotential

Das Ruhepotential an der Membran bildet die Basis für die Informationsweiterleitung. Vereinfachend kann man sagen, daß Reize eine Änderung des Ruhepotentials an den Nervenzellen bewirken. In diesem Falle spricht man von dem sogenannten *Aktionspotential*.

Definition Aktions-
potential

Das *Aktionspotential* ist eine charakteristische Änderung des Membranpotentials. Diese beruht auf Ionenflüssen an der Zellmembran, die ihrerseits durch Änderungen der Membranleitfähigkeit möglich werden.

Phasen des Aktions-
potentials

Das Aktionspotential beginnt mit dem sogenannten Aufstrich. Man sagt auch, daß die Zelle depolarisiert. Der Aufstrich kann zum Potentialausgleich oder sogar zu einer Umkehr des Membranpotentials führen. In der Repolarisationsphase kehrt das Membranpotential in Richtung des ursprünglichen Wertes zurück. Es kann dabei kurzfristig sogar unter den Wert des ursprünglichen Ruhepotentials fallen. Man sagt in diesem Fall, die Zelle hyperpolarisiere. Möglicherweise erfolgen kleinere, unterschwellige Nachpotentiale, bis das ursprüngliche Ruhepotential wieder eingespielt ist. Es gibt eine definierte Zeit nach dem eigentlichen Ruhepotential, die sogenannte Refraktärzeit, in der die Zelle nicht erregbar ist, d. h. keine Aktionspotentiale ausgelöst werden können.

Abb. 3.5: Das Aktions-
potential (nach
Schmidt (1983))

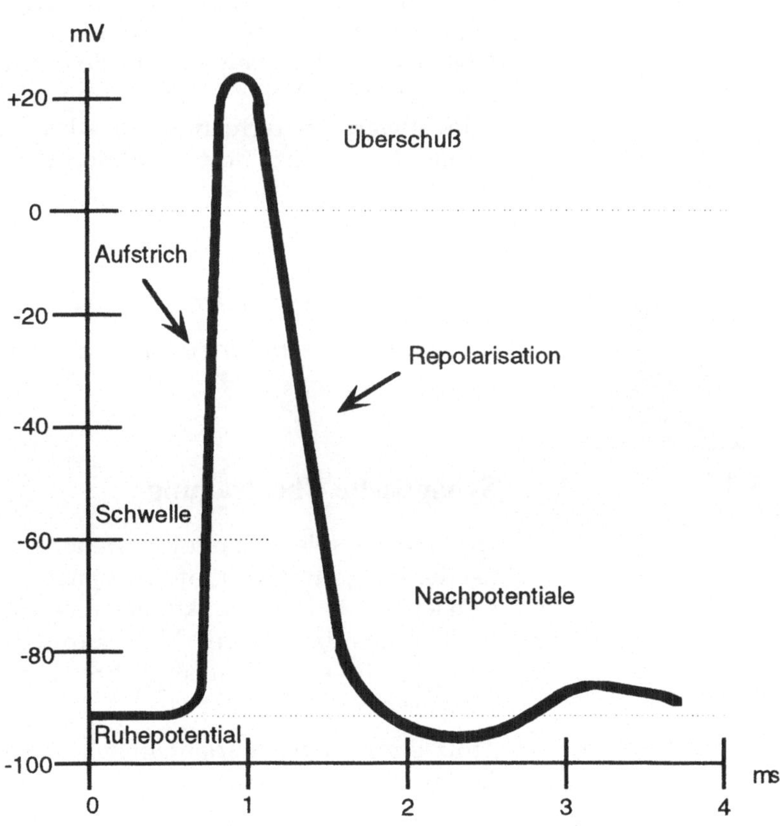

Ionenfluß während des Aktionspotentials

Die Vorgänge an der Membran, die wir in einem der vorherigen Abschnitte mit einem Kondensator verglichen haben, sind recht komplexer Natur. Für das allgemeine Verständnis reicht jedoch eine kurze Beschreibung der Ionenverschiebungen. Durch eine überschwellige Depolarisierung wird rasch die Na^+-Leitfähigkeit und zeitversetzt auch die K^+-Leitfähigkeit der Membran erhöht. Dies hat zur Folge, daß rasch die Na^+ in die Zelle einströmen und in einer Art Ausgleichsbewegung die K^+ mit entsprechender Verzögerung ausströmen. So kommt es zunächst zu einem Potentialanstieg mit anschließender Repolarisierung. Durch den aktiven Ionentransport wird dann wieder die ursprüngliche Ionenverteilung hergestellt.

"Alles-oder-Nichts"-Gesetz

Das Aktionspotential wird nur dann vollständig ausgeführt, wenn die Depolarisierung einen für die Zelle spezifischen Schwellwert erreicht. Kann dieser nicht erreicht werden, so kehrt das Potential zu seinem Ruhewert zurück. Diese Regel wird das *"Alles-oder-Nichts"-Gesetz* genannt.

Erregungsfortleitung

Wie kommt es nun zu einer Fortleitung des Aktionspotentials von Zelle zu Zelle? Einige Autoren vergleichen diesen Vorgang mit einer Zündschnur. Das Aktionspotential an einer aktiven oder erregten Zelle bewirkt eine Potentialänderung bei einer benachbarten und noch nicht erregten Zelle. Wird dort der Schwellwert überschritten, so wird nach dem "Alles-oder-Nichts"-Gesetz auch dort ein Aktionspotential ausgelöst.

Aufgabe 3.1: Welche Bedeutung hat Ihrer Meinung nach die Refraktärzeit bei der Erregungsfortleitung?

3.3 Synaptische Übertragung

Die Synapse spielt bei der Reizweiterleitung, insbesondere aber bei der Integration von Informationen und bei der Bildung von Gedächtnis- und Lernfunktionen eine entscheidende Rolle. Wir wollen uns in diesem Unterkapitel mit der chemischen Synapse, ihrem Aufbau und ihrer Funktionsweise näher beschäftigen.

Aufbau einer Synapse

Trotz ihres großen Variantenreichtums gibt es einige typische Bestandteile im Aufbau einer Synapse. Das Axon einer Nervenzelle endet an der sogenannten präsynaptischen Endigung. In dieser Verdickung des Axonendes sind sogenannte *Neurotransmitter* gespeichert, die immer dann ausgeschüttet werden, wenn ein entsprechender Reiz über das Axon in Form von Aktionspotentialen weitergeleitet wird. Ein zwischen 10 und 50 nm breiter synaptischer Spalt ist von der präsynaptischen Seite zur postsynaptischen Seite zu überbrücken. An der "gegenüberliegenden" Membran sind für die Neurotransmitter Rezeptoren vorhanden. Man unterscheidet erregende und hemmende Synapsen. Je nach Typ kann die Erregungsfortleitung auf der postsynaptischen Seite fortgesetzt oder gehemmt werden.

Abb. 3.6:
Stoffwechselprozesse
an der Synapse (nach
Schmidt, 1983)

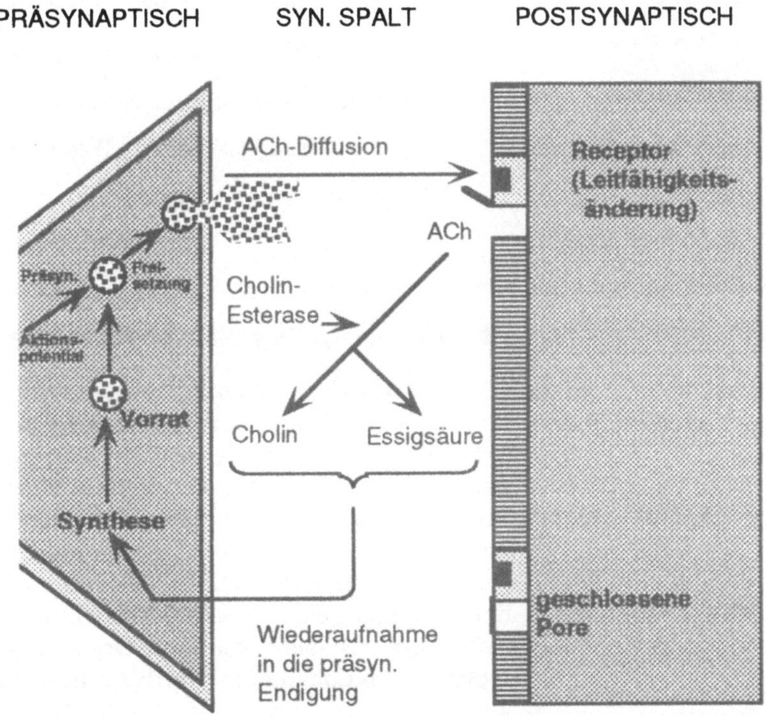

Diffusion von
Neurotransmittern

Abbildung 3.6 zeigt im einzelnen, welche chemischen Diffusionsprozesse an der Synapse bei der Reizweiterleitung stattfinden. Ankommende Aktionspotentiale bewirken eine Freisetzung von Neurotransmittern, z. B. Acetylcholin. Dieser Botenstoff diffundiert zur postsynaptischen Seite und besetzt dort die Rezeptoren. Damit wird eine Änderung der

Membranleitfähigkeit der dortigen Membran evoziert. Ähnlich der Erregungsfortleitung am Axon können so Aktionspotentiale auf der postsynaptischen Seite entstehen. Zeitversetzt wird der Botenstoff wieder von den Rezeptoren unter Einwirkung enzymatischer Reaktionen gelöst. Die Teilsubstanzen diffundieren zurück zur präsynaptischen Seite und werden dort neu synthetisiert. Der Kreislauf ist damit geschlossen.

Man kann zeigen, daß sich durch häufige Nutzung einer Synapse deren Effizienz steigert. Einige Autoren sehen darin eine Begründung, wie Lernprozesse im Hirn zu erklären sind.

*Aufgabe 3.2: Das Nervengift Curare besetzt die Rezeptoren der postsynaptischen Membran der neuro-muskulären Endplatte (dies ist eine Synapse deren post-synaptische Seite an eine Muskelzelle grenzt) **ohne** eine Depolarisierung auszulösen. Welche Auswirkungen hat dies für die Reizweiterleitung?*

3.4 Physiologie kleiner Nervenverbände

Dieses Kapitel stellt einige wissenswerte Informationen zur Physiologie kleiner Nervenverbände zusammen. Es handelt sich dabei um neuronale Basisstrukturen, die in verschiedenen Bereichen des Zentralnervensystems wiederzufinden sind. Aus diesen Grundstrukturen können wiederum höhere Funktionen zusammengesetzt werden; sie können aber auch bereits auf dieser Ebene eigene Funktionalitäten in sich tragen. Über einige der im folgenden vorgestellten Strukturen werden sogenannte *Reflexbögen* realisiert, die dem Organismus eine spontane, stereotype Reaktion auf Standardsituationen erlauben.

Divergenz-Konvergenz-Prinzip

Ein wesentliches Prinzip neuronaler Schaltungen ist das Divergenz-Konvergenz-Prinzip. Damit wird der netzartige Aufbau neuronaler Verschaltungen näher beschrieben. Als **Divergenz** bezeichnet man dabei die Aufspaltung des Axons in mehrere sogenannte *Kollaterale*. Diese tragen die Rezeptorinformation zu verschiedenen Neuronen weiter. Auf diese Weise kann die Information eines Rezeptors an verschiedenen Stellen im Zentralnervensystem ausgewertet werden. Als **Konvergenz** bezeichnet man die Tatsache, daß ein Neuron von verschiedenen anderen Rezeptoren oder Nervenzellen Informationen erhält. Dies bedeutet, daß auf ein Neuron mehrere andere synaptische Verschaltungen aufsetzen. Hierdurch kann ein Neuron integrative Funktionen übernehmen. Bei den Schaltkreisen unterscheidet man prinzipiell zwischen erregenden und hemmenden Schaltungen:

Erregende Schaltungen

Zeitliche Bahnung: Durch zeitlich eng hintereinander eintreffende unterschwellige Reizungen der Zellmembran kann durch eine additive Akkumulation eine vollständige Depolarisierung ausgelöst werden (vergleiche Abbildung 3.7).

Räumliche Bahnung: Durch die gleichzeitige unterschwellige Reizung durch verschiedene aufgeschaltete Synapsen kann ein Aktionspotential ausgelöst werden.

Hemmende Schaltungen

Antagonistische Hemmung: Die Reizweiterleitung am Axon verzweigt sich auf zwei Gruppen von Synapsen. Die eine Gruppe wirkt erregend auf nachfolgende Neuronen, die zweite Gruppe hat eine hemmende Wirkung. Diese Schaltung findet man bei der Koordination von Beuger- und Streckermuskelpaaren.

Renshaw-Hemmung: Erregende Neurone aktivieren sogenannte Interneurone, die ihrerseits hemmend auf die Ausgangsneurone wirken. Durch diese indirekte, hemmende Rückkopplung wird die Quelle der Erregung zeitlich versetzt durch sich selbst gedämpft. Durch diesen Mechanismus können etwa überproportionale Erregungszustände gekappt werden.

Laterale Hemmung: Erregende Neurone aktivieren Interneuronen, die sich hemmend auf Neurone gleicher Funktion im Umfeld auswirken.

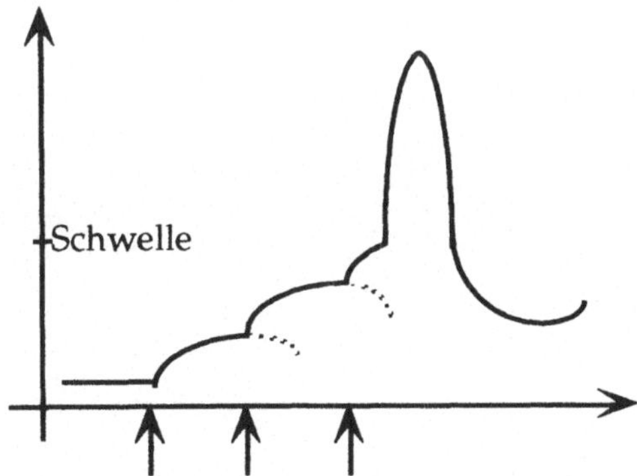

Abb. 3.7: Beispiel für zeitliche Bahnung

Die Darstellungen der biologischen Grundlagen hat sicherlich nur einführenden Charakter. Es sollen die wichtigsten Grundlagen neuronaler Informationsverarbeitung auf der Ebene der Nerven und kleinerer Zellverbände dargelegt werden. Sie werden helfen, Analogien zwischen künstlichen neuronalen Netzen und biologischen neuronalen Netzen zu erkennen.

3.5 Zusammenfassung

Dieses Kapitel faßte die wichtigsten Grundlagen biologischer neuronaler Netze zusammen. Nach einer Einführung in den Aufbau biologischer Neurone beschäftigten wir uns mit der Informationsweiterleitung in unserem Nervensystem. Ein abschließendes Unterkapitel führte in die Physiologie kleiner Nervenverbände ein.

3.6 Fragen zu Kapitel 3

3.1 Beschreiben Sie den Aufbau eines Neurons-

3.2 Was versteht man unter einem Aktionspotential?

3.3 Wie funktioniert die synaptische Informationsübertragung?

3.4 Erläutern Sie die zentralen Prinzipien neuronaler Verbände.

4   Grundlagen neuronaler Netze

Das letzte Kapitel skizzierte die Informationsverarbeitung in biologischen Systemen auf neuronaler Ebene. Künstliche neuronale Netze sind nun im weitesten Sinne mathematische Modelle, die sich Prinzipien biologischer Systeme zu eigen machen. Auch diese weisen Komponenten wie den Zellkörper, die Dendriten und Axone auf. Durch die Nachbildung biologischer Systeme erhofft man sich deren Eigenschaften in daraus abgeleitete Programme überführen zu können. Die allgemeinen Vorteile sind bereits in der ersten Kurseinheit erwähnt worden. Zunächst sollen jedoch die wesentlichen Komponenten künstlicher neuronaler Netze beschrieben werden. Es hat sich hier eine eigene Terminologie entwickelt, in die kurz eingeführt wird. Auf dieser Basis können dann die Ausführungen zu unterschiedlichen Netzsorten systematisch angegangen werden.

4.1   Die "building blocks"

Neuronale Netze weisen gewisse Grundelemente auf, die man auch als "building blocks" konnektionistischer Architekturen bezeichnet. Einzelne Netzsorten, die im Detail in nachfolgenden Kaptiteln behandelt werden, weisen in der Regel in einem oder mehreren Grundelementen spezifische Besonderheiten auf.

Das Neuron

1. **Das Neuron** (Zelle, Element, unit): Das Neuron in einem künstlichen neuronalen Netz ist die formalisierte Entsprechung der Sinneszelle in biologischen Systemen. Zur Beschreibung der Funktion eines Neurons werden in der Regel folgende Bestandteile aufgeführt:

   a) **Der Aktivierungszustand** (activation state): Er definiert den aktuellen Zustand eines Neurons.

   b) **Die Propagierungsfunktion** (propagation function): Sie beschreibt das Verhalten eines Neurons im Hinblick auf seine Informationsverarbeitung. In der Regel werden die Eingaben der vorgeschalteten Neurone entsprechend den Gewichtungen der Eingangskanten aufsummiert.

   c) **Die Aktivierungsfunktion** (activation function): Sie legt fest, wie ein Aktivierungszustand zum Zeitpunkt t in einen Aktivierungszustand zum Zeitpunkt t + 1 überführt wird.

   d) **Die Ausgabefunktion** (output function): Sie legt den Ausgabewert eines Neurons u. a. in Abhängigkeit vom aktuellen Aktivierungszustand fest.

2. **Der Netzwerkgraph** (topology): Ein neuronales Netz kann als gerichteter Graph aufgefaßt werden, dessen Kanten die gewichteten Verbindungen zwischen einzelnen Neuronen darstellen. Man sagt auch: Der Netzwerkgraph beschreibt die Topologie des Netzes.

3. **Die Lernregel** (learning rule): Diese beschreibt, nach welcher Strategie ein Netz im Hinblick auf die vorliegenden Daten trainiert wird. So können etwa über einfache Soll-Ist-Vergleiche beim sogenannten überwachten Lernen Rückschlüsse auf den bisherigen Erfolg des Trainingsprozesses gezogen werden, die dann bei der Neuberechnung von Kantengewichtungen berücksichtigt werden.

Die Bestandteile neuronaler Netze werden nun in den folgenden Unterkapiteln eingehender betrachtet. Grundlage der Darstellungen sind dabei Zell (1994) und Rumelhart und McClelland (1986).

4.2 Das Neuron

Abb. 4.1: Aufbau eines Neurons

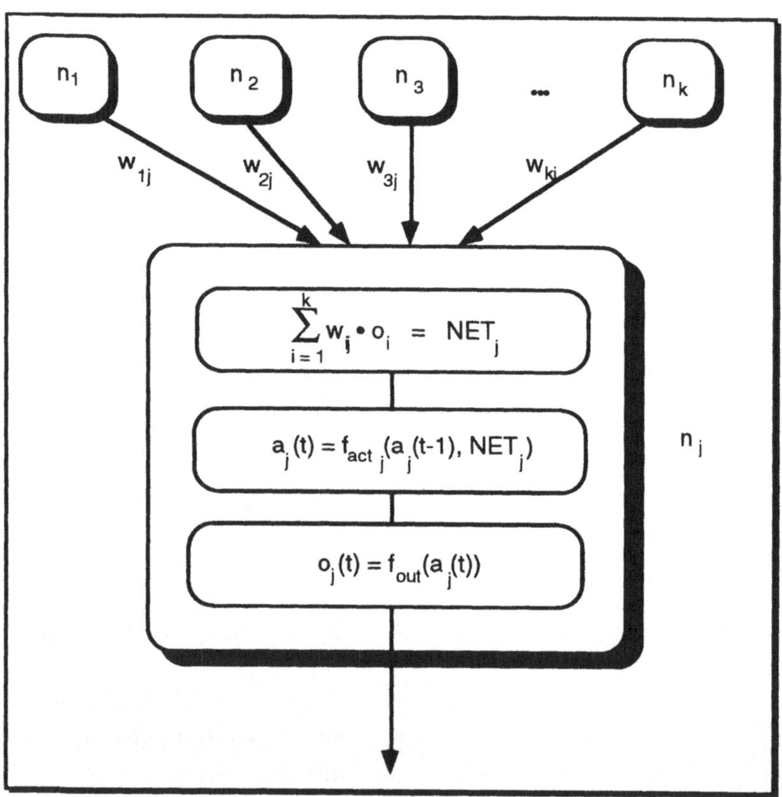

Die Verarbeitungseinheit Neuron kann durch die Angabe des Aktivierungszustandes, der verwendeten Propagierungsfunktion, der Aktivierungsfunktion und der Ausgabefunktion vollständig beschrieben werden. Das Neuron n_j steht in Verbindung zu seinen Vorgängerneuronen $n_1 .. n_k$. Den Verbindungen zwischen den $n_1 .. n_k$ zu n_j sind Gewichten w_{ij} zugeordnet. Die Ausgabe von Neuron n_j wird nach entsprechender Zwischenverarbeitung durch das Neuron an andere Neurone oder an die Ausgabe weitergeleitet. Abbildung 4.1 veranschaulicht diesen Zusammenhang. Wir wollen im weiteren nun untersuchen, welche Möglichkeiten es zur Gestaltung des "Inneren" des Neurons gibt.

4.2.1 Die Propagierungsfunktion

Die Propagierungsfunktion oder auch Eingabefunktion NET_j eines Neurons n_j gibt an, wie die Eingabe zunächst aufzuarbeiten ist. Üblicherweise wird werden folgende Funktionen verwendet (vergleiche Abbildung 4.2).

Abb. 4.2: Verschiedene Varianten von Propagierungs - funktionen

---

Summation der gewichteten Eingabe

$$NET_j = \sum_{i=1}^{k} w_{ij} \cdot o_i \qquad (4.1)$$

Maximalwert der gewichteten Eingabe

$$NET_j = max(w_{ij} \cdot o_i) \qquad (4.2)$$

Produkt der gewichteten Eingabe

$$NET_j = \prod_{i=1}^{k} w_{ij} \cdot o_i \qquad (4.3)$$

Minimalwert der gewichteten Eingabe

$$NET_j = min(w_{ij} \cdot o_i) \qquad (4.4)$$

Die Ausgabe o_j der vorgeschalteten Neuronen wird in den hier angegebenen Propagierungsfunktionen mit dem entsprechenden Gewicht multipliziert. Anschließend erfolgt eine Aufaddierung, Multiplikation oder Minimum- bzw. Maximumbildung. Es gibt unterschiedliche Realisierungen der Wertebereiche für diese Funktionen. Es werden sowohl diskrete Werte als auch reellwertige Mengen in praktischen

Implementierungen von neuronalen Netzen verwendet. Dieser Aspekt soll jedoch für den Moment nicht weiter betrachtet werden. Es bleibt zu erwähnen, daß die Propagierungsfunktion (4.1) eine der häufigst verwendeten ist.

4.2.2 Aktivierungsfunktion und -zustand

Der Aktivierungszustand $a_j(t)$ beschreibt den Zustand eines Neurons n_j zum Zeitpunkt t. Man kann $a_j(t)$ als inneren Zustand auffassen. Die Aktivierungsfunktion f_{act} (Transferfunktion, activation function) gibt nun an, wie sich aus dem vorherigen Zustand und der aktuellen Eingabe der Zustand des Neurons zum Zeitpunkt t+1 berechnet.

Allgemeine Aktivierungs funktion

$$a_j(t+1) = fact(a_j(t), NET_j) \qquad (4.5)$$

Die Berücksichtigung des vorherigen Aktivierungszustandes stellt eine Modellierungsoption dar, die häufig **nicht** eingesetzt wird. Praktisch relevant sind folgende Aktivierungsfunktionsklassen:

* lineare Aktivierungsfunktionen

* Schwellwertfunktionen

* sigmoide Funktionen

Die konkrete Wahl der Aktivierungsfunktion ist netzsorten spezifisch bzw. hängt von dem konkret vorliegenden Anwendungsproblem ab.

Lineare Aktivierungs - funktionen

Im einfachsten Falle werden lineare Aktivierungsfunktionen verwendet. Hauptvorteil hierbei ist, daß solche Funktionen einfach und schnell implementiert werden können. Man kann diese dann sinnvoll anwenden, wenn das Netz keine versteckten Schichten aufweist (d. h. nur aus einer Ein- und Ausgabeschicht besteht) und die Korrelation zwischen Ein- und Ausgabedaten linear ist bzw. hinreichend genau linear approximiert werden kann.

Beispiele für lineare Aktivierungsfunktionen sind die Identität (vergleiche Gleichung 4.6 und Abbildung 4.3) bzw. abschnittsweise lineare Funktionen (vergleiche Gleichung 4.7 und Abbildung 4.4)

$$o_j = NET_j \qquad (4.6)$$

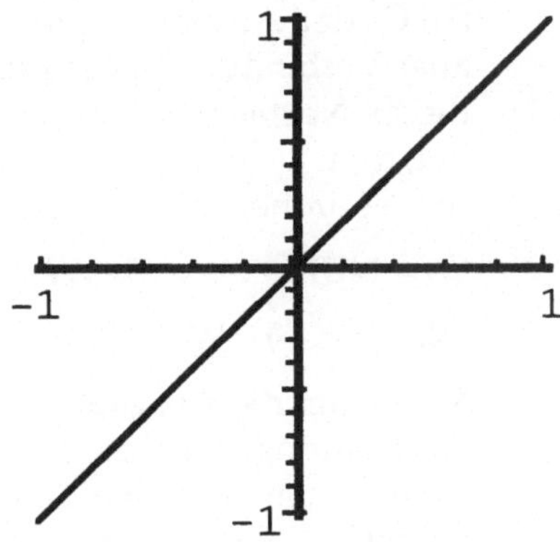

$$o_j = \begin{cases} -1 & \text{wenn } NET_j \le -1 \\ 1 & \text{wenn } NET_j \ge 1 \quad (4.7) \\ NET_j & \text{sonst} \end{cases}$$

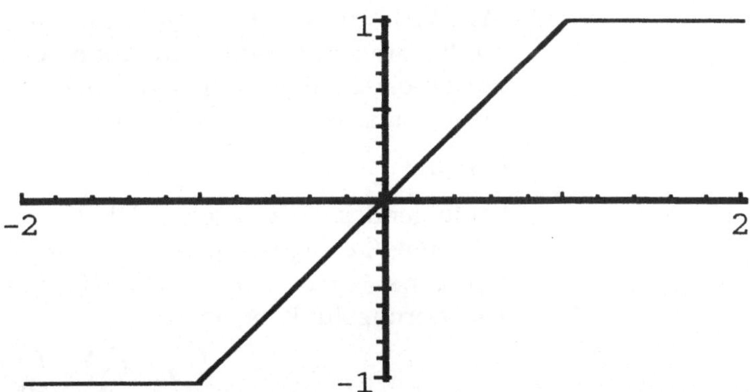

Zell (1994) weist darauf hin, daß eine Verwendung von linearen Aktivierungsfunktionen bei mehrschichtigen Netzen nicht sinnvoll ist, da man diese in ein einstufiges Netzwerk überführen kann. Der Beweis wird geführt, indem für ein zweistufiges Netz (eine Eingabeschicht, eine Ausgabeschicht, eine versteckte Schicht) das entsprechende einstufige Netz angegeben wird. Für Netze mit mehr als einer versteckten Schicht erfolgt die Argumentation entsprechend.

Beweisskizze

Sei O_i der Ausgabevektor der i-ten Schicht. Sei W_{ij} der Vektor aller Verbindungen der i-ten zur j-ten Schicht. In jedem Neuron dieses Netzes werden lineare Aktivierungsfunktionen verwendet, d. h. also $o_i = c_i NET_i$. Der Vektor C_i faßt die Konstanten einer Neuronenschicht zusammen.

$$O_3 = NET_3 \cdot C_3 = O_2 \cdot W_{23} \cdot C_3 =$$

$$(NET_2 \cdot C_2) \cdot W_{23} \cdot C_3 = (O_1 \cdot W_{12}) \cdot C_2 \cdot W_{23} \cdot C_3$$

Man kann die Ausgabe des zweistufigen Netzes durch einfache Umformungen auf die Eingabe des Netzes in der ersten Schicht, multipliziert mit den Gewichtsvektoren der Verbindung von Schicht 1 zu 2 sowie 2 zu 3 und den entsprechenden Konstantenvektoren der linearen Aktivierungsfunktionen für Schicht 2, zurückführen. Durch eine einfache Matrixmultiplikation:

$$W_{13} = W_{12} \cdot C_2 \cdot W_{23}$$

leitet man den Gewichtsvektor für ein einstufiges Netz ab.

Es gilt also: $O_3 = O_1 \cdot W_{13} \cdot C_3$

Man kann dieses Verfahren nun rekursiv auf n-stufige Netze mit linearen Aktivierungsfunktionen anwenden, indem immer die ersten beiden Schichten entsprechend dem skizzierten Vorgehen zusammengefaßt werden.

Beispiel

Sei folgendes Netz gegeben. Die Kanten sind mit den entsprechenden Gewichten markiert. Die Zahl c innerhalb eines Knotens gibt den Koeffizienten der linearen Aktivierungsfunktion an.

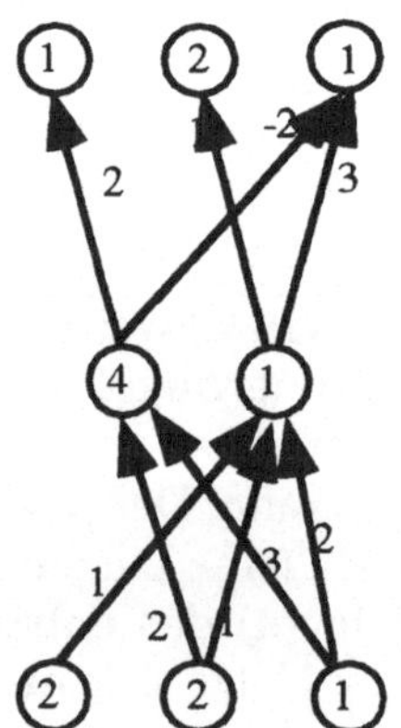

Dann können wir durch eine einfache Matrixmultiplikation ein neues, äquivalentes Netz berechnen, indem wir die beiden Gewichtsmatrizen zusammenfassen.

$$\begin{pmatrix} 0 & 1 \\ 2 & 1 \\ 3 & 2 \end{pmatrix} \cdot \begin{pmatrix} 4 & 0 \\ 0 & 1 \end{pmatrix} \cdot \begin{pmatrix} 2 & 0 & -2 \\ 0 & 1 & 3 \end{pmatrix} = \begin{pmatrix} 0 & 1 & 3 \\ 16 & 1 & -13 \\ 24 & 2 & -18 \end{pmatrix}$$

Wir erhalten folgendes Netz

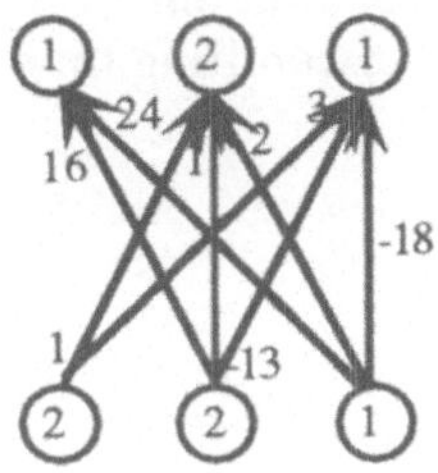

Aufgabe 4.1: Überführen Sie das folgende zweistufige Netz in ein äquivalentes Netz ohne versteckte Schicht. Wiederum benutzen Sie der Einfachheit halber die Identitätsfunktion als Aktivierungsfunktion.

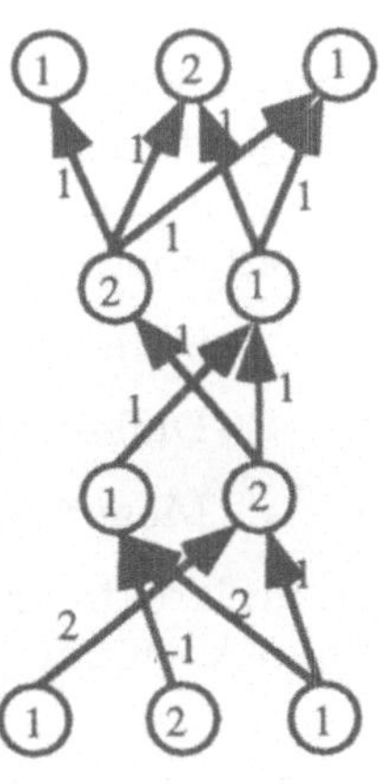

Schwellwert-
funktionen

Eine besonders einfache Variante, den Aktivierungszustand eines Neurons zu berechnen, stellt die sogenannte Schwellwertfunktion (vergleiche Gleichung 4.8 und Abbildung 4.5) dar. Sie wird vorwiegend in klassischen Netzsorten (z. B. Perzeptron, vergleiche Kap. 5) verwendet.

$$o_j = \begin{cases} 1 & \text{falls NET}_j \geq \Theta_j \\ 0 & \text{sonst} \end{cases} \qquad (4.8)$$

Sie können besonders effizient ausgewertet werden und sind selbstverständlich leicht zu implementieren. In neueren Netzwerksorten wird jedoch häufig mit der ersten Ableitung der Aktivierungsfunktion gearbeitet (z. B. Backpropagation; vergleiche Kap. 5). Da Schwellwertfunktionen an der Sprungstelle nicht differenzierbar sind, verbietet sich ihre Anwendung innerhalb dieser Verfahren.

Abb. 4.5:
Schwellwertfunktion

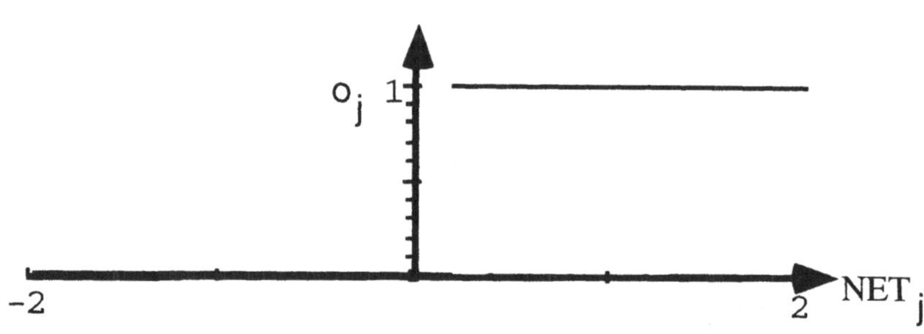

Sigmoide
Aktivierungs-
funktionen

Sigmoide Aktivierungsfunktionen werden in einer Reihe von Netzwerksorten angewendet. Sie spielen eine große Rolle bei der Modellierung nicht-linearer Beziehungen zwischen Ein- und Ausgabedaten. Zudem erfüllen sie folgende wesentliche Anforderungen:

- Stetigkeit

- Differenzierbarkeit

- Monotonie

Exemplarisch seien zwei sigmoide Aktivierungsfunktionen und deren Ableitungen beschrieben.

1) Die logistische Aktivierungsfunktion

Die logistische Aktivierungsfunktion ist definiert als:

$$f_{\log}(x) = \frac{1}{1 + e^{-x/g}} \qquad (4.9)$$

Ihr Wertebereich ist das offene Intervall]0, 1[(vergleiche Abb. 4.6). Ihre Ableitung kann wie folgt angegeben werden:

$$\frac{d}{dx} f_{\log}(x) = f_{\log}(x)\left(1 - f_{\log}(x)\right) \cdot \frac{1}{g} \qquad (4.10)$$

Abb. 4.6: Logistische
Funktion
für g = 0.5

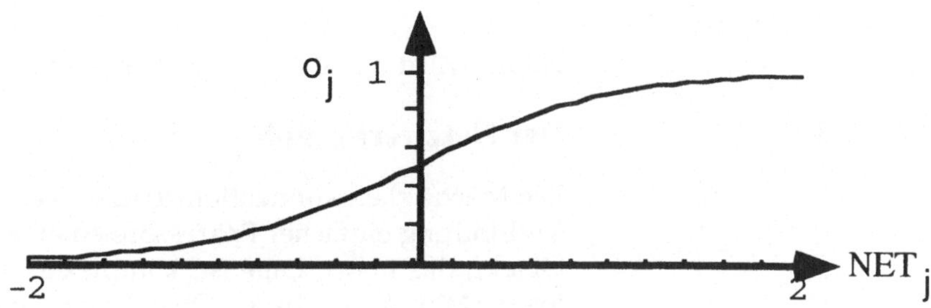

2) Der Tangens hyperbolicus

Der Tangens hyperbolicus ist definiert als:

$$f_{\tanh}(x) = \frac{e^x - e^{-x}}{e^x + e^{-x}} \qquad (4.11)$$

Sein Wertebereich ist das offene Intervall]-1; 1[(vergleiche Abbildung 4.7). Die Ableitung des Tangens hyperbolicus ist:

$$\frac{d}{dx} f_{\tanh}(x) = 1 - \tanh^2(x) \qquad (4.12)$$

Abb. 4.7: Tangens hy -
perbolicus

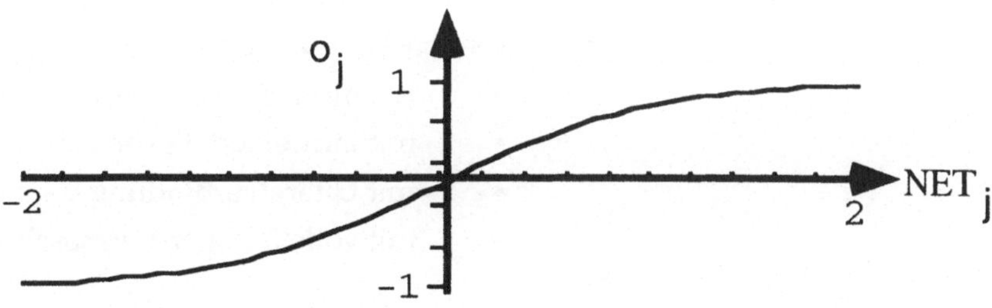

4.2.3   Die Ausgabefunktion

Die Ausgabefunktion bildet den aktuellen Zustand des Neurons auf einen gewünschten Wertebereich ab. Viele Autoren führen die Ausgabefunktion nicht gesondert auf, sondern verstehen diese als Bestandteil der Aktivierungsfunktion. Gerade bei hybriden Netzen mit verschiedenen

Aktivierungsfunktionen, die unterschiedliche Werte- und Definitionsbereiche haben, muß jedoch eine explizite Ausgabefunktion angewendet werden. An dieser Stelle führen wir daher formal die Ausgabefunktion f_{out} ein:

Allgemeine Ausgabefunktion

$$o_j(t+1) = f_{out}\big(a_j(t+1)\big) = f_{out}\big(f_{act}(a_i(t), NET_i)\big) \quad (4.13)$$

Häufig wird die Identität als Ausgabefunktion eingesetzt.

4.3 Der Netzwerkgraph

Die Mächtigkeit konnektionistischer Verfahren gründet auf der Verbindung einfacher Prozessorelemente zu einem netzartigen Objekt, das in der Lage ist, komplexere Problemstellungen zu lösen. Man kann dieses Objekt von seiner Struktur her als einen endlichen Graphen verstehen. In der Fachsprache existieren einige, die unterschiedlichen Topologievarianten benennende Begriffe. Diese sollen im folgenden kurz eingeführt werden.

Definition Neuronales Netz: NN = (N, K)

Ein Neuronales Netz NN besteht aus einer Menge von Neuronen $N=\{n_1, ..., n_m\}$ und einer Menge von Kanten $K=\{k_1, ., k_p\}$, mit $K \subset N \times N$.

Definition Schicht

Die Menge der Neuronen zerfällt in Partitionen $N(j)$. Jedes Neuron n_i gehört also zu genau einer Schicht $N(j)$ aus N.

Üblicherweise werden folgende Netztopologien unterschieden:

- Feedforward-Netze (FF-Netze)
  - 1. Ordnung
  - 2. Ordnung
- Feedback-Netze (FB-Netze)
  - mit direktem Feedback
  - mit indirektem Feedback
  - mit Lateralverbindung
  - mit vollständiger Vermaschung

4.3.1 FF-Netze

Bei dieser Topologievariante kann man die Schichten des entsprechenden Netzes ordnen. Seien also die Schichten $N(j)$ zu einem Netz gegeben. Weiterhin existieren Verbindungen zwischen den einzelnen Knoten.

Definition FF-Netz 1. Ordnung

Man spricht von einem FF-Netz 1. Ordnung genau dann, wenn

es nur gerichtete Verbindungen zwischen Schicht N(i) und Schicht N(i+1) gibt. Man sagt auch, das Netz ist schichtweise verbunden (vergl. Abb. 4.8a).

Definition FF-Netz 2. Ordnung

Ein Netz heißt FF-Netz 2. Ordnung genau dann, wenn Neuronen einer Schicht N(i) nur gerichtete Verbindungen zu Neuronen aus höheren Schichten N(i+k) aufweisen. Man nennt Verbindungen, die nicht von Schicht N(i) nach N(i+1) verlaufen, *shortcut connections*. (vergleiche Abbildung 4.8.b).

Abb. 4.8: Feedforward-Netze

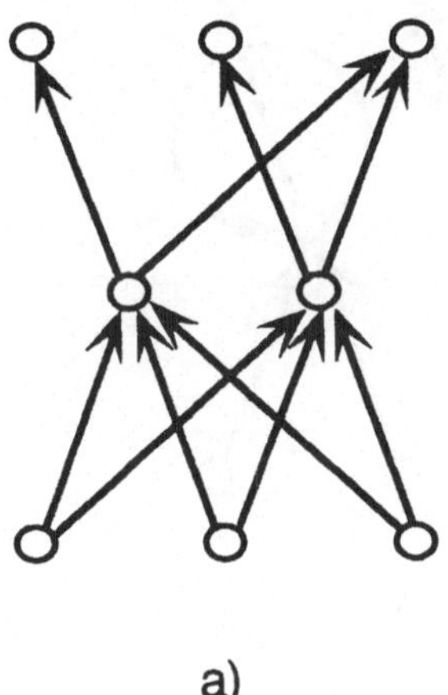
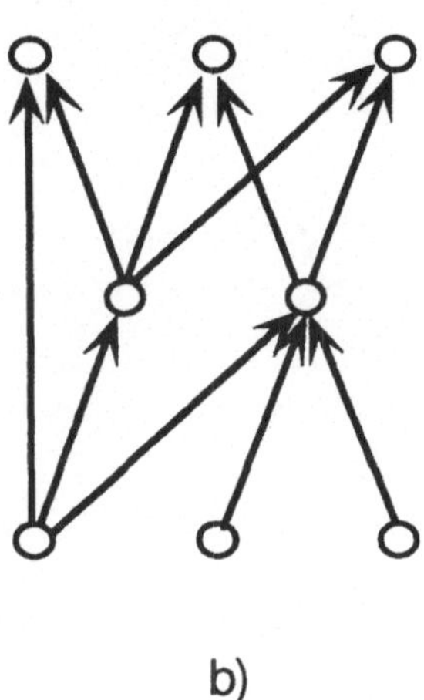

a)   b)

4.3.2 FB-Netze

Bei den rückgekoppelten Netzen verlaufen gerichtete Verbindungen von Neuronen höherer Schichten zu Neuronen niedrigerer Schichten bzw. zu Neuronen der gleichen Schicht. Diese Art von Rückkopplung kann bei einer Reihe von Problemen mit komplexer zeitlicher Dynamik sehr wertvoll sein (vergleiche Abbildung 4.9a).

Definition direkte Rückkopplung

Ein Feedback-Netz weist direkte Rückkopplungen auf, wenn ein Neuron n_i seine Ausgabe direkt wieder als Eingabe erhält und bei dem nächsten Bearbeitungsschritt in die Berechnung seines neuen Aktivierungszustandes einfließen läßt.

Definition indirekte Rückkopplung

Ein Feedback-Netz mit indirekter Rückkopplung weist Verbindungen von Schichten N(j) zu Schichten N(i) auf, mit (i ≤ j), und es gibt gleichzeitig gerichtete Verbindungen von Neuronen von Schicht N(i) zu Schichten N(i+k). Rückkopplungen werden häufig dazu verwendet, bestimmte Bereiche der Eingabe als besonders relevant hervorzuheben (vergleiche Abbildung 4.9b).

Def. Lateralverbindung

Netze mit Lateralverbindung (vergleiche Abbildung 4.10a) weisen Kanten zwischen Neuronen einer Schicht auf. Häufig wird diese Art von Verbindung dazu benutzt, ein Neuron hervorzuheben, während gleichzeitig der Einfluß benachbarter Neuronen gedämpft wird (vergleiche Kohonen-Netze).

Abb. 4.9: Direkte und indirekte Rückkopplung

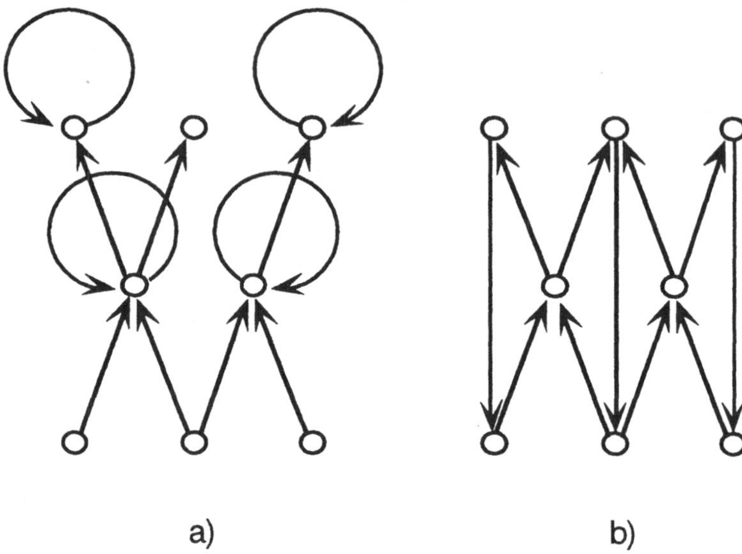

a)   b)

Definition vollständige Vermaschung

Ein Netz heißt vollständig vermascht, wenn jedes Neuron n_i zu jedem Neuron n_j $(i \neq j)$ eine gerichtete Verbindung aufweist. Diese Topologievariante wird häufig bei sogenannten Hopfield-Netzen verwendet (vergleiche Abbildung 4.10b).

Abb. 4.10 Lateralverbindung und vollständige Vermaschung

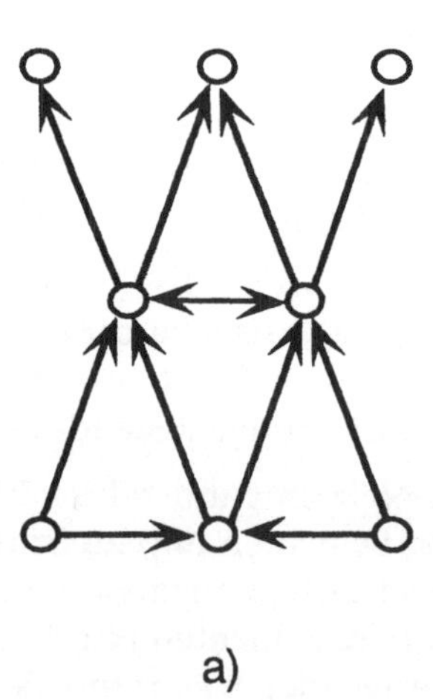

a)

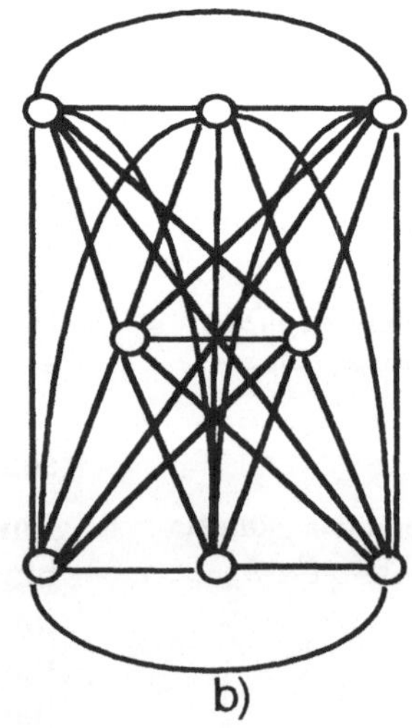

b)

4.4 Die Lernregel

Eine der zentralen Eigenschaften neuronaler Netze ist ihre Lernfähigkeit. Im einfachsten Falle kann man sich darunter vorstellen, daß ein Netz eine gegebene Menge von Daten reproduzieren lernt. Hierzu muß eine geeignete netzinterne Repräsentation der Daten ausgebildet werden. Die Lernregel legt dabei fest, mit welcher Strategie diese interne Repräsentation berechnet wird. Es gibt grundsätzlich eine Reihe von Ansatzmöglichkeiten:

1) Aufbauen und Löschen von Verbindungen

2) Aufbauen und Löschen von Neuronen

3) Modifikation der Gewichtungen von Verbindungen

4) Modifikation von Parametern innerhalb des Neurons (Variation von internen Parametern der Aktivierungsfunktion, Schwellwertänderungen etc.)

Variante 3 stellt eine der häufigst eingesetzten Basisstrategien dar. Insbesondere kann man mit dieser Methode Variante 1) simulieren, indem nicht existierende Verbindungen zwischen zwei Neuronen einfach mit 0 gewichtet werden. In den folgenden Kurseinheiten werden verschiedene Lernverfahren detailliert ausgearbeitet, die eine oder mehrere der oben angeführten Ansatzpunkte in der Lernphase berücksichtigen. An dieser Stelle beschränken wir uns für den Moment darauf einige sehr bekannte Lernregeln darzustellen.

4.4.1 Hebbsche Lernregel

Bereits Ende der 40er Jahre stellte Donald Hebb (Hebb, 1949) die Theorie auf, daß assoziatives Speichern in biologischen Systemen auf Prozessen beruht, die die Verbindung zwischen Nervenzellen modifizieren.

Die Hebbsche
Lernregel

In der nach ihm benannten Regel führt Hebb Lernen auf das folgende einfache Prinzip zurück. Wenn zwei Neuronen n_i und n_j zur gleichen Zeit aktiv sind **und** es existiert eine Verbindung zwischen beiden Neuronen, so ist die Gewichtung dieser Verbindung in definierter Weise zu verstärken:

$$\Delta w_{ij} = \eta a_j o_i \qquad (4.14)$$

Hierbei ist Δw_{ij} die Veränderung des Verbindungsgewichtes von Neuron i zu Neuron j, a_j die Aktivierung von Neuron j, o_i die Ausgabe von Neuron i und η eine geeignet zu wählende Lernrate.

Lernrate

Die *Lernrate* legt dabei fest, wie groß die Veränderung eines Verbindungsgewichtes innerhalb eines Lernschritts sein darf. Sie wird zu Beginn als Konstante festgelegt und ist ein kritischer Parameter, der sorgfältig ausgewählt werden sollte. In Kap. 5, Backpropagation, wird ein Verfahren vorgestellt, das diese Lernrate in der Lernphase modifiziert.

4.4.2 Delta-Regel

Eine weitere wichtige Lernregel ist die von Widrow und Hoff entwickelte Deltaregel (Widrow und Hoff, 1960). Sie ist für sogenannte einstufige FF-Netze geeignet. Ihr liegt folgende Überlegung zugrunde.

Delta-Regel

Kann zur Trainingszeit eine Abweichung zwischen der Zielausgabe und Sollausgabe eines Netzes festgestellt werden, so sind die internen Gewichte der Verbindung zwischen Ein- und Ausgabeschicht in definierter Weise zu verändern. Übergeordnetes Ziel ist es, durch iterative Anwendung der Delta-Regel die Ist-Ausgabe des Netzes in Richtung der gewünschten Soll-Ausgabe konvergieren zu lassen.

$$\Delta w_{ij} = \eta o_i \left(p_j - o_j \right) \tag{4.15}$$

Hierbei ist Δw_{ij} die Veränderung des Verbindungsgewichtes von Neuron i zu j. Der Term $\partial_j = p_j - o_j$ beschreibt die Differenz der Sollausgabe von der Ist-Ausgabe für das Neuron j und o_i ist die Ausgabe des Vorgängerneurons i. Man erkennt leicht, daß wenn die Differenz ∂_j gegen Null geht, Soll- bzw. Ist-Ausgabe für das betreffende Neuron also bereits nahe beieinander liegen, die entsprechende Änderung Δw_{ij} für die Neuron i mit Neuron j verbindende Kante sehr klein ausfällt.

4.4.3 Erweiterte Delta-Regel

Die erweiterte Delta-Regel hat gegenüber der einfachen Delta-Regel den entscheidenden Vorteil, auch für mehrstufige FF-Netze 2. Ordnung einsetzbar zu sein. Dies hat sehr weitreichende Konsequenzen im Hinblick auf die mit neuronalen Netzen lösbaren Problemklassen. Wir werden auf diesen Aspekt noch im nächsten Kapitel ausführlich zu sprechen kommen. Die erweiterte Deltaregel ist definiert als:

$$\Delta w_{ij} = \eta o_i \delta_j$$

$$\delta_j = \begin{cases} f'_j(NET_j)(p_j - o_j) & \text{falls } j \text{ ein Ausgabeneuron} \\ f'_j(NET_j)\sum_k (\delta_k w_{jk}) & \text{sonst} \end{cases}$$

$$(4.16)$$

Der Index k läuft dabei über alle Nachfolgerneuronen des Neurons j. Die Funktion f´ ist die Ableitung der in dem Neuron verwendeten Aktivierungsfunktion. Die ausführliche Herleitung der erweiterten Delta-Regel wird in Kap. 6 (Teil II) vorgestellt.

4.5 Datenräume

Stellt man sich die Ein- und Ausgabevektoren der Trainingsmenge als Punkte in einem möglicherweise mehrdimensionalen Datenraum vor, so definiert ein entsprechend trainiertes Netz die Partitionierung dieses Datenraums in Teilräume. Man nennt die Partitionen auch Klassen. Komplexe

Probleme zeichnen sich üblicherweise dadurch aus, daß die Klassengrenzen nicht-linearer Natur sind. Das trainierte Netz fungiert als Klassifikator, der Vektoren den entsprechenden Klassen zuordnet. Um ein im Sinne der Anwendung sinnvolles Klassifikationsverhalten zu erzielen, müssen möglicherweise sehr geschickt gefaltete Entscheidungsebenen ausgebildet werden.

4.5.1 Einfluß der Aktivierungsfunktion auf die Entscheidungsfläche

Zum Abschluß des Kapitels wollen wir in diesem Zusammenhang nochmals möglichst anschaulich auf die Rolle der Aktivierungs- und Propagierungsfunktionen eingehen. Für ein sehr einfaches Netz (vergleiche Abb. 4.11) werden unter Variation der Aktivierungsfunktion, der Propagierungsfunktion und gewisser Netzverbindungen die resultierenden Entscheidungsebenen für das Ausgabeneuron dargestellt.

Abb. 4.11: Beispiel-netze

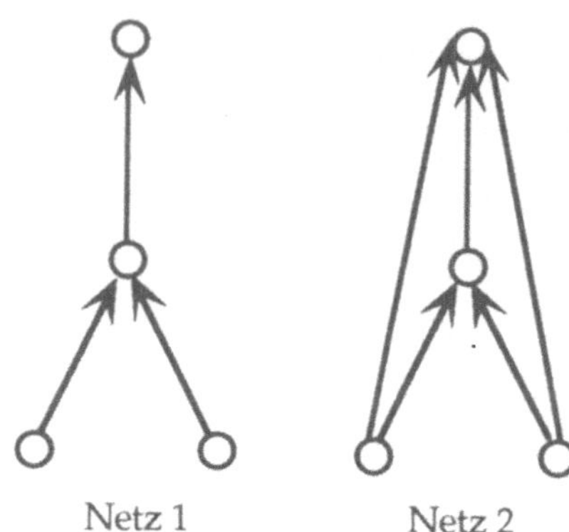

Abb. 4.12: Verwen-dung linearer Aktivierungsfunk-tionen (Netz 1)

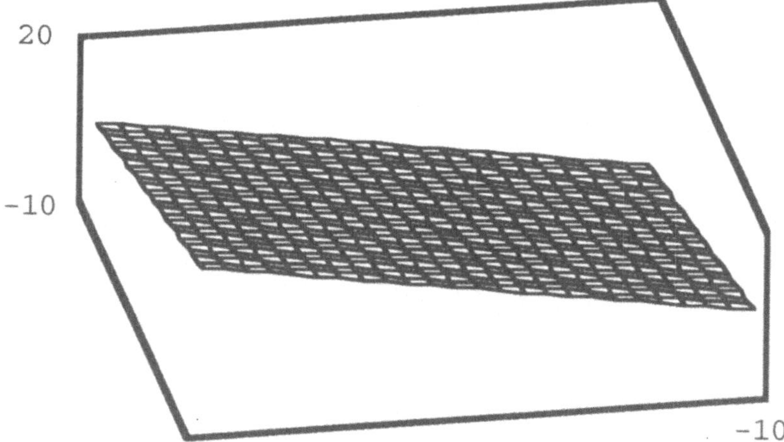

Abb. 4.13: Verwen-dung des *tangens hyperbolicus* (Netz 1)

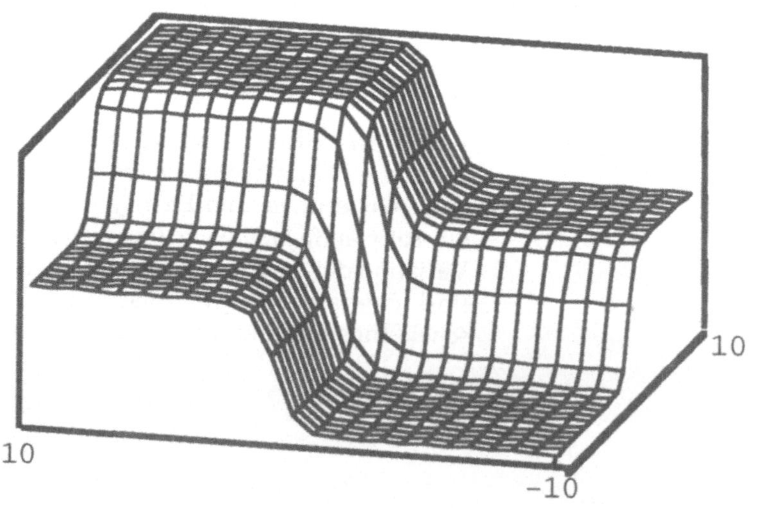

Die resultierende Entscheidungsebene aus Abb. 4.12 veranschaulicht nochmals graphisch die Ausführungen in Kapitel 4.2.2 zum Thema lineare Aktivierungsfunktionen. Man sieht, daß von diesen auch in mehrschichtigen Netzen nur eine zweidimensionale Entscheidungsfläche erzeugt werden kann. In Abb. 4.13 wurde für Netz 1 die gewichtete Summe der Eingangsaktivitäten (Gleichung 4.1) als Propagierungsfunktion verwendet. Als Aktivierungsfunktion ist der einfache *tangens hyperbolicus* eingesetzt worden. Als Resultat erhalten wir eine dreidimensionale Entscheidungsfläche, die im Vergleich zu Abb. 4.12 schon komplexere Klassifikationsleistungen erlaubt.

Abb. 4.14:
Verwendung des tan‐
gens hyperbolicus mit
SigmaPi-Units (Netz 1)

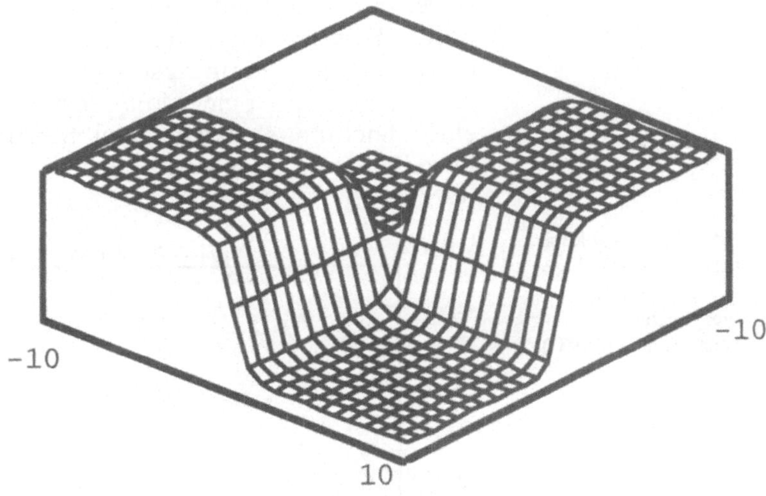

Abb. 4.15: Ver‐
wendung des tangens
hyperbolicus mit
SigmaPi-Units (Netz 2)

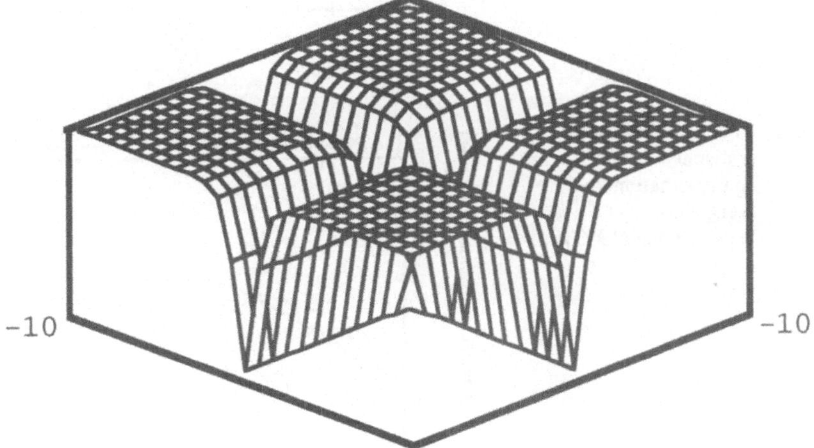

In Abbildung 4.14 und 4.15 wird der Effekt von SigmaPi-Units (vergleiche Kap. 4.2.1, Formel 4.3) und vom Veränderungen der Netztopologie gezeigt. Man sieht, daß durch diese Maßnahmen weitere Faltungen der Entscheidungsebene erzielbar sind.

4.5.2 Einfluß der versteckten Neuronen auf die Entscheidungsfläche

Greifen wir unsere Betrachtungen aus Kapitel 2 zum Thema Entscheidungsflächen auf, so kann ein neuronales Netz als ein Funktionsapproximator verstanden werden, der den Verlauf der Entscheidungsfläche bzw. eine Näherung dieser berechnet. Dabei spielt die Konfiguration des Netzes eine entscheidende Rolle. Hierzu folgendes Beispiel. Abb. 4.16 zeigt eine exemplarische Trainingsmenge. Die einzelnen Elemente orientieren sich an einer kubischen Grundfunktion. Aufgrund einer leichten stochastischen Störung können jedoch im Einzelfall mehr oder weniger starke Abweichungen festgestellt werden.

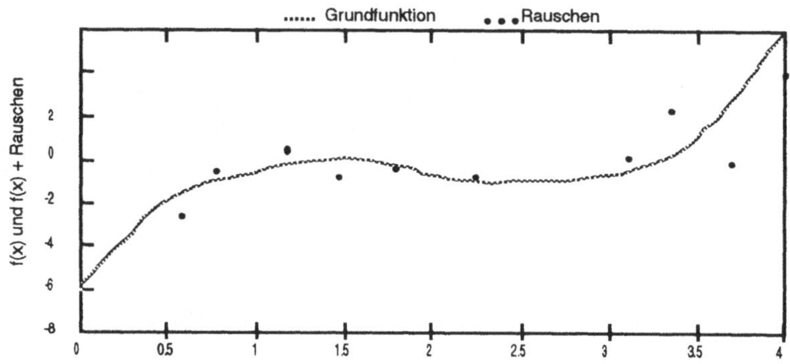

Abb. 4.16: Eine kubische, stochastisch gestörte Funktion f (vergleiche Wassermann (1993))

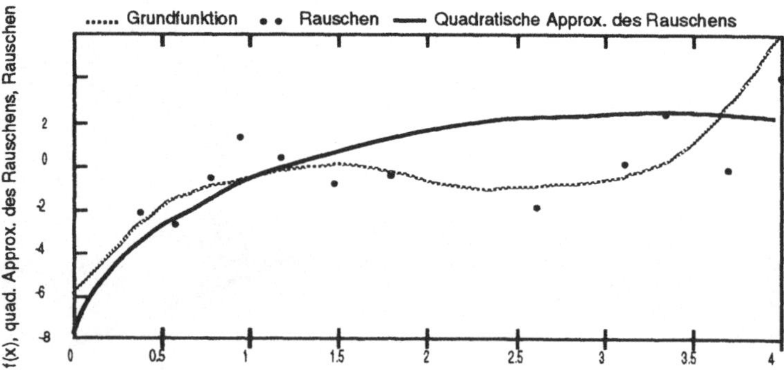

Abb. 4.17: Eine quadratische Approximation zu f (vergleiche Wassermann (1993))

Kennt man die zugrundeliegende Funktion, so stellt natürlich ein kubisches Polynom die beste Approximation dar. Durch geschickte Wahl der Koeffizienten kann eine optimale Approximation der Grundfunktion und der verrauschten Beispieldaten erreicht werden.

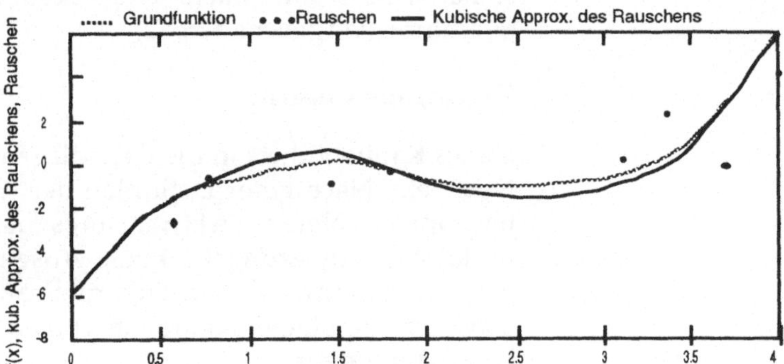

Abb. 4.18: Eine kubische Approximation zu f (vergleiche Wassermann (1993))

Mittels einer quadratischen Approximation kann die Funktion nur schwach angenähert werden. Abbildung 4.17 zeigt dies im Beispiel. Wählt man ein Polynom höheren Grades, so optimiert man immer mehr den Reproduktionsfehler auf der Trainingsmenge, verliert aber gleichzeitig den funktionellen Zusammenhang. Abbildung 4.19 zeigt dies deutlich. Hier wird letztlich das stochastische Rauschen beschrieben. Oszillationseffekte zwischen den Datenpunkten verschlechtern die Generalisierungsfähigkeit.

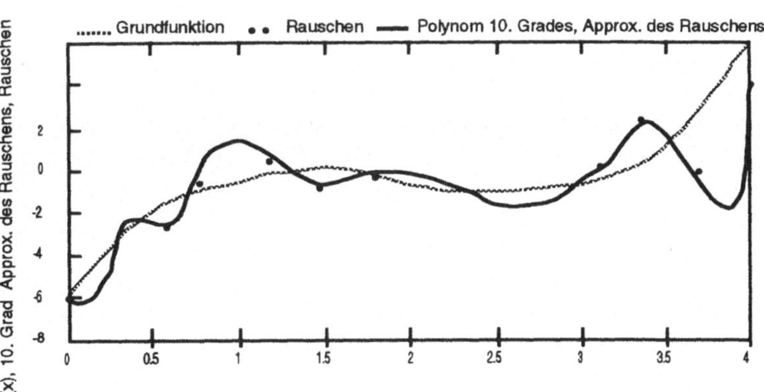

Abb. 4.19: Eine Approximation zehnten Grades zu f (vergleiche Wassermann (1993))

63

Einen ähnlichen Effekt hat die Erhöhung der Anzahl der versteckten Neuronen innerhalb eines Netzes. Zwar erhöht sich mit steigender Anzahl von Neuronen innerhalb der versteckten Schicht die Anzahl der durch dieses Netz beschreibbaren Funktionen. Da jedoch nur endlich viele Daten zur Verfügung stehen, wächst mit zunehmender Neuronenzahl das Risiko des *overfitting* (vergleiche Kap. 2).

4.6 Zusammenfassung

Dieses Kapitel führte in die Grundlagen künstlicher neuronaler Netze ein. Nach einer Definition der wichtigsten Bestandteile neuronaler Netze (Aktivierungszustand, Propagierungsfunktion, Aktivierungsfunktion, Ausgabefunktion, Netzwerkgraph und Lernregel) wurden grundsätzliche Zusammenhänge zwischen Topologie, Neuronentypus und Entscheidungsfunktionen dargestellt.

4.7 Fragen zu Kapitel 4

4.1 Nennen Sie die Bestandteile eines neuronalen Netzes.

4.2 Aus welchen Komponenten besteht ein Neuron?

4.3 Nennen Sie die wichtigsten Aktivierungsfunktionen.

4.4 Was ist eine Lernregel?

5   Das Perzeptron

Zum Ende des ersten einführenden Teils beschäftigt sich dieses Kapitel mit einer sehr frühen Netzsorte, dem Perzeptron, das auf Rosenblatt (1962a) zurückgeht. Wenngleich seine praktische Bedeutung aufgrund neuer Entwicklungen im Bereich der konnektionistischen Verfahren deutlich zurückgegangen ist, kann man an diesem Modell die wichtigsten Prinzipien neuronaler Informationsverarbeitung erläutern. Im weiteren Verlauf dieses Kapitels wird deutlich, welchen Einschränkungen das Perzeptron unterliegt. In diesem Zusammenhang wird der Begriff *lineare Separierbarkeit* geprägt. Nicht zuletzt finden sich in dem Perzeptron-Modell die Gründe für Neu- und Weiterentwicklungen von Lernverfahren.

5.1   Einführung

Das Perzeptron bezeichnet eine ganze Klasse von Verfahren, die ausführlich in Rosenblatt (1962b) beschrieben sind. Wir wollen uns auf einen speziellen Typ, das sogenannte Photo-Perzeptron (vergleiche Abbildung 5.1), beschränken. Dieser Ansatz wurde zur Modellierung der Verarbeitung optischer Signale entwickelt. Sein Aufbau ist vergleichsweise einfach zu beschreiben.

Das Photo-Perzeptron   Das Perzeptron besteht aus drei Schichten:

- der Retina,
- der Assoziationsschicht und
- der Ausgabeschicht.

Die binären Ausgaben der Retinaneuronen werden über konstant gewichtete Verbindungen in die Assoziationsschicht geleitet. Üblicherweise sind nicht alle Neuronen der Retinaschicht mit allen Neuronen der Assoziationsschicht verbunden.

Rezeptives Feld   Mit der Festlegung der Verbindungen von der Retina zur Assoziationsschicht wird dem Netzdesigner die Möglichkeit gegeben, die Eingabedaten zu strukturieren. So können etwa wichtige Merkmalsbereiche zusammengefaßt werden. In diesem Zusammenhang versteht man unter dem Begriff *rezeptives Feld* die Menge aller Retinaneuronen, die mit einem Neuron der Assoziationsschicht verbunden sind.

Die Verbindungen von der Assoziationsschicht zur Ausgabeschicht sind ihrerseits variabel. Sie können in der Lernphase adjustiert werden (vergleiche Kapitel 5.2). Aus der Sicht des Lernverfahrens entspricht das Perzeptron daher einem einstufigen Netz, bei dem nur ein Gewichtsvektor veränderbar ist.

In der Trainingsphase werden dem Perzeptron Beispiele präsentiert, die es zu lernen hat. Ein Beispiel ist hierbei ein Paar (x,
y). Die Aufgabe für das Perzeptron besteht nun darin, seine internen Parameter so zu modifizieren, daß es bei der Eingabe
des Vektors x (*Eingabevektor*) die Klasse y (*Ausgabevektor*) generieren kann. Unter einer Trainingsmenge versteht man die
Menge aller Ein- und Ausgabevektoren des Lernproblems. Ein
Netz hat dann die *Trainingsmenge* eingelernt, wenn es alle Paare
(x, y) korrekt assoziieren kann. Häufig verbindet sich mit dem
Trainingsprozeß überdies die Hoffnung, daß das so erstellte
Netz einen Eingabevektor x´, der im Sinne der Anwendung
ähnlich zu dem Vektor x ist, ebenfalls in die Klasse y assoziiert.
In diesem Fall sagt man, das Netz sei in der Lage zu *generalisie-
ren*.

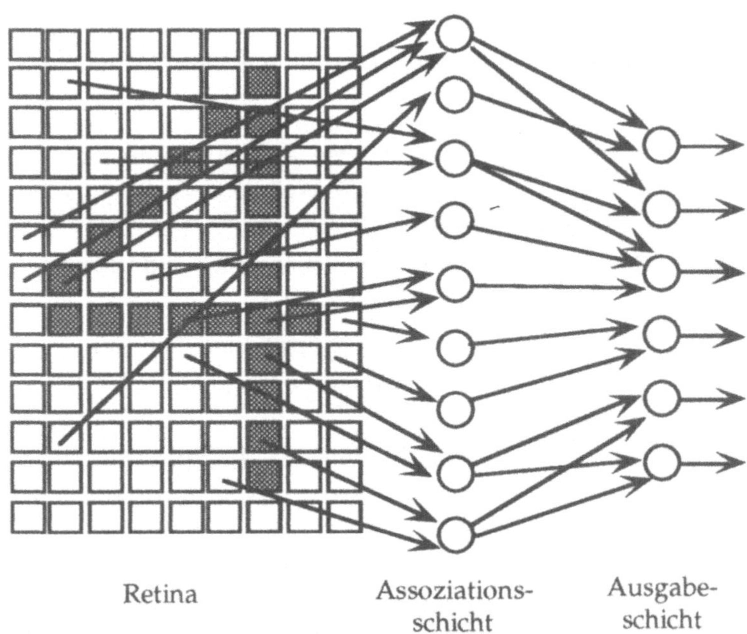

5.2   Das Perzeptron-Lernverfahren

Die Neuronen sind beim Perzeptron sehr einfach aufgebaut.
Die Ausgabe eines Neuron j berechnet sich wie folgt:

$$o_j = a_j = \begin{cases} 1 & \text{falls } \sum_i w_{ij}x_i \geq \Theta_j \\ 0 & \text{sonst} \end{cases} \qquad (5.1)$$

Das Perzeptron verfügt also über keine explizite Ausgabefunktion, als Aktivierungsfunktion wird eine einfache Schwellwertfunktion verwendet.

Die Perzeptron-Lernregel

Während des Lernprozesses werden alle Elemente der Trainingsmenge (x, y) an das Netz angelegt. Bildet das Neuron j eine fehlerhafte Aktivität a_j aus, so werden die Gewichte der auf dieses Neuron verschalteten Verbindungen modifiziert. Die Lernregel hierfür lautet:

$$w_{ij}(t+1) = w_{ij}(t) + \eta\left(y_j - a_j\right) \cdot x_i \qquad (5.2)$$

Zur grundsätzlichen Strategie sei zusammenfassend folgendes gesagt. Wenn die tatsächliche Ausgabe mit der erwarteten Ausgabe übereinstimmt, wird für das Ausgabeneuron bzw. für die auf das Ausgabeneuron auflaufenden Kanten keine Veränderung der Gewichte durchgeführt. In allen anderen Fällen erfolgt eine Korrektur der Gewichtungen in Richtung der gewünschten Ausgabe um einen definierten Anteil $\partial = \eta \cdot x_i$.

Das Konvergenz-theorem von Rosen-blatt

Rosenblatt gibt für das Perzeptron an, es konvergiere in endlicher Zeit für alle Lernprobleme, die prinzipiell mit dem Perzeptron lösbar seien. Dieser Satz ist als das sogenannte *Perzeptron-Konvergenztheorem* bekannt geworden. Es wurde vielfach falsch verstanden. Der Zusatz, daß sich Konvergenz nur auf die grundsätzlich mittels des Perzeptron lösbaren Probleme einstellt, ist von außerordentlich großer Bedeutung. Es stellte sich durch nachfolgende Arbeiten heraus, daß die tatsächlich lösbaren Problemklassen stark eingeschränkt sind.

5.3 Lineare Separierbarkeit

Um die Mächtigkeit des Perzeptron-Modells zu diskutieren, wird häufig auf die boolschen Funktionen zurückgegriffen. Wir wollen zunächst untersuchen, ob das einfache Perzeptron in der Lage ist, zweiwertige Funktionen zu repräsentieren. Das dazugehörige Netz sähe dann wie folgt aus (vergleiche Abb. 5.2).

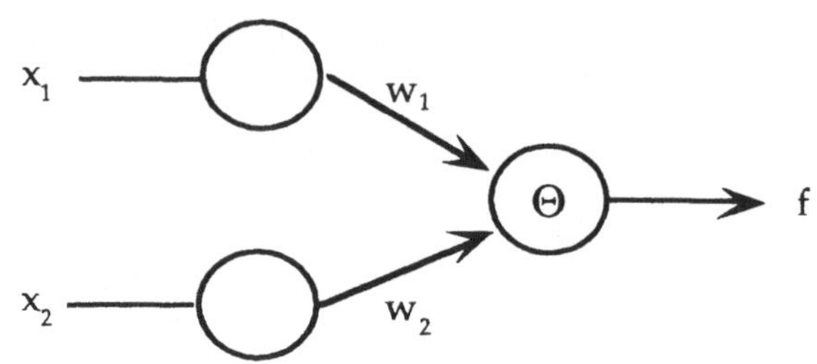

Abb. 5.3 Aufzählung
aller boolschen
Funktionen für zwei
Variablen

x_1	x_2	f_1	f_2	f_3	f_4	f_5	f_6	f_7	f_8	f_9	f_{10}	f_{11}	f_{12}	f_{12}	f_{14}	f_{15}	f_{16}
0	0	1	1	1	1	1	1	1	1	0	0	0	0	0	0	0	0
0	1	1	1	1	1	0	0	0	0	1	1	1	1	0	0	0	0
1	0	1	1	0	0	1	1	0	0	1	1	0	0	1	1	0	0
1	1	1	0	1	0	1	0	1	0	1	0	1	0	1	0	1	0

Man kann vergleichsweise einfach untersuchen, ob ein einstufiges Perzeptron in der Lage ist, eine boolsche Funktion zu berechnen. Wir wollen uns dies zunächst für die AND-Funktion (f_{15}) anschauen.

Beweis: Die AND-
Funktion kann durch
ein einschichtiges
Perzeptron simuliert
werden.

Annahme. Ein einfaches Perzeptron kann die AND-Funktion simulieren.

Beweis. Seien die Gewichte der beiden Verbindungskanten w_1 und w_2. Θ sei der Schwellwert für das Ausgabeneuron (o. B. d. A. $\Theta > 0$). Dann können folgende Ungleichungen aufgestellt werden:

$$x_1 = 0, x_2 = 0 \rightarrow w_1 x_1 + w_2 x_2 = 0 < \Theta \qquad (5.3)$$

$$x_1 = 1, x_2 = 0 \rightarrow w_1 x_1 + w_2 x_2 = w_1 < \Theta \qquad (5.4)$$

$$x_1 = 0, x_2 = 1 \rightarrow w_1 x_1 + w_2 x_2 = w_2 < \Theta \qquad (5.5)$$

$$x_1 = 1, x_2 = 1 \rightarrow w_1 x_1 + w_2 x_2 = w_1 + w_2 \geq \Theta \qquad (5.6)$$

Es gibt unendlich viele Belegungen für w_1, w_2 , die die Ungleichungen (5.4-6) erfüllen.

Untersucht man auf analoge Weise den gleichen Sachverhalt für die XOR-Funktion, so kommt man zu einem gegenteiligen Ergebnis.

Annahme. Ein einfaches Perzeptron kann die XOR-Funktion simulieren.

Beweis. Beweis erfolgt durch Widerspruch. Seien die Gewichte der beiden Verbindungskanten w_1 und w_2. Θ sei der Schwellwert für das Ausgabeneuron (o. B. d. A. $\Theta \geq 0$). Dann können folgende Ungleichungen aufgestellt werden:

$$x_1 = 0, x_2 = 0 \rightarrow w_1 x_1 + w_2 x_2 = 0 < \Theta \tag{5.7}$$

$$x_1 = 1, x_2 = 0 \rightarrow w_1 x_1 + w_2 x_2 = w_1 \geq \Theta \tag{5.8}$$

$$x_1 = 0, x_2 = 1 \rightarrow w_1 x_1 + w_2 x_2 = w_2 \geq \Theta \tag{5.9}$$

$$x_1 = 1, x_2 = 1 \rightarrow w_1 x_1 + w_2 x_2 = w_1 + w_2 < \Theta \tag{5.10}$$

Widerspruch folgt direkt aus Gleichung (5.8-10). Die Summe zweier positiver Zahlen kann nicht kleiner sein als die einzelnen Summanden.

Abbildung 5.4 veranschaulicht das Ergebnis graphisch. Funktionen, die mittels des einfachen Perzeptrons berechnet werden können, nennt man linear separierbar. D. h. die einzelnen (boolschen) Klassen können durch eine Gerade voneinander getrennt werden. Wie sich ebenfalls leicht graphisch veranschaulichen läßt, funktioniert dies für das XOR-Problem nicht.

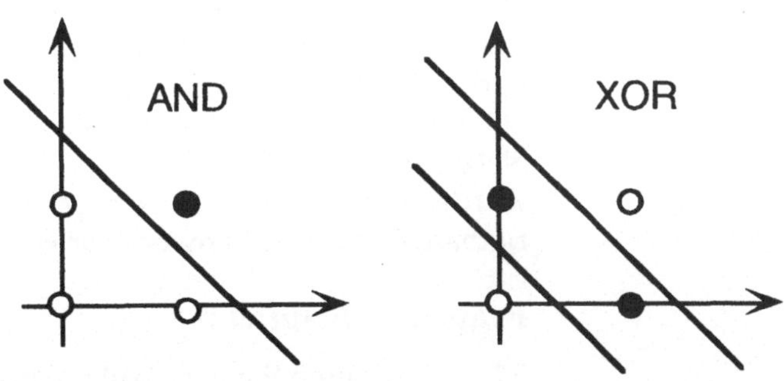

Welche Auswirkungen dies für n-dimensionale boolsche Funktionen hat, wurde von verschiedenen Autoren untersucht. Nach einem Resultat von Abu-Mostafa und Jacques (1985) konvergiert der Anteil der linear-separierbaren Funktionen für $n \rightarrow \infty$ gegen null. Abbildung 5.5 zeigt hierzu einige interessante Ergebnisse.

Aufgabe 5.1: Es gibt unter den zweistelligen Boolschen Funktionen (vergleiche Abb. 5.2) noch eine weitere Funktion (außer XOR), die nicht durch ein einschichtiges Perzeptron berechnet werden kann. Finden Sie doch einfach mal heraus, um welche es sich dabei handelt!

Abb. 5.5: Anzahl der linear separierbaren Funktionen für n-dimensionale Boolsche Funktionen (aus Wassermann, 1989)

n	Anzahl der Boolschen Funktionen insgesamt	Anzahl der linear separierbaren Funktionen
1	4	4
2	16	14
3	256	104
4	65536	1772
5	$4.3*10^9$	94572
6	$1.8*10^{19}$	5028134

5.4 Zusammenfassung

Dieses Kapitel beschäftigte sich mit dem von Rosenblatt eingeführten Netzmodell Perzeptron. Anhand dieser einfachen Lernarchitektur wurden wichtige Prinzipien künstlicher neuronaler Netze aufgezeigt. Insbesondere wurde anhand dieses Netzmodells der Begriff lineare Separierbarkeit untersucht. Es wurde deutlich, daß das Perzeptron lediglich auf linear seperarierbare Funktionen anwendbar ist.

5.5 Fragen zu Kapitel 5

5.1   Skizzieren Sie den Aufbau des Photo-Perzeptrons.

5.2   Wie lautet die Lernregel des Perzeptrons?

5.3   Was versteht man unter linearer Separierbarkeit?

5.4   Zeigen Sie, daß das einstufige Perzeptron die XOR-Funktion nicht simulieren kann!

6   Überwachtes Lernen

6.1   Einführung

Überwachtes Lernen ist das erste Lernkonzept gewesen, das bei der Entwicklung neuronaler Algorithmen eine Rolle gespielt hat. Die Idee ist, eine Menge von Ein- und Ausgabedaten "geeignet" zu lernen. Üblicherweise wird über eine Fehlerfunktion dem Netz mitgeteilt, wie weit es sich durch seine Trainingsleistung dem angestrebten Ziel genähert hat. Diese Information wird direkt dazu verwendet, interne Parameter zu justieren. Dieses Vorgehen wurde bereits beim Perzeptron (vergleiche Kapitel 5) beschrieben.

In diesem Kapitel betrachten wir nun Verfahren, die bestimmte Einschränkungen des Perzeptrons, das nur linear separierbare Funktionen darstellen konnte, nicht mehr aufweisen. Sie werden im Verlauf dieser Kapitels folgende Lernverfahren kennenlernen:

- Backpropagation
- Quickprop
- RPROP

In einem kurzen abschließenden Abschnitt werden darüber hinaus Verfahren zur Optimierung von Netztopologien präsentiert. In der Literatur sind hierzu verschiedene Ansätze beschrieben worden, deren Basismechanismen dargestellt werden.

6.2   Backpropagation

Das Lernverfahren Backpropagation wurde in einer Vielzahl von Anwendungsbereichen untersucht und erfolgreich eingesetzt. Es besitzt daher eine hohe praktische Relevanz. Dieses Kapitel beschäftigt sich mit dem Lernalgorithmus Backpropagation nach Rumelhart, Hinton und Williams (1986). Es werden Einschränkungen des Basisverfahrens diskutiert, die in nachfolgenden Erweiterungen und Variationen jeweils in bestimmten Aspekten behoben wurden. Aus der Vielzahl existierender Variationen zu Backpropagation betrachten wir folgende Ansätze:

- Momentum-Lernregel
- Gradient Reuse (Hush und Salas 1988)

6.2.1 Einführung

Erfolgreiche wissenschaftliche Neuerungen haben nicht selten mehrere Entdecker. Dies gilt in besonderer Weise auch für Backpropagation. Unabhängig voneinander wurde es in der Dissertation von Paul Werbos (1974), die lange Zeit unbeachtet blieb, von Parker (1985) und von Rumelhart, Hinton und Williams (1986) beschrieben.

Zweifellos hat die (Wieder-)Entdeckung von Backpropagation in nicht unerheblichem Maße dazu beigetragen, die Bedeutung des Forschungsbereiches "Neuronale Netze" aufzuwerten. Mit Backpropagation stand ein Verfahren zur Verfügung, mit dem mehrschichtige Netze effektiv trainiert werden konnten. Es bestand nun die Möglichkeit, komplexe "real-world"-Applikationen mit dieser Technologie anzugehen. Rasch nachfolgende, erfolgreiche Referenzanwendungen (vergleiche Sejnowski und Rosenberg (1988)) trugen zu dem schnell auflebenden Interesse für das gesamte Forschungsgebiet der neuronalen Netze bei.

6.2.2 Das Lernverfahren

Mittels Backpropagation können FF-Netze 1. Ordnung und 2. Ordnung trainiert werden. Ein Netz gilt als trainiert, wenn es in definierter Weise eine Menge von Ein- und Ausgabevektoren $\{(in_p, out_p) \mid 0 < p < m+1\}$ reproduzieren kann. Ein FF-Netz 1. bzw. 2. Ordnung besteht aus einer Menge von Eingabeneuronen i_k, einer Menge von Ausgabeneuronen o_j und einer schichtenweise geordneten Menge von versteckten Neuronen $h_{n,\,m}$ (vergl. Abb. 6.1)

Abb. 6.1: Aufbau eines Backpropagation-Netzes

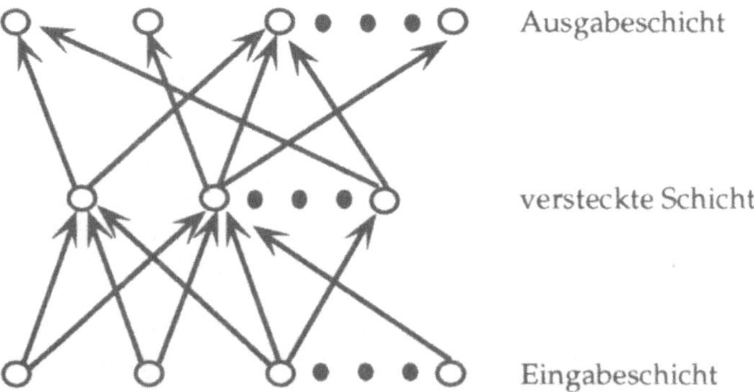

Wir bezeichnen mit $\text{out}_{p,j}$ die erwünschte Ausgabe für das Ausgabeneuron n_j. Dessen tatsächliche Ausgabe bezeichnen wir mit $o_{p,j}$. Die Differenz

$$\delta_{p,j} = \text{out}_{p,j} - o_{p,j}$$

gibt an, welchen Abstand die gewünschte Ausgabe für ein bestimmtes Ausgabeneuron von dessen tatsächlicher Ausgabe für ein festes Ein- Ausgabetupel (in_p, out_p) hat. Diese Größe hat eine sehr große Bedeutung für den Lernprozeß.

Bevor wir mit der expliziten Herleitung der in Backpropagation verwendeten Lernregel beginnen, soll noch eine allgemeine Bemerkung gemacht werden. Um den Trainingserfolg zu messen, wird der Fehler E über alle Ausgabeneuronen (Differenz von Soll- und Istausgaben), bezogen auf jeden Trainingsvektor (in_p, out_p) der Lernmenge, gemessen. Dieses Maß beschreibt damit die Güte des Reproduktionsverhaltens eines Netzes. Es gilt:

$$E = \sum_P E_p \tag{6.1}$$

mit

$$E_p = \frac{1}{2} \sum_j \left(\text{out}_{p,j} - o_{p,j} \right)^2 \tag{6.2}$$

Der konstante Faktor 0.5 hat lediglich rechentechnische Gründe. Für die weiteren Betrachtungen spielt es keine Rolle, ob der Fehler zwischen Soll- und Istausgabe direkt oder zu einem quantifizierten Bruchteil gemessen wird.

6.2.3   Herleitung der allgemeinen Deltaregel

In ihrem vielbeachteten Grundlagenartikel leiten Rumelhart, Hinton und Williams (1986) die erweiterte Delta-Regel her. Sie setzen voraus, daß eine sigmoide Aktivierungsfunktion verwendet wird.

Ausgangsbasis der Herleitung ist die Überlegung, daß die Minimierung des Fehlers E durch eine entsprechende Änderung eines Gewichtes w_{ij} letztlich einen Gradientenabstieg implementiert. Wir gehen also davon aus, daß gilt:

$$\Delta_p w_{ij} \equiv - \frac{dE_p}{dw_{ij}} \tag{6.3}$$

Hierbei ist $\Delta_p w_{ij}$ die Gewichtsänderung der Kante von Knoten i nach j.

Mittels der Kettenregel können wir den Gradienten auftrennen. Wir notieren:

$$\frac{dE_p}{dw_{ij}} = \frac{dE_p}{dNET_{p,j}} \cdot \frac{dNET_{p,j}}{dw_{ij}} \qquad (6.4)$$

Es stellt sich heraus, daß der zweite Faktor nichts anderes als die Istausgabe von Neuron j für das p-te Trainingspaar ist (Vereinfachung mittels Formel (4.1)).

$$\frac{dNET_{p,j}}{dw_{ij}} = \frac{d}{dw_{ij}} \cdot \sum_k w_{kj} o_{p,k} = o_{p,j} \qquad (6.5)$$

Im weiteren untersuchen wir nun den ersten Faktor, den wir als die Grundlage der Fehlerberechnung erkennen.

$$\delta_{p,j} = -\frac{dE_p}{dNET_{p,j}} \qquad (6.6)$$

Dann können wir (6.3) umschreiben und es gilt:

$$-\frac{dE_p}{dw_{ij}} = \delta_{p,j} \cdot o_{p,j} \qquad (6.7)$$

Damit können wir den Gradientenabstieg in E durch Gewichtsänderungen implementieren, die sich wie folgt berechnen:

$$\Delta_p w_{ij} = \eta \cdot \delta_{p,i} \cdot o_{p,j} \qquad (6.8)$$

Wie schon in Kapitel 4 besprochen, ist η ein konstanter Faktor, den wir als Lernrate bezeichnet haben. Die Berechnung des Terms $\delta_{p,j}$ ist nun davon abhängig, ob das entsprechende Neuron ein Ausgabeneuron ist oder nicht. Rumelhart et. al. liefern hierzu ebenfalls eine Ableitung. Wir beschränken uns an dieser Stelle nur auf das Ergebnis.

Wenn Neuron j ein Ausgabeneuron ist, dann gilt:

$$\delta_{p,j} = \left(out_{p,j} - o_{p,j} \right) \cdot f_j'\left(NET_{p,j} \right) \qquad (6.9)$$

sonst:

$$\delta_{p,j} = f'_j\left(NET_{p,j}\right) \cdot \sum_k \delta_{p,k} \cdot w_{jk} \qquad (6.10)$$

Hierbei sind $w_{k,j}$ die Gewichte der Verbindungen von Neuron j zu allen seinen Nachfolgeneuronen. Die Funktion f ist eine sigmoide Aktivierungsfunktion (vergleiche Kap. 4). Der aufmerksame Leser erkennt möglicherweise bereits an dieser Stelle, daß durch die Gleichungen (6.9) und (6.10) ein rekursives Verfahren definiert wird. Wir werden dies im nächsten Kapitel eingehender betrachten.

6.2.4   Der Trainingsalgorithmus

Die Verwendung *der erweiterten Delta-Regel* findet in zwei Phasen statt. In der ersten Phase wird der Eingabevektor an das Netz angelegt. Durch schichtenweise Berechnung der Aktivierungsfunktionen und Ausgabefunktionen wird eine Ausgabe errechnet. Hiermit beginnt die zweite Phase des Trainingsalgorithmus. Der resultierende Ausgabevektor wird nun mit der Zielausgabe verglichen. Aufgrund des Fehlers, der sich aus der Differenz von Soll- zu Istausgabe ermitteln läßt, wird nun mittels der Gleichungen (6.9) und (6.10) der Beitrag eines jeden Neurons in dem Netz zum Gesamtfehler errechnet. Hierzu wird zunächst für die Neuronen der Ausgabeschicht durch Anwendung von (6.9) eine entsprechende Berechnung durchgeführt. Sind alle δ's für diese Schicht berechnet, kann die gleiche Berechnung für die Neuronen der vorletzten Schicht erfolgen. Hierzu ist dann Gleichung (6.10) anzuwenden. Dieses Verfahren wird bis zur Eingabeschicht iterativ fortgesetzt. Abbildung 6.2 faßt den Ablauf von Backpropagation nochmals in einer algorithmischen Beschreibung zusammen.

Aufgabe 6.1: Üblicherweise wird ein Netz zu Beginn des Trainings mit zufälligen Gewichten initialisiert. Wieso muß man dies tun? Was passiert, wenn man ein schichtenweise vollständig verbundenes Netz versucht zu trainieren, bei dem alle Gewichte gleich sind?

1. Initialisierung
   Initialisiere die Gewichtsmatrix
   Lege ein Konvergenzkriterium fest
   $t \leftarrow 0$

2. Lernphase
   Initialisiere den Gesamtfehler: $E \leftarrow 0$
   REPEAT FORALL p

   (in_p, out_p) ist Element der Trainingsmenge

   (a) Vorwärtsaktivierung
       Berechne schichtenweise die Aktivität der Neurone
       $$a_j \leftarrow f_{act}\left(a_j(t), NET_j\right)$$

   (b) Lernfehlerberechnung
       $$E_p \leftarrow \frac{1}{2}\sum (out_{p,j} - o_{p,j})^2, \quad E \leftarrow E + E_p$$

   (c) Fehlerbestimmung

       verdeckte Schicht: $\delta_j \leftarrow f'(NET_{p,j})\sum_k \delta_k w_{kj}$

       Ausgabeschicht: $\delta_j \leftarrow f'(NET_{p,j})(out_{p,j} - o_{p,j})$

   (d) Gewichtsmodifikation
       $$w_{ji}(t+1) \leftarrow w_{ji}(t) + \eta \delta_j o_j$$

   (e) $t \leftarrow t+1$

   UNTIL (E erfüllt Konvergenzkriterium) OR $(t > t_{max})$

Backpropagation als
Optimierungsverfahren

Man kann sich den Trainingsprozeß eines Backpropagation-Netzes als einen *Optimierungsvorgang* vorstellen. Das Optimierungsproblem besteht darin, die Trainingsmenge mit minimalem Fehler zu reproduzieren. Dabei sind die Parameter des Optimierungsproblems die Gewichte w_{ij} des Netzes, die geeignet adjustiert werden müssen.

Tatsächlich spielt der Gesamtfehler E eine sehr große Rolle bei dem Training von Netzen. Für den Moment wollen wir einfach davon ausgehen, daß es unser Ziel sei, ein gegebenes Netz optimal an eine gegebene Trainingsmenge anzupassen. Die Ausführungen zur Leistungsbewertung von Klassifikatoren werden zeigen, daß bei der Erstellung von Klassifikatoren ein Übertrainieren vermieden werden muß. Die Überanpassung eines Klassifikators an die Trainingsdaten kann zu schlechten Ergebnissen auf unbekannten Daten führen. Diesen Aspekt wollen wir jedoch bei den weiteren Darstellungen nicht weiter vertiefen. Die hier vorgestellten Trainingsalgorithmen müssen geschickt eingesetzt werden, um diesen Effekt zu vermeiden.

Backpropagation kann man als ein *Gradientenabstiegsverfahren* ansehen, das eine Optimierung der Parameter in Richtung des steilsten Gefälles vornimmt. Abbildung 6.3 veranschaulicht diesen Vorgang.

Abb. 6.3:
Backpropagation als
Gradientenabstiegsver-
fahren

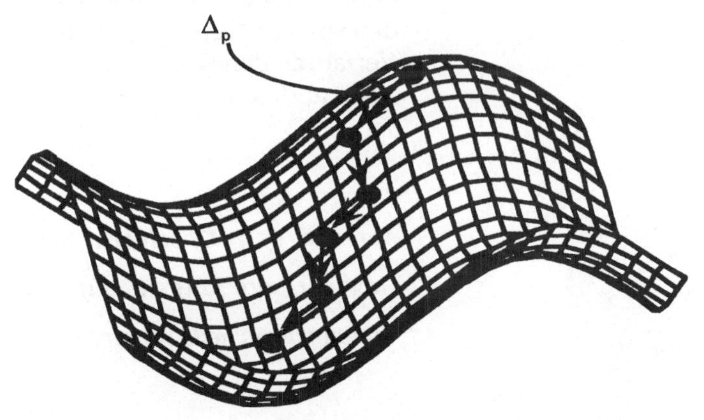

6.2.5   Kritische Aspekte zu Backpropagation

Mit unserem Verständnis von Backpropagation (BP) als einem Optimierungsverfahren verbindet sich eine Reihe von Fragen, die sich generell bei der Optimierung multidimensionaler Probleme ergeben. Im einzelnen ist es interessant zu untersuchen, wie sich Backpropagation in bestimmten Fällen verhält:

- **Lokale vs. globale Optimierung**: Wie bei Gradientenverfahren allgemein üblich, kann BP keine globale Optimierung garantieren. Je nach Startpunkt im *Fehlergebirge* kann der BP-Algorithmus in einem lokalen Optimum stecken bleiben. Dies ist dann ein Problem, wenn das Netz zu diesem Zeitpunkt noch keine ausreichende Reproduktionsleistung aufweist.

- **Verhalten von BP bei Plateaus**: Existieren auf dem Plateau keinerlei Niveauunterschiede, so werden die Gewichte des Netzes während des Trainings nicht mehr verändert. Bei geringen Niveauunterschieden werden wenigstens noch kleinere Modifikationen durchgeführt. Das Verfahren kann aber nur "kriechend" über das Plateau hinweggehen.

- **Verhalten von BP in Schluchten**: Unter bestimmten Voraussetzungen können Schluchten im Fehlergebirge zu Oszillationen führen. Stellt man sich das Fehlergebirge als einen Bergkessel vor, so ist es Ziel des BP-Verfahrens, an den tiefsten Punkt des Tales zu gelangen. Sind nun die gegenüberliegenden Bergwände nahe genug beisammen, so bewirken die Gewichtsmodifikationen, daß das Verfahren immer von einer Bergwand zur gegenüberliegenden springt. Genausogut kann es auch passieren, daß das Verfahren den Schluchtbereich vollständig verläßt und in einen anderen Bereich mit suboptimalen Tälern springt.

Aufgabe 6.2: Überlegen Sie bitte, warum keine Gewichtsänderungen auf einem Plateau ohne Niveauunterschiede vorgenommen werden können.

Weiterhin haben sich bestimmte Konfigurationsparameter bei der Skalierung des Backpropagation-Algorithmus als kritisch erwiesen. Ihre Wahl muß im Hinblick auf das Anwendungsproblem genauer untersucht werden.

- **Wahl der Lernrate** η: Im Rückgriff auf die Oszillationsproblematik bei Schluchten im Fehlergebirge spielt die Wahl der Lernrate eine nicht unerhebliche Rolle. Wählt man die Lernrate η sehr groß, so kann man damit im besten Fall relativ schnell zum gewünschten Optimum gelangen. Bildlich gesehen, schreitet BP in großen Schritten talabwärts. Dabei geht man jedoch das Risiko ein, schmale Schluchten einfach zu übergehen. Ebenso können Oszillationen häufiger auftreten, das Verlassen von vielversprechenden Bereichen ist wahrscheinlicher. Andererseits kann eine zu kleine Lernrate die Konvergenzgeschwindigkeit des Lernverfahrens erheblich mindern.

- **Topologie des Netzes**: Als sehr wichtig hat sich die Wahl der Topologie des Netzes erwiesen. Kritisch ist die **Anzahl der Schichten** in einem Netz, die **Anzahl der Neuronen pro Schicht**, sowie die Festlegung des Netzwerkgraphen. Hier gibt es keine allgemein gültigen Regeln. Es empfiehlt sich bei der praktischen Anwendung, mit mehreren Topologievarianten systematische experimentelle Untersuchungen durchzuführen. Dieser Aspekt wird in Kapitel 6.6 nochmals aufgegriffen.

- **Fehlerrate auf der Trainingsmenge**: Im Hinblick auf eine erfolgreiche Anwendung von BP-Netzen über die Trainingsmenge hinaus, kommt der Wahl der Fehlerrate, die den Reproduktionsfehler auf den Trainingsdaten definiert, ein wichtige Rolle zu (Kap. 2).

6.3 Erweiterungen zu Backpropagation

6.3.1 Der Momentum-Term

Um dem Oszillationsproblem zu begegnen, wurde bereits sehr früh von Rumelhart, Hinton und Williams (1986) eine Variation der erweiterten Deltaregel eingeführt. Diese wird um den sogenannten *Momentum-Term* angereichert, der eine variable Anpassung der Gewichtsänderung in Abhängigkeit von zuvor gemachten Änderungen erlaubt:

Erweiterte Delta-Regel
mit Momentum-Term

$$\Delta_p w_{ij}(t+1) = \eta \cdot \delta_{p,i} \cdot o_{p,j} + \alpha \cdot \Delta_p w_{ij}(t) \quad (6.11)$$

Hierbei ist α eine Konstante aus dem Intervall $[0, 1]$, die den Einfluß der Gewichtsänderung zum Zeitpunkt t auf diejenige zum Zeitpunkt $t+1$ beschreibt. Besonders vorteilhaft ist der Momentum-Term in langgezogenen Schluchten mit geringem

Gefälle in Richtung des Schluchtenverlaufs (vergleiche Abbildung 6.4)

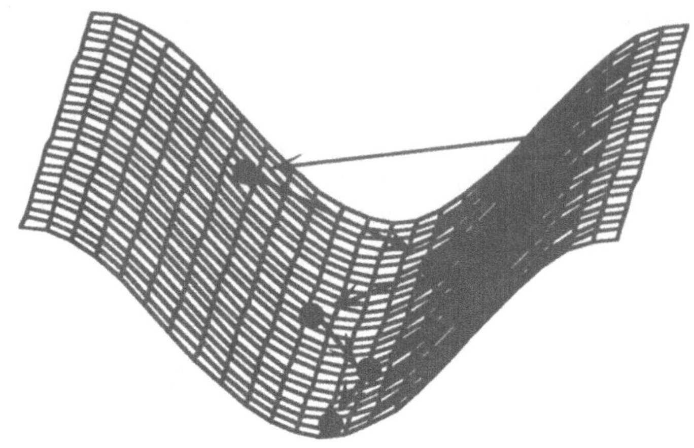

6.3.2 Der "Gradient Reuse"-Algorithmus

Idee

Das auf Hush und Salas (1988) zurückgehende Gradient-Reuse-Verfahren beschleunigt die Konvergenzgeschwindigkeit von Backpropagation. Es beruht auf der einfachen Beobachtung, daß die berechneten Gewichtsänderungen häufig in die gleiche Richtung zeigen. Um die teure Berechnung der δ zu reduzieren, wird ein Gradient so lange verwendet, bis keine Reduzierung des Fehlers E mehr zu messen ist. Erst dann erfolgt eine Neuberechnung.

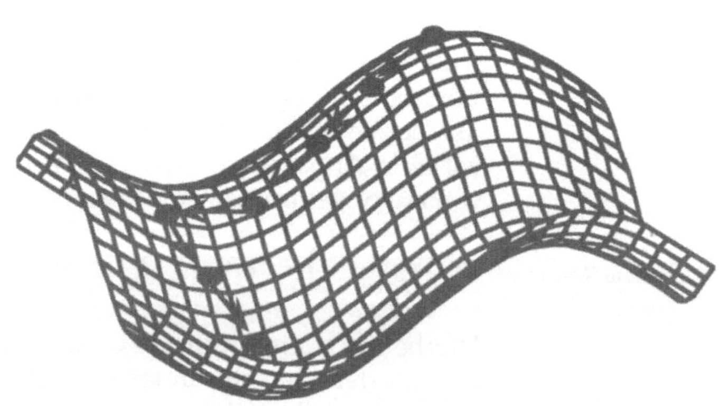

6.3.3 Zusammenfassung

Backpropagation spielt bei der praktischen Realisierung einer Vielzahl von erfolgreich durchgeführten Anwendungen eine große Rolle. Nach einer Einführung in die prinzipielle Funktionsweise des Verfahrens wurde auf gewisse Einschränkungen hingewiesen. Diese konnten zum Teil durch Erweiterungen, die in der Folgezeit entwickelt wurden, behoben werden.

6.4 Quickprop

Quickprop ist ein alternatives Verfahren zu Backpropagation, um mehrstufige FF-Netze 1. und 2. Ordnung zu trainieren. Es wurde von Scott Fahlmann (1988) vorgeschlagen und stellt im wesentlichen eine Heuristik dar, die schnellere Konvergenz für eine Reihe von Anwendungsproblemen ermöglicht.

6.4.1 Einführung

Quickprop geht davon aus, daß die Fehlerfunktion, bezogen auf ein Gewicht w_{ij}, durch eine Parabel angenähert werden kann (vergleiche Abbildung 6.6).

Abb. 6.6: Approximation der Fehlerfunktion durch eine Parabel

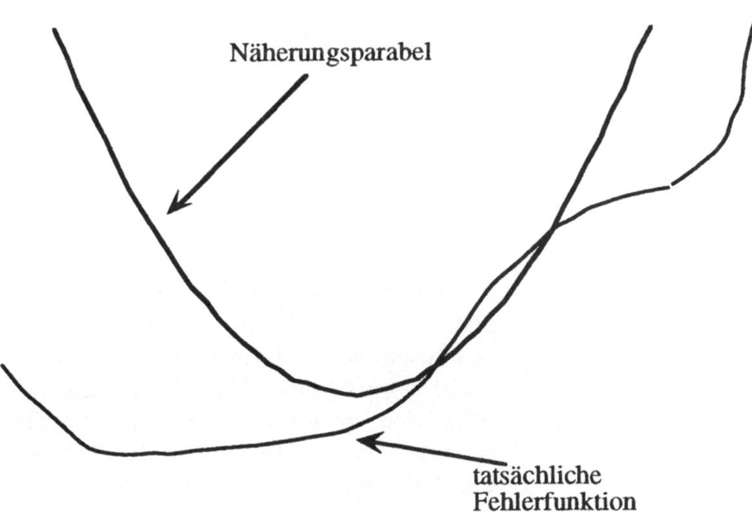

Trifft diese Annahme auf die konkret vorliegende Fehlerfunktion zu, so kann man die weitere Gewichtsadaption in Richtung des Minimums der Parabel fortführen. Man springt gezielt in den Scheitelpunkt der Parabel, der in diesem Fall das

Minimum der Fehlerfunktion sehr gut beschreibt. Ist die Fehlerfunktion nicht quadratisch, so kann in den darauffolgenden Iterationen eine Konvergenz herbeigeführt werden.

6.4.2   Der Quickprop-Algorithmus

Ausgangsbasis des Quickprop-Algorithmus ist die Steigung s (*slope*) der Fehlerfunktion E in Richtung des einzelnen Gewichtes w_{ij}. Wir notieren:

$$s(t) = \frac{dE(t)}{dw_{ij}(t)}$$

(6.12)

Damit kann man die Formel zur Berechnung des neuen Lerninkrements

$$\Delta w_{ij}(t) = \frac{\dfrac{dE(t)}{dw_{ij}(t)}}{\dfrac{dE(t-1)}{dw_{ij}(t-1)} - \dfrac{dE(t)}{dw_{ij}(t)}} \cdot \Delta w_{ij}(t-1)$$

(6.13)

wie folgt vereinfachen:

$$\Delta w_{ij}(t) = \frac{s(t)}{s(t-1) - s(t)} \cdot \Delta w_{ij}(t-1)$$

(6.14)

Abbildung 6.7 verdeutlicht diesen Zusammenhang (6.14) zunächst noch einmal graphisch.

Mit der Berechnung des neuen Gewichtes w_{ij} wird ein neuer Schnittpunkt mit der Fehlerfläche berechnet. So kann das beschriebene Verfahren iterativ über die Fehlerfunktion E in Richtung des gesuchten Minimums geschoben werden. Anschaulich gesehen, tastet die Parabel die Fehlerfunktion schrittweise ab. Je besser die Fehlerfunktion E durch eine Parabel angenähert werden kann, desto schneller findet man mit dieser Heuristik das gewünschte Minimum.

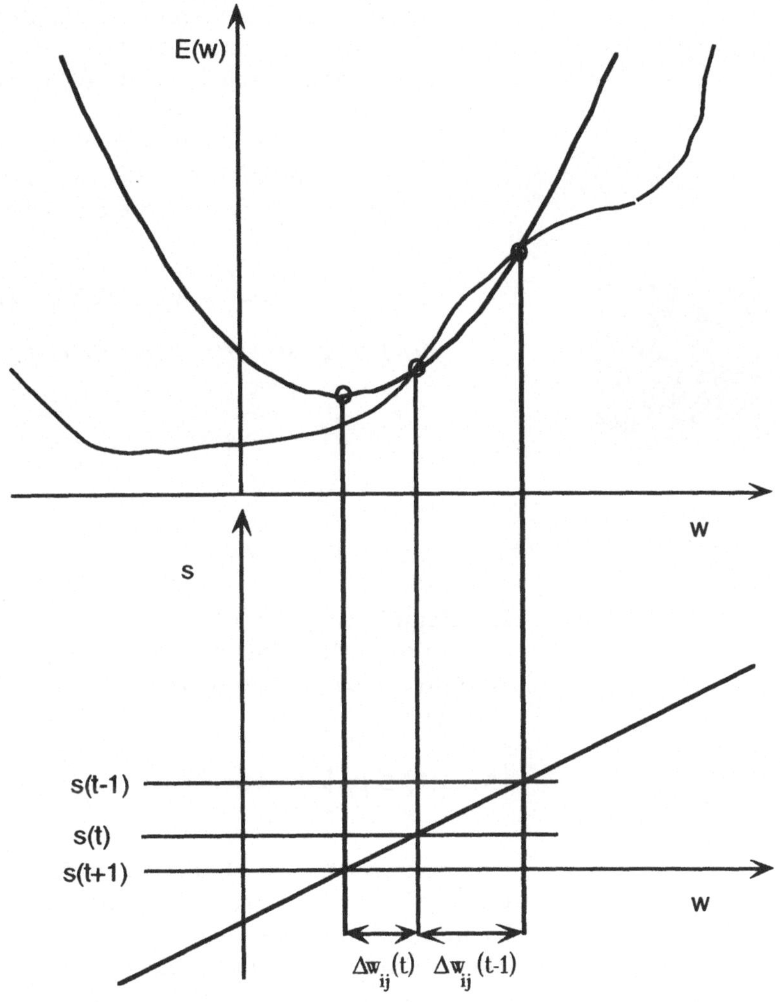

Im Hinblick auf (6.14) können nun drei verschiedene Fälle unterschieden werden:

- **$s(t) < s(t-1)$ und sgn($s(t)$) = sgn($s(t-1)$)**: Die Steigung zum Zeitpunkt t ist geringer als die zum Zeitpunkt t-1. Beide haben jedoch das gleiche Vorzeichen. Der nächste Schritt wird dann in die gleiche Richtung durchgeführt (dieser Fall ist in Abbildung 6.7 dargestellt).

- **sgn($s(t)$) $\neq$ sgn($s(t-1)$)**: Die Vorzeichen der beiden Steigungen unterscheiden sich. Dies bedeutet, daß die Schnittpunkte an den beiden Flanken einer nach oben gekrümmten Fehlerfunktion liegen.

- **s(t) = s(t-1):** Die Steigung in beiden Punkten ist gleich. Hier würde ein numerischer Fehler auftreten, wenn nicht dieser Fall durch besondere Maßnahmen aufgefangen würde. In Quickprop wird zu diesem Zweck eine maximale Schrittweite eingeführt, die den unendlichen Schritt vermeidet, der sich aus der Formel 6.14 direkt ergeben würde (vergleiche Formel 6.15)

Aufgabe 6.3: Zeichnen Sie zur Übung Abbildung 6.7 für den Fall 2: sgn(s(t)) ≠ sgn(s(t-1))!

Zur Regulierung der Schrittweite wird eine Begrenzungsregel eingeführt, die die maximal mögliche Schrittweite in Abhängigkeit von der Schrittweite zum Zeitpunkt t-1 beschneidet.

$$\left|\Delta w_{ij}(t)\right| \leq \mu \cdot \left|\Delta w_{ij}(t-1)\right|$$

$$(6.15)$$

Um numerische Überläufe zu verhindern, führt Fahlmann einen Gradiententerm ein, der bei der Ermittlung des Lerninkrements zusätzlich eingebracht wird. Damit trennt sich die Berechung des Lerninkrements in zwei Terme auf:

$$\Delta w_{ij}(t) = G(t) + P(t)$$

$$(6.16)$$

P(t) heißt auch Parabelterm und G(t) heißt Gradiententerm.

$$G(t) = \begin{cases} \eta \cdot \sum_P o_{pi}\delta_{pj} - d \cdot w_{ij}(t-1) & \text{falls a1} \\ 0 & \text{falls a2} \end{cases}$$

$$(6.17)$$

$$a1 = \begin{cases} (t=0) \vee \left(\Delta w_{ij}(t-1)=0\right) \vee \\ \text{sgn}\left(s(t-1)\right) = \text{sgn}\left(s(t)\right) \end{cases}$$

$$a2 = \text{sgn}\left(s(t-1)\right) \neq \text{sgn}\left(s(t)\right)$$

$$P(t) = \begin{cases} 0 & \text{falls b1} \\[2mm] \dfrac{s(t)}{s(t-1)-s(t)} \cdot \Delta w_{ij}(t-1) & \text{falls b2} \\[2mm] \mu \cdot \Delta w_{ij}(t-1) & \text{falls b3} \end{cases}$$

$$b1 = (t=0) \vee \left(\Delta w_{ij}(t-1)=0\right) \tag{6.18}$$

$$b2 = \text{falls} \begin{cases} s(t) \neq s(t-1) \wedge t \geq 1 \wedge \\ \Delta w_{ij}(t-1) \neq 0 \end{cases}$$

$$b3 = \text{falls } s(t) = s(t-1)$$

Quickpropagation nähert sich iterativ dem Minimum der Fehlerfunktion.

6.5 Resilient Propagation

6.5.1 Einführung

Parameterwahl bei Backpropagation problemspezifisch

In vielen Anwendungen von Backpropagation hat sich die Parameterwahl (Festlegung der Lernrate und des Momentum-Terms) als kontextabhängig erwiesen. In der Folgezeit sind nun verschiedene Verfahren entwickelt worden, die eine dynamische Parameteranpassung ermöglichen. Hier ist Resilient Propagation (RPROP) als eine vielbeachtete Strategie zu nennen, die nur auf der Basis gewichtsspezifischer Informationen Veränderungen der Neuronengewichte berechnet. Die Darstellungen zu RPROP basieren auf Riedmiller und Braun (1993), sowie auf Riedmiller (1993a), Riedmiller (1993b), Riedmiller (1994a) und Riedmiller (1994b).

6.5.2 Der RPROP-Algorithmus

Bei der Entwicklung des RPROP-Algorithmus spielten folgende Überlegungen eine wesentliche Rolle:

- **Informationsgrundlage**: Die partielle Ableitung enthält nur unzureichende Informationen über die Beschaffenheit des Fehlergebirges. Ein Verfahren, das ausschließlich auf dieser Informationsgrundlage eine Minimierung des Fehlers anstrebt, kann damit nur sehr schwer die richtige Schrittweite ausmachen.

- **Strukturelle Adaption**: Die optimale Schrittweite kann sich von Gewicht zu Gewicht unterscheiden. Änderungen in der Lernphase sollten daher für jedes Gewicht individuell erfolgen.

- **Temporäre Adaption**: Die optimale Schrittweite sollte sich während des Lernprozesses dynamisch anpassen können.

RPROP kommt diesen Anforderungen in folgender Weise nach. Für jedes Gewicht w_{ij} wird ein Parameter Δ_{ij} (*update-value*) ermittelt, der die Größe des Gewichtsupdates bestimmt (vergleiche Formel 6.19). Dabei wird folgende Überlegung zugrunde gelegt.

Die Schrittweite $\Delta_{ij}(t)$ des Gewichtes w_{ij} wird vergrößert, falls der Gradient in zwei aufeinanderfolgenden Berechnungsschritten sein Vorzeichen nicht verändert. Die Schrittweite wird in diesem Fall um den Faktor $\eta^+ > 1$ (leicht) erhöht.

Immer wenn sich die partielle Ableitung der Fehlerfunktion E in Richtung des Gewichtes w_j von ihrem Vorzeichen her ändert, wurde mindestens ein lokales Minimum übersprungen. In diesem Fall wird der Parameter Δ_{ij} um einen Faktor η^- reduziert, da die gemachte Gewichtsänderung offensichtlich zu groß war.

Nach einem Vorzeichenwechsel wird in dem sich anschließenden Berechnungsschritt die Adaption ausgesetzt, um eine zu schnelle Abnahme der Schrittweite zu vermeiden (vergleiche Formel 6.20). Generell wird für die lokale Gewichtsänderung Δ_{ij} ein Intervall definiert, innerhalb dessen ein Update stattfinden darf. Insbesondere sind zu kleine Inkremente zu vermeiden, da sonst Rundungsfehler nicht auszuschließen sind. Hierbei gilt als Empfehlungen für die Intervallgrenzen: $\Delta_{min} = 1 * 10^{-6}$, $\Delta_{max} = 50.0$ und $\Delta_0 = 0.1$.

Berechnung der lokalen Lernparameter Δ_{ij} pro Gewicht

$$\Delta_{ij}(t) = \begin{cases} \eta^+ \cdot \Delta_{ij}(t-1) & , \dfrac{dE(t-1)}{dw_{ij}} \cdot \dfrac{dE(t)}{dw_{ij}} > 0 \\[2ex] \eta^- \cdot \Delta_{ij}(t-1) & , \dfrac{dE(t-1)}{dw_{ij}} \cdot \dfrac{dE(t)}{dw_{ij}} < 0 \\[2ex] \Delta_{ij}(t-1) & \text{sonst} \end{cases}$$

mit $0 < \eta^- < 1 < \eta^+$

$$(6.19)$$

Wahl von η^+ und η^-

Riedmiller (1994a) weist bei der Wahl der Adaptionsparameter η^+ und η^- auf folgende Überlegung hin. Liegt ein Vorzeichenwechsel vor, so kann die Position des angestrebten

Minimums für das Gewicht w_{ij} nur zwischen w_j (t-1) und w_{ij} (t) liegen. Insofern ist die halbierte Schrittweite Δ_{ij} (t) = 0.5 * Δ_{ij} (t-1) eine gute Annäherung an das gesuchte Minimum. Daher wird üblichweise $\eta^- = 0.5$ gesetzt.

Bei dem Vergrößerungsfaktor η^+ gilt es, den Wunsch nach möglichst rascher Konvergenz gegenüber zu häufigen Vorzeichenwechseln des Gradienten abzuwägen. Es wird empfohlen, η^+ aus dem Intervall [1.05, 1.4] zu wählen.

Berechnung der
Gewichtsmatrix

Für den Fall, daß die partielle Ableitung der Fehlerfunktion E in Richtung des Gewichtes w_{ij} keinen Vorzeichenwechsel vollzieht (in t-1 bzw. t), wird in Abhängigkeit der partiellen Ableitung (vergleiche 6.20) eine Berechnung der Gewichtsmatrix zum Zeitpunkt t+1 durchgeführt. Liegt jedoch solch ein Vorzeichenwechsel vor, so war die zuvor berechnete Gewichtsänderung zu groß. Das Gewicht muß entsprechend zurückgesetzt werden (vergleiche 6.21).

Berechnung der
Gewichtsänderungen

$$\Delta w_{ij}(t) = \begin{cases} -\Delta_{ij}(t) & , \quad \dfrac{dE(t)}{dw_{ij}} > 0 \\[2mm] +\Delta_{ij}(t) & , \quad \dfrac{dE(t)}{dw_{ij}} < 0 \\[2mm] 0 & , \quad \text{sonst} \end{cases}$$

$$w_{ij}(t+1) = w_{ij}(t) + \Delta w_{ij}(t) \tag{6.20}$$

Ausnahmebehandlung

$$\Delta w_{ij}(t) = -\Delta w_{ij}(t-1), \quad \frac{dE(t-1)}{dw_{ij}} \cdot \frac{dE(t)}{dw_{ij}} < 0 \tag{6.21}$$

In Abbildung 6.9 ist das Kernstück des RPROP-Algorithmus nochmals in der Zusammenfassung dargestellt. Abbildung 6.10 zeigt , wie die Berechnung der Gewichte in Abhängigkeit von dem lokalen Fehlergradienten für ein Gewicht w_{ij} erfolgt.

Abb. 6.9: Kernstück
des RPROP-
Algorithmus

$$\text{FORALL } \Delta_{ij}$$
$$\Delta_{ij} = \Delta_0;$$
$$\text{FORALL } w_{ij}$$
$$\text{CASE}$$
$$\frac{dE(t-1)}{dw_{ij}(t-1)} \cdot \frac{dE(t)}{dw_{ij}(t)} > 0:$$
$$\text{BEGIN}$$
$$\Delta_{ij}(t) = \min\left(\Delta_{ij}(t-1) \cdot \eta^+, \Delta_{max}\right);$$
$$\Delta w_{ij}(t) = -\text{sign}\left(\frac{dE(t+1)}{dw_{ij}}\right) \cdot \Delta_{ij}(t);$$
$$w_{ij}(t+1) = w_{ij}(t) + \Delta w_{ij}(t)$$
$$\text{END}$$
$$\frac{dE(t-1)}{dw_{ij}(t-1)} \cdot \frac{dE(t)}{dw_{ij}(t)} < 0:$$
$$\text{BEGIN}$$
$$\Delta_{ij}(t) = \max\left(\Delta_{ij}(t-1) \cdot \eta^-, \Delta_{min}\right);$$
$$w_{ij}(t+1) = w_{ij}(t) - \Delta w_{ij}(t-1);$$
$$\frac{dE(t)}{dw_{ij}(t)} = 0$$
$$\text{END}$$
$$\frac{dE(t-1)}{dw_{ij}(t-1)} \cdot \frac{dE(t)}{dw_{ij}(t)} = 0:$$
$$\text{BEGIN}$$
$$\Delta w_{ij}(t) = -\text{sign}\left(\frac{dE(t)}{dw_{ij}(t)}\right) \cdot \Delta_{ij}(t);$$
$$w_{ij}(t+1) = w_{ij}(t) + \Delta w_{ij}(t)$$
$$\text{END}$$
$$\text{ENDCASE}$$
$$\text{ENDFOR}$$

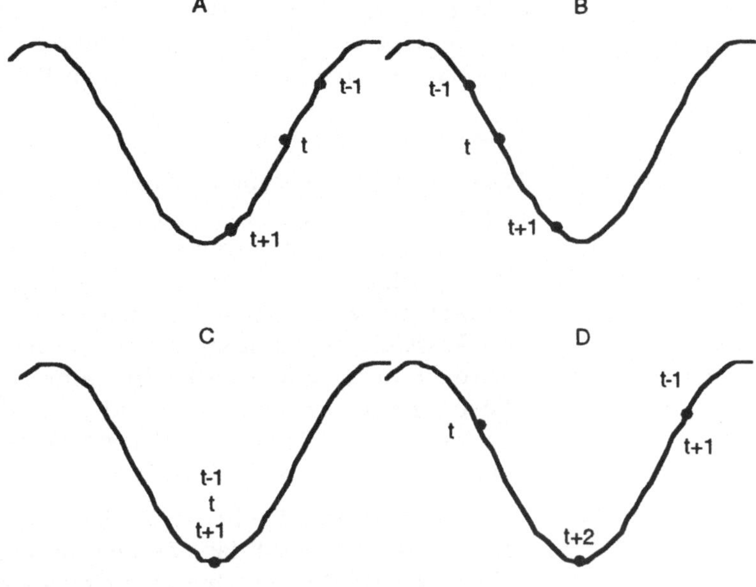

Abb. 6.10: Berechnung Gewichtsänderungen in Abhängigkeit vom lokalen Fehlergradienten

Dabei sind Fall A und B in Abbildung 6.10 äquivalent. In beiden Fällen zeigt der Gradient zum Zeitpunkt t-1 und t in die gleiche Richtung. Damit wird der Adaptionsschritt für t+1 in die gleiche Richtung fortgesetzt.

In C ist der Gradient Null (oder zumindest sehr klein). Es erfolgt keine Adaption, da offensichtlich ein Minimum erreicht worden ist. In D ist der Sachverhalt dargestellt, daß der Lernschritt von t-1 nach t offensichtlich zu groß ausgefallen ist. RPROP setzt in diesem Fall den Wert zum Zeitpunkt t+1 wieder auf den Wert zum Zeitpunkt t-1 zurück. Aufgrund der Neuberechnung des lokalen Inkrements Δ_{ij} wird der nächste Lernschritt (von t+1 nach t+2) mit der halbierten Schrittgröße durchgeführt (falls $\eta^- = 0.5$).

6.6 Verfahren zur Minimierung von Netzen

Häufig korrespondiert die Komplexität des Anwendungsproblems mit der hierfür notwendigen Netztopologie. Hierbei tritt dann das Problem auf, daß nicht genügend Daten vorhanden sind, um die Vielzahl der freien Parameter (Gewichtsmatrix, Parameter der Aktivierungsfunktionen etc.) zu justieren. In diesem Fall werden Techniken angewendet, die bestimmte Kanten innerhalb des Netzwerkgraphens wegschneiden oder sogar ganze Knoten aus dem Netz entfernen. Die Optimierung der Topologie spielt bei der praktischen Realisierung von Neuro-Projekten eine nicht zu unterschätzende Rolle. Daher werden in diesem Abschnitt einige bekannte Techniken skizziert.

Den Strategien ist gemeinsam, daß sie die Wertigkeit eines Gewichtes bzw. eines Neurons versuchen zu beschreiben. Sie unterscheiden sich im wesentlichen darin, wie das jeweilige Wertigkeitsmaß berechnet wird. Anschließend werden jene Gewichte bzw. Knoten gelöscht, die einen geringen Einfluß auf die Klassifikationsleistung des Netzes haben. Dieses Verfahren wird iterativ wiederholt, bis eine kritische Anzahl an Löschungen erreicht ist und die Fehlerrate auf der Trainingsmenge bzw. die Fehlerrate auf der Validierungsmenge über einem zuvor definierten Level liegt.

Ein Praktikerverfahren

Eine sehr einfache Methode, die aber bereits sehr überzeugende Ergebnisse liefert, ist das Löschen der betragsmäßig kleinsten Gewichte. Mit dem Löschvorgang wird dann die entsprechende Kante aus dem Netzwerkgraphen herausgenommen. Die Überlegung hierbei ist, daß aufgrund der geringen Gewichtung dieser Kante ihr Beitrag zur Klassifikationsleistung des Netzes nur sehr beschränkt sein kann. Man kann in einem Schritt durchaus mehr als eine Kante löschen. Auf jeden Fall muß ein erneutes Training erfolgen, um die anderen Gewichte entsprechend nachzujustieren. Dieses Vorgehen kann iterativ angewendet werden (vergleiche Abbildung 6.11).

Abbildung 6.11:
Beispiel zum Praktiker-verfahren

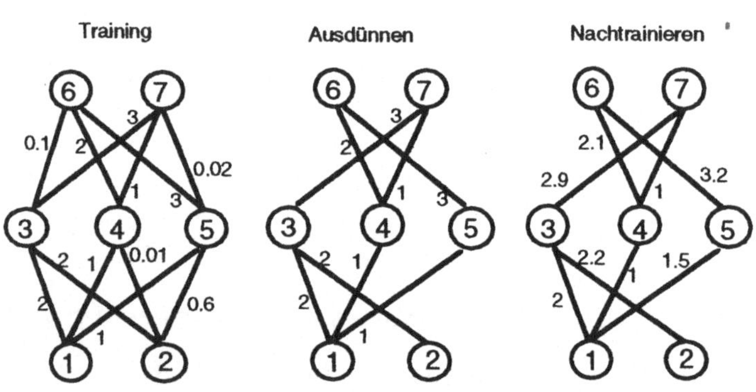

Das Weight-Decay-Verfahren

Um das Trainingsverfahren zu zwingen, möglichst viele Kanten mit kleinen Gewichten zu besetzen, ist es sinnvoll, ein Strafterm für große Gewichte bereits in die Lernregel einzuarbeiten.

$$E_2 = E_1 + \frac{d}{2}\sum_{i,j}\left(w_{ij}\right)^2 \qquad (6.22)$$

Der Parameter d ist dabei eine Konstante, die den Fehlerterm gegenüber der konventionellen Fehlerfunktion gewichtet. Üblicherweise ist $d \in [0.001, 0.035]$. Damit wird dann die Gewichtsänderung wie folgt berechnet:

$$\Delta_p w_{ij}(t+1) = \eta \cdot o_{pi} \cdot \delta_{pj} - d \cdot w_{ij}(t) \qquad (6.23)$$

Durch diese Maßnahme wird verhindert, daß das Netz große Gewichte ausbildet. In Verbindung mit dem oben beschriebenen Praktikerverfahren, das betragsmäßig um Null liegende Gewichte respektive die dazugehörenden Kanten aus dem Netzwerkgraphen löscht, können nach Zell (1994) bei der Minimierung der Netztopologie bereits gute Ergebnisse erzielt werden.

Weitere Verfahren zur Minimierung der Netztopologie sind:

- Optimal Brain Damage: Verfahren nach LeCun, Denker und Solla (1990).

- Optimal Brain Surgeon: Verfahren von Hassibi und Stork (1991)

- Skelettierung: Verfahren nach Mozer und Smolensky (1989)

- Kostenfunktion für Gewichte bzw. die Ausgabe versteckter Neurone: Hanson und Pratt (1989) bzw. Chauvin (1989).

Details zu den einzelnen Verfahren sind der Spezialliteratur bzw. Zell (1994) zu entnehmen. Es sei an dieser Stelle darauf hingewiesen, daß neuere Lernansätze bereits die Optimierung der Topologie zur Trainingszeit durchführen. Vergleiche etwa Cascade-Correlation (Kapitel 11).

6.7 Zusammenfassung

In diesem Kapitel sind die wichtigsten Ansätze zum Thema "Überwachtes Lernen" dargestellt worden. Als Ausgangsbasis der Darstellung diente uns dabei der Ansatz von Rumelhart, Hinton und Williams (1986): Backpropagation. Dieses Verfahren ermöglicht es, mehrschichtige Netze zu trainieren. Diese sind in ihrer Eigenschaft als allgemeine Funktionsapproximatoren in der Lage, komplexe Entscheidungsgrenzen darzustellen.

Backpropagation hat trotz seiner großen historischen Bedeutung eine Reihe von Einschränkungen, die in einem eigenen Abschnitt diskutiert wurden. Im weiteren stellte das Kapitel eine Reihe von Varianten und Erweiterungen zu Backpropagation dar, die einen Teil der skizzierten Einschränkungen aufheben.

Insbesondere wurden folgende Varianten näher untersucht:

- Quickpropagation
- Resilient Propagation

Ein abschließender Abschnitt beschäftigte sich mit Verfahren zur Optimierung der Topologie neuronaler Netze.

6.8 Fragen zu Kapitel 6

Nach der Bearbeitung dieses Kapitels sollten Sie folgende Fragen beantworten können.

6.1 Erläutern Sie die Lernstrategie von Backpropagation.

6.2 Welche Probleme treten beim Training von Netzen mittels Backpropagation auf?

6.3 Erläutern Sie den Momentum-Term!

6.4 Welche Annahmen über zu minimierende Fehlerfunktionen macht Quickprop?

6.5 Erläutern Sie die RPROP-Lernstrategie!

6.6 Welche Möglichkeiten der Optimierung von Netztopologien kennen Sie?

7 Kohonen-Netze

Dieses Kapitel beschäftigt sich mit sogenannten *selbstorganisierenden* Netzen. Der Hauptunterschied zu konventionellen Methoden des *überwachten Lernens* besteht darin, daß keine explizite Ausgabe vorgegeben wird. Dies bedeutet, daß Fehlerfunktionen - wie wir sie etwa bei dem Backpropagation-Algorithmus kennengelernt haben - nicht anwendbar sind. Die Gewichte in selbstorganisierenden Netzwerken werden nach anderen Prinzipien modifiziert. Grundlegende Arbeiten auf diesem Gebiet wurden von Kohonen (1982) und von der Malsburg (1986) geleistet. Nach einer Einführung in die wesentlichen Ideen zu selbstorganisierenden Netzen und einem kurzen Exkurs in die Biologie zur Motivation dieses Netztypus beschäftigt sich dieses Kapitel eingehend mit den sogenannten Kohonen-Netzen. Wir untersuchen den Lernalgorithmus und erläutern, wie es zur Ausbildung sogenannter topologischer Karten kommt. In einem etwas formaleren Teil werden dann Konvergenzeigenschaften für den ein- und zweidimensionalen Fall betrachtet. Die Ausführungen dieses Kapitels basieren auf Rojas (1991).

7.1 Einleitung

Selbstorganisierende Netze benötigen keine explizite Festlegung der Sollausgabe für die Elemente der Trainingsmenge. Sie können aufgrund der Eingabedaten selbst Häufungen (Cluster) berechnen und sind somit in der Lage, eigenständig Klassen oder Partitionen zu definieren. Diese Fähigkeit hat insbesondere dann ihre Vorzüge, wenn a priori die Anzahl der Klassen oder die Klassenzugehörigkeit nicht bekannt sind.

7.1.1 Topologische Karten

Abb. 7.1: Eine
Abbildungsfunktion
f: X → Y

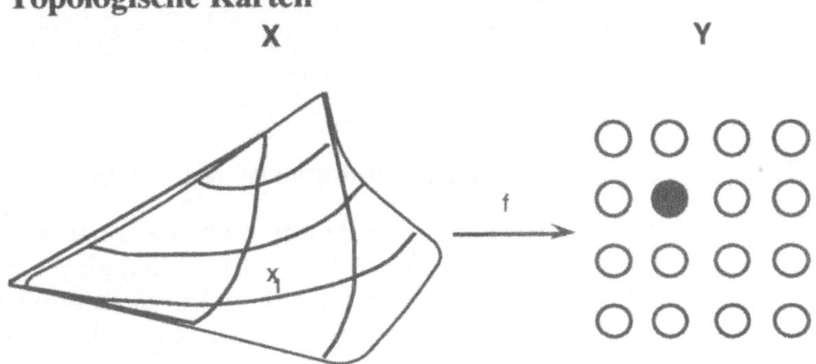

topologische Karte

Der Begriff "topologische Karte" beschreibt eine Strukturierung des Eingaberaums. Das Netz, das solch eine Karte ausbildet, kann gewisse Bereichsähnlichkeiten repräsentieren. Angenommen wir gehen von einem reellwertigen Eingaberaum X und einem Ausgaberaum Y aus. Dann berechnet das Netz eine Funktion $f: X \rightarrow Y$.

Wie Abbildung 7.1 zeigt, ordnet f jeder Eingabe aus dem Bereich x_1 das gleiche Ausgabeneuron zu. Damit ist ein Netz, das f repräsentiert, in der Lage, Bereichsähnlichkeiten in X abzubilden. Diese ersten Überlegungen führen uns zu den topologischen Karten Kohonens. Hierzu werden die Eingaberäume durch eine Schicht von Neuronen repräsentiert. Jedes Neuron dieser Eingabeschicht ist mit allen Neuronen der Ausgabeschicht verbunden. Zusätzlich existiert eine Gitterstruktur, die die Ausgabeneuronen untereinander verbindet. Eine mögliche Architektur einer solchen topologischen Karte zeigt Abbildung 7.2.

Abb. 7.2: Architektur einer topologischen Karte (Es sind nur die Verbindungen eines Ausgabeneurons zu sämtlichen Eingabe- neuronen eingezeichnet worden.)

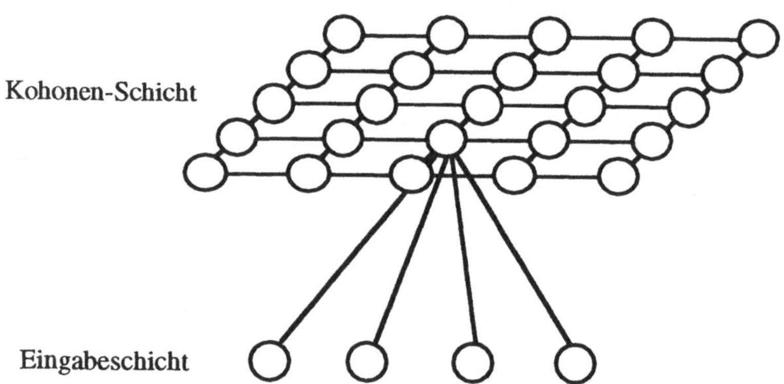

7.1.2 Neurophysiologische Motivation

Topologieerhaltende Karten können an verschiedenen Stellen im menschlichen Hirn ausgemacht werden. Um eine biologistische Plausibilität dieser Verfahren zu liefern, seien an dieser Stelle zwei Beispiele angeführt, die dies deutlich machen.

Unser erstes Beispiel ist der visuelle Kortex im Hinterlappen des menschlichen Gehirns. Dort ist eine Vielzahl von Neuronen an der Dekodierung und Verarbeitung visueller Informationen beteiligt. Die von Gordon Holmes Anfang des zwanzigsten Jahrhunderts erstellte zweidimensionale Kartierung des Areals zeigt eine Projektion des Auges auf die entsprechenden Regionen in diesem Bereich (vergleiche Abbildung 7.3). An diesem Beispiel lassen sich zwei wesentliche Prinzipien deutlich machen:

- Nachbarschaftsinvarianz

- Fovealisierung

Abbildung 7.3: Kartierung des visuellen Feldes im menschlichen Kortex, nach Glickstein (1988)

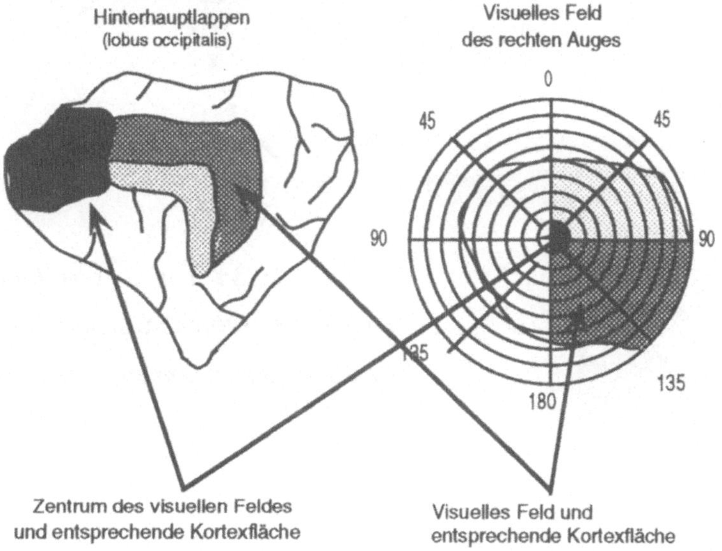

Nachbarschafts-invarianz

Fovealisierung

Zum einen erkennt man deutlich, daß benachbarte Areale des visuellen Feldes auf benachbarte kortikale Areale abgebildet werden (Nachbarschaftsinvarianz). Weiterhin ist erkennbar, daß das Gebiet um den Augenmittelpunkt überproportional durch entsprechende Hirnareale abgebildet wird. Dieser Bereich wird also mit einer höheren Genauigkeit untersucht und ausgewertet. Die umliegenden Bereiche werden dementsprechend geringer berücksichtigt (Fovealisierung).

Ein weiteres Beispiel, das in diesem Zusammenhang in vielen Lehrbüchern gerne zitiert wird, ist die Repräsentation der Tastrezeptoren im Hirn. In Abbildung 7.4 erkennt man, wie die verschiedenen Oberflächenareale durch entsprechende Stücke im sogenannten *somatosensorischen Kortex* dargestellt werden.

somatosensorischer Kortex

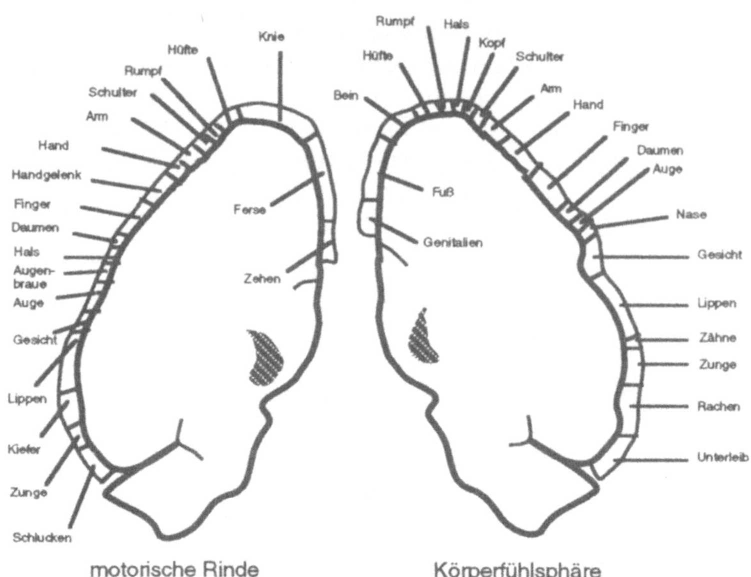

Aufgabe 7.1: Auch in diesem Fall können Sie das Prinzip der Nachbarschaftsinvarianz und der Fovealisierung erkennen. Nennen Sie ein Beispiel hierfür.

7.2   Kohonens Modell

Gehen wir nun davon aus, einen n-dimensionalen Eingaberaum in einer zweidimensionalen, topologischen Karte (vergleiche Abbildung 7.2) darstellen zu wollen. Die Eingabeneuronen sind vollständig mit den Neuronen der Kohonen-Schicht verbunden, die wiederum Verbindungen untereinander aufweisen. Kohonens Netzmodell funktioniert nach folgendem einfachen Prinzip. Während der Ausführungszeit des Netzes werden die Eingabevektoren mittels eines vorgegebenen Distanzmaßes paarweise mit den Gewichtsvektoren der Ausgabeneuronen verglichen. Das Neuron mit der minimalen Distanz wird zum aktuellen Gewinner und feuert; alle anderen Neuronen weisen keinerlei Aktivierung auf. Damit wird der Eingabevektor derjenigen Klasse zugeordnet, die durch das Gewinner-Neuron repräsentiert wird. In diesem Fall ist der Eingabevektor den dieser Klasse zugeordneten Vektoren am ähnlichsten.

Wie kommt es nun zu der Ausbildung einer topologischen Karte, die in der Lage ist, solche Klassifikationen vorzunehmen? Wir wollen hierzu den Lernalgorithmus der Kohonen-Netze genauer untersuchen.

7.2.1 Das Lernverfahren

Gehen wir von einer Menge von k Neuronen in der Kohonenschicht und q Neuronen in der Eingabeschicht aus. Der Eingabevektor hat dann die Form

$$X = (x_1, .., x_q) \tag{7.1}$$

Der zu einem Neuron i der Kohonenschicht gehörende Gewichtsvektor wird notiert als:

$$W = (w_{i1}, .., w_{iq}) \tag{7.2}$$

Um nun den Abstand von X zu W zu berechnen, können verschiedene Distanzmaße verwendet werden. Üblicherweise finden wir in Implementierungen des Kohonen-Modells die *euklidische Distanz*. Demnach berechnen wir nun jenes Neuron, dessen assoziierter Gewichtsvektor einen minimalen Abstand zur Eingabe hat.

$$j = \text{index}\left(\min_{i=1}^{k} \left(\| X - W_i \| \right) \right) \tag{7.3}$$

Nun erfolgt eine Modifikation des Gewichtsvektors, die interessanterweise nicht nur auf die Gewichte des Gewinnerneurons beschränkt bleibt. In gewissen Abstufungen wird auch das Umfeld des Gewinnerneurons in den Lernschritt mit einbezogen.

$$W_j(t+1) = W_j(t) + \eta(t) \cdot d_{ij}(t) \cdot \left(\| X - W_j(t) \| \right) \tag{7.4}$$

Wobei $0 \leq \eta \leq 1$ wiederum die zeitlich veränderliche Lernrate bezeichnet. Üblicherweise fällt diese monoton im Laufe der Trainingsphase, d.h. das Verfahren beginnt mit vergleichsweise großen Adaptionsschritten und endet mit relativ kleinen Modifikationen in der Konvergenzphase. Es überrascht nicht, daß auch in diesem Verfahren Änderungen der Gewichtsvektoren proportional zum Abstand zwischen dem Eingabevektor und dem Gewichtsvektor vorgenommen werden. Interessant ist die Funktion der Abstandsfunktion d in Formel (7.4). Mit ihrer Hilfe wird die Änderung der Gewichtsvektoren auf benachbarte Neuronen definiert. Wie dies im einzelnen funktioniert, faßt der folgende Abschnitt kurz zusammen.

7.2.2 Nachbarschaftsfunktionen im Kohonen-Modell

Betrachtet man das Gitter der Kohonenschicht, so sind grundsätzlich eine Reihe verschiedener Nachbarschaftsbegriffe denkbar.

Abb. 7.5:
Nachbarschafts-
neuronen

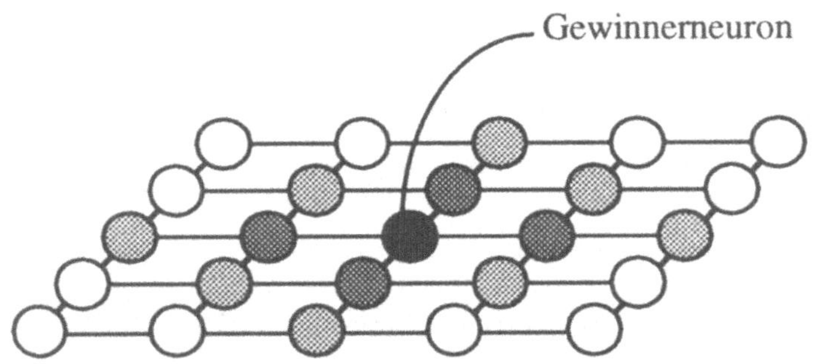

Eine sehr einfache Möglichkeit zeigt Abbildung 7.5. Hier wird direkt auf dem Gitter eine Nachbarschaftsumgebung ermittelt. Die zugehörige Distanzfunktion hat dann folgende Definition.

$$
d^{m-\text{Nachbar}}(i,j) = \begin{cases} 1 & \text{,wenn a1} \\ 0 < \alpha < 1 & \text{,wenn a2} \\ 0 & \text{, sonst} \end{cases}
$$

a1: $(i = j)$ (7.5)

a2: k_i m - ter Nachbar von k_j

Man versteht unter einem m-ten Nachbarn alle Neurone, die in höchstens m Schritten ausgehend vom Gewinnerneuron über die Kanten des Gitters erreicht werden können.

Alternativ können auch Distanzfunktionen verwendet werden, die innerhalb der Umgebung eines Gewinnerneurons weitere Abstufungen zulassen. Hierzu ordnen wir jedem Neuron gemäß seiner Position in der Kohonen-Schicht eine Koordinate im kartesischen Raum zu. Damit können wir einen Abstand für zwei Neurone i und j (mit den Koordinaten k_i und k_j) im zweidimensionalen Raum berechnen.

$$z = \sqrt{\left(k_{i,\,1} - k_{j,1}\right)^2 + \left(k_{i,\,2} - k_{j,2}\right)^2} \tag{7.6}$$

Exemplarisch seien folgende Funktionen angegeben:

$$d^{\text{Gauss}}(z) = e^{-z^2} \quad \text{(vergl. Abb. 7.6)} \tag{7.7}$$

$$d^{\text{mexican-hat}}(z) = \left(1 - z^2\right)e^{-z^2} \tag{7.8}$$

$$d^{\cos}(z) = \begin{cases} \cos\left(\dfrac{z \cdot \pi}{2}\right) & , \text{ falls } z < 1 \\ 0 & , \text{ sonst} \end{cases} \tag{7.9}$$

Abb. 7.6: Gauss - Funktion

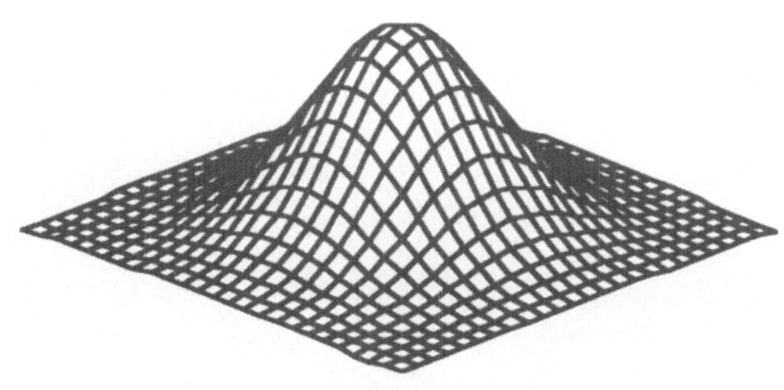

Abb. 7.7: Mexican-Hat-Funktion

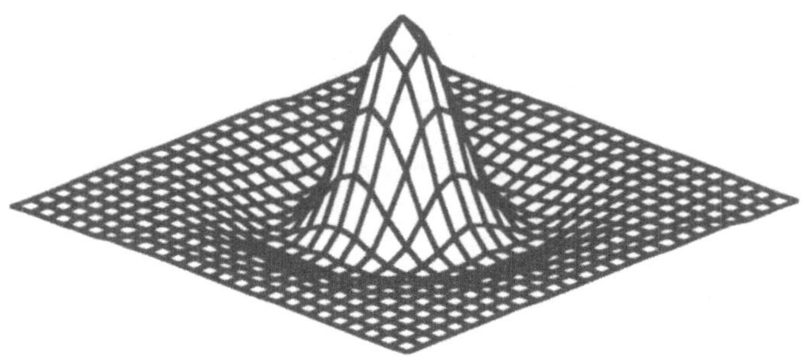

Abb. 7.8: Cosinus-Funktion

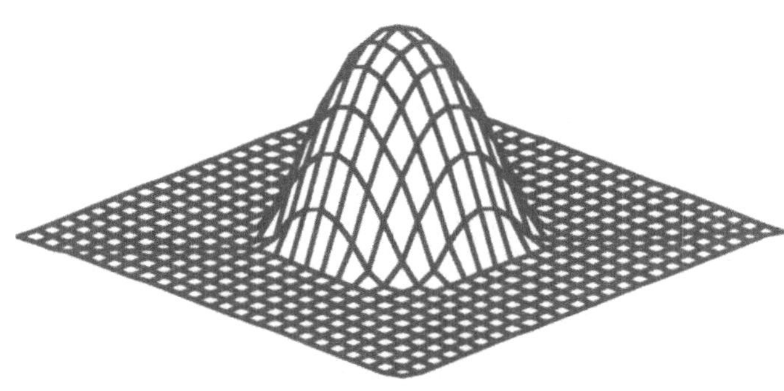

7.2.3 Der Algorithmus im Überblick

In der Zusammenfassung ergibt sich folgende Ablaufbeschreibung des Kohonen-Algorithmus. Wir gehen davon aus, daß die Eingabe $X = (x_1, .., x_n)$ durch n Neuronen dargestellt wird. Diese sind vollständig mit den m Neuronen der Kohonen-Schicht K verbunden. Es existiert eine Nachbarschaftsfunktion d(i, j), die den Abstand zweier

Neurone i, j bemißt. Die Funktion d kann eine der Funktionen (7.5-9) aus Kapitel 7.2.2 sein.

Abb. 7.9: Der
Kohonen-Algorithmus

Initialisierung	Alle n-dimensionalen Gewichtsvektoren W_1 .. W_m werden anfangs zufällig gewählt. Die Startwerte für die Lernkonstante η und für den Nachbarschaftsradius d werden geeignet festgelegt.
1. Schritt	Gemäß einer *Verteilung* Ξ wird ein Vektor X_j aus der Trainingsmenge bestimmt.
2. Schritt	Es wird das Neuron i mit maximaler Erregung ermittelt (Anwendung von Gleichung 7.3)
3. Schritt	Für Neuron i und alle Neurone j, die in der Nachbarschaft von i liegen, erfolgt eine Neuberechnung der Gewichte (Gleichung 7.4).
4. Schritt	Modifikation der Lernkonstanten η und des Nachbarschaftsradius d
5. Schritt	Es wird ein zuvor definiertes Konvergenzkriterium angewendet (Stop oder weiter bei Schritt 1)

Die Modifikation der Neuronengewichte zieht anschaulich gesehen die Gewichtsvektoren W in Richtung der Eingabe X. Dieser Schritt wird mehrfach wiederholt. Dabei unterliegt die Wahl der Trainingsvektoren einem stochastischen Auswahlprocedere. Im Laufe des Trainingsverfahrens wird sowohl die Lernkonstante η sowie der Nachbarschaftsradius d verringert. Dies bedeutet, daß die Einflußnahme auf das Umfeld des Gewinnerneurons zu Beginn größer ist als in der Konvergenzphase. Idealerweise werden so die Gewichtsvektoren gleichmäßig im Eingaberaum verteilt und sorgen für eine gute Klassifikationsleistung des resultierenden Netzes. Die Anordnung der Neurone in der Kohonen-Schicht kann unterschiedlich sein. Denkbar ist eine lineare, zweidimensionale oder gar höher dimensionale Struktur.

7.3 Betrachtungen zur Konvergenz

Das Lernverfahren von Kohonen ist im allgemeinen Anwendungsfall, der Projektion eines n-dimensionalen Definitionsbereiches auf ein m-dimensionales Netz, nur sehr komplexen Analysen zugänglich. Wir wollen zur vereinfachten Vermittlung der Konvergenzeigenschaften des Verfahrens unsere Betrachtungen in zwei Teile gliedern. Wir beginnen mit dem eindimensionalen Fall, der den Vorteil hat, Nachbarschaftsbeziehungen ausklammern zu können. In einem Folgeschritt wird dann der insbesondere praktisch sehr bedeutende zweidimensionale Fall näher untersucht. Die Ausführungen zu diesem Unterkapitel basieren auf Rojas (1993).

7.3.1 Eindimensionaler Fall

Wir beginnen mit dem einfachsten Fall und nehmen an, daß ein Netz mit nur einem Neuron gegeben sei. Der Definitionsbereich für die Eingabe sei das geschlossene Intervall [a, b]. Wir werden zeigen, daß der Lernalgorithmus das Gewicht x in der Intervallmitte einpendeln läßt (vergl. Abb. 7.10)

Abb. 7.10: Gewicht x im Intervall [a, b]

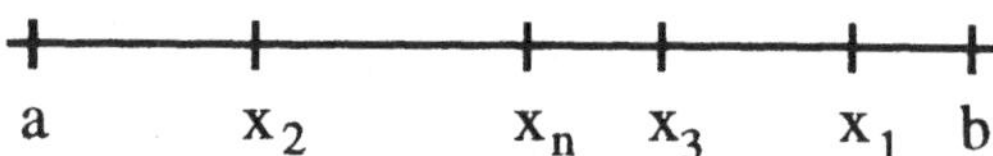

Sei x_1 das Anfangsgewicht des einelementigen Netzes N, welches mittels des Kohonen-Trainingsalgorithmus nun schrittweise modifiziert wird. Bei einer zufälligen Wahl von x_1 innerhalb des Intervalls [a, b] wird dieses in zwei Segmente $[a, x_1]$ und $[x_1, b]$ zerlegt.

Jede Veränderung von x ist nun von dessen Abstand zu a bzw. b abhängig. Es gilt:

$$\frac{dx}{dt} = \frac{\eta}{2}(b - x) + \frac{\eta}{2}(a - x) = \eta\left(\frac{a+b}{2} - x\right) \quad (7.10)$$

Man kann daraus die Veränderung für x an der Stelle x_1 wie folgt berechnen:

$$\langle \Delta x \rangle_1 = \eta\left(\frac{a+b}{2} - x_1\right) \quad (7.11)$$

Sei $y_i = x_i - \left(\dfrac{a+b}{2}\right)$. Dann kann Gleichung 7.11 folgendermaßen umgeschrieben werden:

$$\langle \Delta x \rangle_1 = -\eta y_1 \qquad (7.12)$$

Nun kann man den Erwartungswert für x_2 im nächsten Lernschritt berechnen.

$$\begin{aligned} x_2 &= x_1 + \langle \Delta x \rangle_1 \\ &= \frac{a+b}{2} + y_1 - \eta y_1 \\ &= \frac{a+b}{2} + y_1(1-\eta) \end{aligned} \qquad (7.13)$$

Berechnen wir nun die Änderung von x_2 im nächsten Schritt, so erhalten wir:

$$\begin{aligned} \langle \Delta x \rangle_2 &= -\eta y_2 \\ &= -\eta\left(x_2 - \frac{a+b}{2}\right) \\ &= -\eta(1-\eta)y_1 \end{aligned} \qquad (7.14)$$

Nun kann man den Wert für x_3 wie folgt ableiten:

$$\begin{aligned} x_3 &= x_2 + \langle \Delta x \rangle_2 \\ &= \frac{a+b}{2} + y_1(1-\eta) - \eta(1-\eta)y_1 \\ &= \frac{a+b}{2} + y_1(1-\eta)^2 \end{aligned} \qquad (7.15)$$

Aufgabe 7.2: Berechnen Sie zur Übung den Erwartungswert für x_4.

Iteriert man das gerade skizzierte Vorgehen und berechnet so die Reihe x_i für $i = 1 \,.. \, n$, so erhält man allgemein:

$$x_n = \frac{a+b}{2} + y_1(1-\eta)^n \qquad (7.16)$$

Nun kann man sich leicht den Grenzwert für x_n herleiten. Unter der Voraussetzung $\eta \in [0,1]$ konvergiert x_n für $n \to \infty$ gegen $\dfrac{a+b}{2}$.

Wir wollen nun von dieser Vorüberlegung heraus den eindimensionalen Fall auflösen. Es seien n Neurone in der Kohonen-Schicht, die in einer Kette angeordnet sind. Wir gehen weiterhin von einem Definitionsbereich von [a, b] aus. Jedem Neuron i ist ein Gewicht x(i) zugeordnet. O. B. d. A. gehen wir davon aus, daß die Netzgewichte monoton geordnet sind: a < x(1) < x(2) < .. < x(n) < b und gleichmäßig über das Intervall [a, b] verteilt sind. In diesem Fall werden die Netzgewichte sich folgendermaßen einstellen (vergl. Abb. 7.11):

$$x(i) = a + (2 \cdot i - 1)\frac{b-a}{2n}, i = 1..n \qquad (7.17)$$

(Abb. 7.11).

Abb. 7.11: Verteilung der Netzgewichte

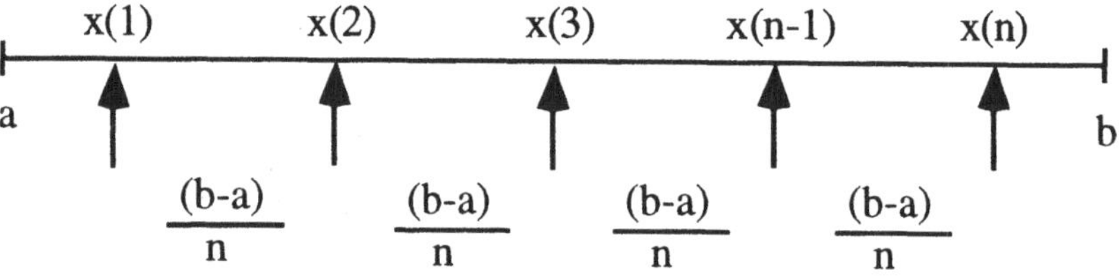

Daß sich diese Verteilung für die Netzgewichte einstellt, hängt mit dem Umstand zusammen, daß diese Punkte für das Gewicht x(i) die stabilste Position darstellen. Es gilt in diesem Fall:

$$\frac{dx(i)}{dt} = 0 \qquad (7.18)$$

Es werden keine Anforderungen an die Nachbarschaftsbeziehungen der Neurone untereinander gestellt. Die Netzgewichte dürfen lediglich den zuvor festgelegten Definitionsbereich [a, b] nicht verletzen und die monotone, gleichförmige Verteilung der Startkonfiguration muß erhalten bleiben. Dies kann durch einfache Maßnahmen sichergestellt werden.

7.3.2 Zweidimensionaler Fall

Abb. 7.12
Zweidimensionale
Kohonenschicht

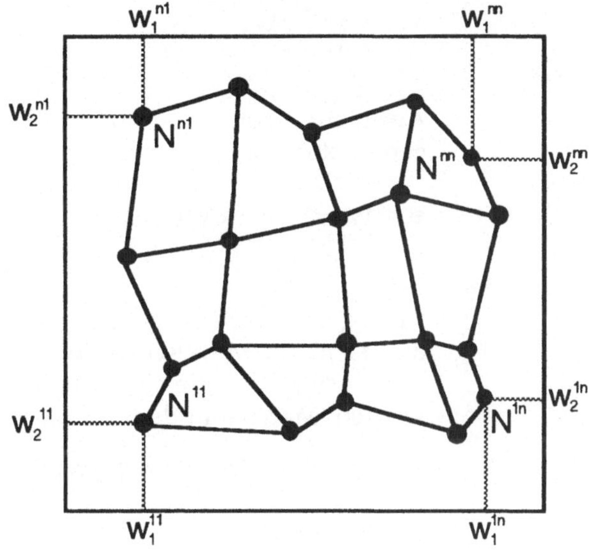

Gehen wir von einer n × n Neuronen umfassenden Kohonenschicht aus. Weiterhin sei der Definitionsbereich der Eingabe [a, b] × [c, d]. Das zugrundeliegende Netz hat somit zwei Eingabeneurone. Das zweidimensionale Gitter sei so geordnet, daß jedes nicht am Rand des Gitters liegende Neuron vier Nachbarn hat (vergleiche Abbildung 7.12).

Wir bezeichnen mit w_1^{ij} die Gewichte der Verbindungen von Neuron N^{ij} zu dem Eingabeneuron 1. Analog sind die Gewichte w_2^{ij} definiert. Wir wollen annehmen, daß die Gewichte bereits monoton geordnet sind. Es gilt also:

$$w_1^{ij} < w_1^{ik} \text{ mit } j < k \qquad (7.19)$$

sowie

$$w_2^{ij} < w_2^{lj} \text{ mit } i < l \qquad (7.20)$$

Man kann die Betrachtung zu diesem Problem in zwei eindimensionale Fälle auftrennen. Hierzu berechnen wir zunächst die Mittelwerte der j-ten Spalte im Gitter.

$$w_1^{j} = \frac{1}{n} \sum_{i=1}^{n} w_1^{ij} \qquad (7.21)$$

Aufgrund von Monotoniebedingung (7.19) gilt für die gemittelten Spaltengewichte:

$$a < w_1^{1} < \ldots < w_1^{n} < b \qquad (7.22)$$

Analog zu unserer Argumentation in Kap. 7.3.1 ist zu erwarten, daß sich die Mittelwerte in den folgenden Iterationen des Lernverfahrens gleichmäßig im Intervall [a, b] verteilen werden. Man nennt den Grenzwert, gegen den die Mittelwerte streben, den Erwartungswert $\left\langle w_1^{j} \right\rangle$. Dies bedeutet, für die Spaltengewichte w_1^{ij}, daß sie um den sich einstellenden Mittelwert mit einer bestimmten Varianz einpendeln. Man kann dies nun in gleicher Weise untersuchen, indem man zeilenweise die Mittelwerte bildet.

In der Zusammenfassung kann festgehalten werden, daß die Neuronengewichte sich gleichmäßig im Raum verteilen, wenn das Neuronengitter durch eine geschickt gewählte Anfangskonfiguration breit ausgefächert wurde. Genau dies zu garantieren ist in realen Anwendungen leider nicht immer möglich. Daher können in der Praxis pathologische Gewichtsverteilungen erreicht werden. Hier gibt es eine Reihe von Praktikerverfahren, um dieses Problem zu lösen. Die einfachste Variante ist, eine alternative Startkonfiguration zu wählen und den Trainingsprozeß von neuem zu starten.

7.4 Zusammenfassung

Die Kohonen-Netze gehören zu den nicht überwachten Lernverfahren. Sie sind in der Lage, Häufungen (Cluster) innerhalb der Trainingsmenge zu erkennnen und diese in eine sogenannte topologische Karte abzubilden. Dies ist insbesondere immer dann von Vorteil, wenn die Klassenstruktur eines Problems nicht a priori bekannt ist.

In diesem Kapitel wurde zunächst aufgezeigt, daß das Prinzip der topologieerhaltenden Repräsentation in biologischen Systemen bekannt ist. In diesem Zusammenhang sind die Begriffe Nachbarschaftsinvarianz und Fovealisierung geprägt worden.

Im weiteren wurden die wichtigsten Eigenschaften des Kohonenschen Lernverfahrens dargestellt. Wichtig ist in diesem Zusammenhang die Wahl der Nachbarschaftsfunktion. Diese muß in der Anwendung erprobt und ausgetestet werden.

In einem abschließenden Unterkapitel sind Betrachtungen zur Konvergenz angestellt worden. Die gemachten Ausführungen machen deutlich, wie es zur Ausprägung von topologischen Karten kommen kann. Dabei beschränkt sich dies Kapitel auf den ein- bzw. zweidimensionalen Fall.

7.5	**Fragen zu Kapitel 7**

7.1 Warum zählen Kohonen-Netze zu den selbstorganisierenden Verfahren?

7.2 Skizzieren Sie den Aufbau eines Kohonen-Netzes!

7.3 Warum benötigt man im Kohonen-Modell eine Nachbarschaftsfunktion?

7.4 Ist die Merkmalskarte in einem Kohonen-Netz immer zweidimensional?

8   ART-Netze

Eine weitere wichtige Klasse von selbstorganisierenden Netzen sind die sogenannten ART-Netze (Adaptive Resonance Theory). Dabei handelt es sich im engeren Sinne um eine ganze Klasse verschiedener Ansätze, die auf die Forscher Carpenter und Grossberg zurückgehen. Vergleiche Carpenter und Grossberg (1987), Carpenter und Grossberg (1989), Carpenter und Grossberg (1991), Grossberg (1988).

Häufig kann in realen Anwendungsszenarien nicht davon ausgegangen werden, daß die Daten, mit denen ein Netz trainiert wurde, zeitlich stabil und von Beginn an vollständig sind. Eine wünschenswerte Eigenschaft neuronaler Systeme ist, in sich ändernden Umgebungen dauerhaft funktionieren zu können. Dies ist eine nicht triviale Anforderung, wollte man dies mit den bisherigen Verfahren erreichen.

Aufgabe 8.1: Bevor Sie weiterlesen, überlegen Sie bitte einen Moment, was es bedeutet, ein bereits trainiertes Backpropagation-Netz mit neuen Daten zu konfrontieren. Was ist überdies zu tun, wenn das vorhandene Netz künftig eine neue Ausgabeklasse berücksichtigen soll?

Plastizität vs. Stabilität

Hier sind zwei wichtige Eigenschaften im gegenseitigen Widerspruch. Auf der einen Seite ist es in dynamischen Umgebungen wichtig, daß neue Muster (Assoziationen) gelernt werden können (*Plastizität*). Gleichermaßen ist es natürlich auf der anderen Seite von großer Bedeutung, daß das bisher Gelernte durch diesen Vorgang nicht überdeckt wird (*Stabilität*). In dynamischen Anwendungsszenarien - denken Sie etwa an das Bildverarbeitungssystem eines mobilen Roboters, die fortlaufend Änderungen auf der Trainingsmenge erzeugen, bleibt überdies kaum Zeit, das Netz auf die neuen Daten auszurichten. Der Adaptionsvorgang muß schnell abgeschlossen werden, um rasch für etwaige Klassifikationsleistungen zur Verfügung zu stehen.

Gehen wir von einem Backpropagation-Netz aus, das neue Trainingsdaten berücksichtigen muß, so bedeutet dies im besten Falle, daß der gemessene Lernfehler auf der Trainingsmenge einige Zyklen sehr groß ist, bis das Netz ein neues Optimum gefunden hat. Erst dann kann das Backpropagation-Netz wieder zur Klassifikation sinnvoll herangezogen werden. Im suboptimalen Fall sind durch die neuen Trainingsdaten die netzspezifischen Parameter (Topologie, Lernrate etc.) nunmehr unzureichend bestimmt. Das Netz muß neu kalibriert werden. Kommt gar eine neue Ausgabeklasse hinzu, so ist eine neue Netztopologie zu erstellen, die Trainingsmenge muß insgesamt überarbeitet werden und der Lernprozeß beginnt von neuem.

Vorrangige Eigenschaft der ART-Netze ist, daß neue Muster rasch eingelernt werden können, gleichzeitig aber alte Assoziationen erhalten bleiben. Sie stellen somit eine konzeptionelle Lösung des Plastizität-Stabilität-Dilemmas dar. Die Familie der ART-Netze umfaßt im einzelnen:

- **ART-1**: geeignet für binäre Eingabevektoren

- **ART-2**: Erweiterung von ART-1 für kontinuierliche Eingabevektoren

- **ART-2a**: Optimierte Version von ART-2 (schnellere Konvergenz)

- **ART-3**: Modellierung biologischer Mechanismen (basiert auf ART-2)

- **ARTMAP**: Kombinierte Version zweier ART-Netze

- **FUZZY ART**: hybrider Ansatz (Fuzzy-Logic und ART)

Im Rahmen dieser Einführung in ART beschränken wir uns auf die Darstellung von ART-1 und verweisen den darüber hinaus interessierten Leser auf die angegebene Literatur von Carpenter und Grossberg. Die Darstellungen dieses Kapitels basieren auf Grossberg (1993) und Zell (1994).

8.1 ART-1-Netze

8.1.1 Einführung

Eine wesentliche Eigenschaft des Gehirns ist seine Fähigkeit, autonom und in Realzeit in einer dynamischen Umgebung dauerhaft zu arbeiten. Will man ein annähernd vergleichbares Verhalten durch konnektionistische Methoden erreichen, so werden rasch einige sehr komplexe Fragen aufgeworfen. Die von Carpenter und Grossberg entwickelten Ansätze nähern sich dabei schrittweise diesen Anforderungen. Im Rahmen der vorliegenden Buches wollen wir uns auf die wesentlichen Prinzipien von ART-1 konzentrieren. Dennoch zeigen die dort bereits vorhandenen Konzepte wichtige Merkmale der weiteren ART-Modelle auf. In den Arbeiten zu ART wird häufig die

Metapher des Kurzzeit- und Langzeitgedächnisses (short term memory (STM) und long term memory (LTM)) verwendet. In dem Zusammenspiel dieser beiden Gedächnisformen sehen die Autoren ein wesentliches Schlüsselprinzip ihrer selbstorganisierenden Lernmodelle.

8.1.2 Funktionsweise und Architektur

Die grundlegende Funktionsweise von ART-1-Netzen ist vergleichsweise einfach. Nachdem ein Eingabevektor an das Netz angelegt wurde, versucht das ART-1-Netz diesen einer Klasse von bereits eingelernten Vektoren zuzuordnen. Kann für das anliegende Muster eine entsprechende Klasse gefunden werden, so wird gegebenenfalls das diese Klasse repräsentierende Muster leicht abgewandelt, um nun auch das neue Muster möglichst gut darzustellen. Die eigentliche Klassifikation ist damit abgeschlossen. Kann jedoch keine hinreichend ähnliche Musterklasse für die Eingabe gefunden werden, so wird eine neue Klasse aufgebaut. Die aktuelle Eingabe wird in gegebenenfalls leicht modifizierter Form als Prototyp für diese Klasse abgespeichert. Es sei an dieser Stelle explizit darauf hingewiesen, daß Muster, die der Eingabe nicht entsprechen, nicht modifiziert werden. Auf diese Weise können bereits eingelernte Daten nicht durch neue überdeckt werden.

8.1.3 Die Komponenten von ART-1

Ein ART-1 Netz besteht aus verschiedenen Komponenten, die in Abbildung 8.1 in einem Architekturbild zusammenfassend dargestellt sind.

- **Vergleichsschicht** (comparison layer):
- **Erkennungsschicht** (recognition layer)
- **Gewichtsmatrizen**
- **Verstärkungsfaktoren** und **Reset**

Abb. 8.1: Die ART-1
Architektur im
Überblick
nach Zell (1994)

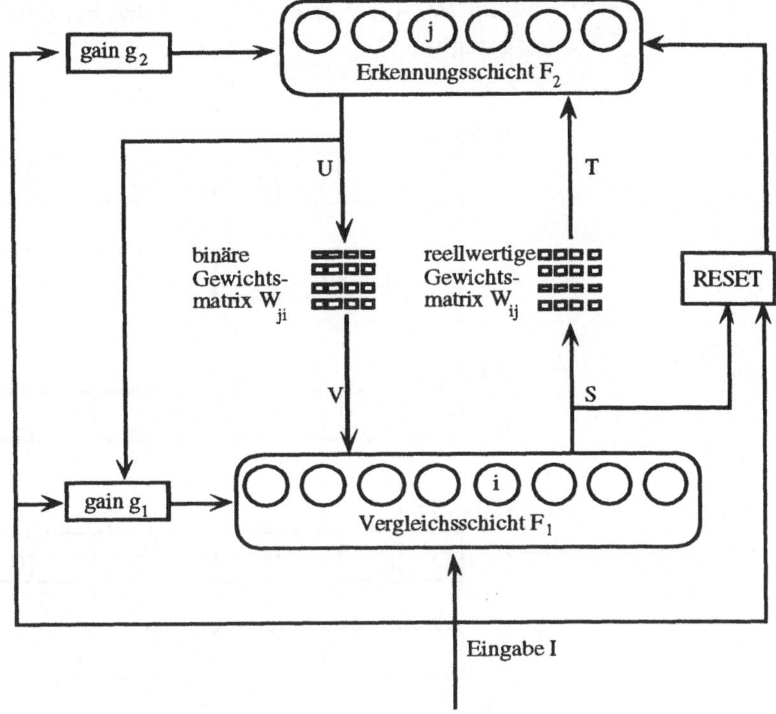

Die Vergleichsschicht

Die Vergleichsschicht (comparison layer) vergleicht die Ausgabe der Erkennungsschicht mit der aktuellen Eingabe. Sie transformiert die aktuelle Eingabe I in den Vektor S und reicht diesen weiter an die reellwertige Gewichtsmatrix (bottom-up-Matrix). Zu Beginn der Berechnung ist der Verstärkungswert (gain) g_1 dabei mit eins initialisiert und der Vektor V (dieser wird zur Laufzeit aus der top-down-Matrix gewonnen, siehe unten) entspricht dem Nullvektor. Während des Trainingsprozesses wird der Vektor S nach folgender Regel berechnet.

$$S_i = \begin{cases} 1 & \text{falls } I_i V_i \vee I_i g_1 \vee V_i g_1 = 1 \\ 0 & \text{sonst} \end{cases} \qquad (8.1)$$

2/3-Regel

Damit die i-te Komponente des Vektors S eine 1 wird, müssen mindestens zwei der drei folgenden Variablen:

- der Verstärkungswert g_1
- die i-te Komponente des Eingabevektors I
- die i-te Komponente des Erwartungsvektors V

den Wert 1 haben. Diese Vorschrift wird auch 2/3-Regel genannt.

Beispiel 1

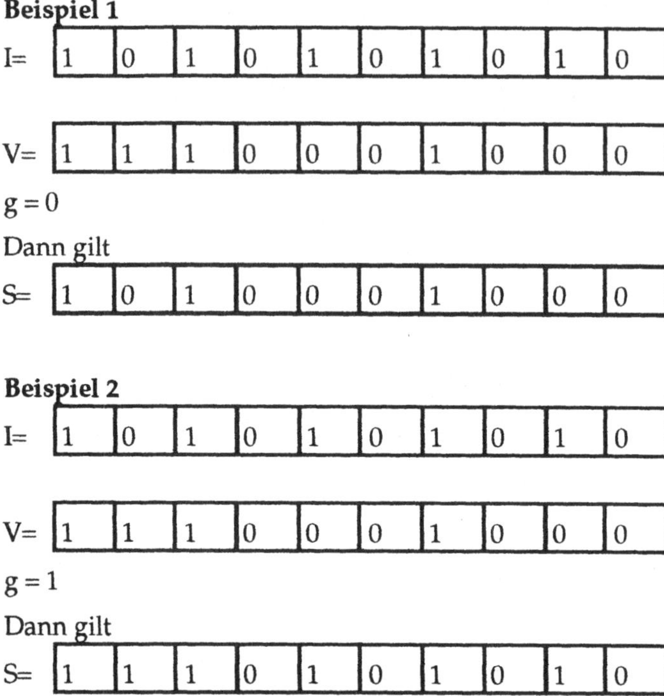

$I=$ | 1 | 0 | 1 | 0 | 1 | 0 | 1 | 0 | 1 | 0 |

$V=$ | 1 | 1 | 1 | 0 | 0 | 0 | 1 | 0 | 0 | 0 |

$g = 0$

Dann gilt

$S=$ | 1 | 0 | 1 | 0 | 0 | 0 | 1 | 0 | 0 | 0 |

Beispiel 2

$I=$ | 1 | 0 | 1 | 0 | 1 | 0 | 1 | 0 | 1 | 0 |

$V=$ | 1 | 1 | 1 | 0 | 0 | 0 | 1 | 0 | 0 | 0 |

$g = 1$

Dann gilt

$S=$ | 1 | 1 | 1 | 0 | 1 | 0 | 1 | 0 | 1 | 0 |

Aufgabe 8.2: Mit diesen Informationen können Sie sich herleiten, welche Form der Vektor S im ersten Berechnungsschritt hat. Berücksichtigen Sie dabei insbesondere, daß zu Beginn V mit dem Nullvektor und der Verstärkungswert (gain) g_1 mit eins initialisiert wurde.

Aufgabe 8.3: Berechnen Sie S für a) g=1 b) g=0!

$$I = \boxed{0}\ \boxed{1}\ \boxed{1}\ \boxed{0}\ \boxed{1}\ \boxed{0}\ \boxed{1}\ \boxed{1}\ \boxed{1}\ \boxed{1}$$

$$V = \boxed{1}\ \boxed{0}\ \boxed{1}\ \boxed{0}\ \boxed{1}\ \boxed{0}\ \boxed{1}\ \boxed{1}\ \boxed{0}\ \boxed{1}$$

Die Erkennungsschicht

Die Erkennungsschicht (recognition layer) ordnet jedem Eingabevektor eine entsprechende Klasse (Kategorie) zu. Kann keine hinreichende Ähnlichkeit des Eingabevektors zu bereits existierenden Klassen festgestellt werden, so wird eine neue Kategorie eröffnet. Die Berechnung derjenigen Klasse - repräsentiert durch das Ausgabeneuron j der Erkennungs- schicht, die die größte Ähnlichkeit zu der Eingabe I bzw. zum Merkmalsvektor S hat, ist vergleichsweise einfach:

$$T_j^{max} = \max_{j'} \left\{ T_{j'} = \sum_i S_i W_{ij} \right\} \qquad (8.2)$$

Somit feuert das Ausgabeneuron j und es gilt gleichzeitig:

$$U_i = \begin{cases} 1 & \text{falls } j = i \\ 0 & \text{sonst} \end{cases} \qquad (8.3)$$

Die Gewichtsmatrizen

In ART-1 werden zwei Gewichtsmatrizen verwendet:

- die reellwertige bottom-up-Matrix: Diese dient zur Ähnlichkeitsberechnung in der Erkennungsphase
- die binäre top-down-Matrix: Diese überprüft in der Vergleichsphase die Korrektheit der Klassenzuordnung durch die bottom-up-Matrix

Verstärkungsfaktoren und Reset

In ART-1 unterscheiden wir die beiden gain-Faktoren g_1 und g_2.

g_1 nimmt den Wert 1 an, wenn mindestens eine Komponente der Eingabe I den Wert 1 hat und gleichzeitig keines der Neurone der Erkennungsschicht eine Eins aufweist:

$$g_1 = \left(I_1 \vee I_2 \vee \cdots \vee I_m\right) \wedge \neg\left(U_1 \vee U_2 \vee \cdots \vee U_m\right) \qquad (8.4)$$

g_2 implementiert das logische Oder. Dieser Verstärkungsfaktor wird genau dann eins, wenn mindestens eine Komponente von I den Wert eins hat:

$$g_2 = \left(I_1 \vee I_2 \vee \cdots \vee I_m\right) \qquad (8.5)$$

Die Reset-Funktion wird aktiviert, wenn sich der Eingabevektor I und der Vektor S um einen zuvor definierten Wert unterscheiden. So können fehlerhafte Signale (Neuron feuert) in der Erkennungsschicht unterdrückt werden.

8.2.4   Arbeitsweise

Man kann die interne Informationsverarbeitung bei ART-1 in 5 Phasen gliedern:

- **Initialisierung**: Die beiden Gewichtsmatrizen (bottom-up-Matrix und top-down-Matrix) sowie ein die Klassifikation steuernder Toleranzparameter werden zu Beginn des Verfahrens initialisiert.

- **Erkennung**: In dieser Phase wird für die Eingabe I bzw. für den daraus abgeleiteten Vektor S die Klasse mit der höchsten Korrelation gesucht.

- **Vergleich**: In der Vergleichsphase wird der Erwartungsvektor V mit der Eingabe I verglichen. Bei zu geringer Übereinstimmung erfolgt eine neuerliche Erkennung.

- **Suche**: In dieser Phase wird eine alternative Klasse gesucht. Gegebenenfalls wird eine neue Kategorie eröffnet.

- **Adaption**: In dieser Phase werden die beiden Gewichtsmatrizen adjustiert.

Initialisierung

Zu Beginn werden die beiden Matrizen initialisiert. Sei $i = 1..m$ der Index der Neurone der Vergleichsschicht und $j = 1..n$ der Index der Neurone der Erkennungsschicht, so werden die Gewichte w_{ij} der bottom-up-Matrix anfänglich mit dem gleichen Wert belegt und es gilt:

$$w_{ij} < \frac{L}{L-1+m} \qquad (8.6)$$

Für die Konstante L gilt L > 1.

Die Gewichte der binären top-down-Matrix werden zu Beginn mit 1 initialisert.

Es wird anfänglich ein sogenannter Toleranzparameter $p \in [0, 1]$ definiert, der die Klassenzugehörigkeit steuert. Ein sehr kleiner Wert für p nahe bei null akzeptiert vergleichsweise große Unterschiede innerhalb einer Klasse; setzt man p hingegen auf den Wert 1, so muß absolute Übereinstimmung zwischen Eingabe und der Klasse vorhanden sein.

Erkennung

Vorläufige Zuordnung der Eingabe zu einer der Klassen in der Erkennungsschicht

Es wird am Anfang der Berechnung sichergestellt, daß der Verstärkungsfaktor g_2 auf Null gesetzt ist und der Erwartungsvektor V der Null-Vektor ist. Legt man zu Beginn dann eine vom Null-Vektor verschiedene Eingabe I an das Netz an, so wird I in identischer Weise weitergereicht und es gilt I = S (Dies konnten Sie sich bereits selbst herleiten!). Es wird für diese Eingabe I (und für alle folgenden) nun zunächst überprüft, welche Klasse diesem Vektor am ähnlichsten ist. Hierzu wird das Maximum des folgenden Skalarproduktes gesucht:

$$T_j^{max} = \max_{j'}\left\{ T_{j'} = \sum_i S_i W_{ij} \right\} \qquad (8.2)$$

Das Neuron j der Erkennungsschicht ist damit das Gewinnerneuron. Alle anderen Neurone werden auf Null gesetzt. Aus (8.3) folgt, daß die j-te Komponente des Vektors U (die Eingabe für die top-down-Matrix) damit den Wert 1 hat; alle anderen Komponenten sind ebenfalls Null.

Vergleich

Vergleichsphase

In der Vergleichsphase erfolgt nun eine Art Kontrollrechnung zur vorherigen Erkennungsphase. Mittels der top-down-Matrix kann der Erwartungsvektor V berechnet werden. Wobei j' der Index der Klasse in der Erkennungschicht ist, der am stärksten mit S korreliert und es gilt $U_{j'} = 1$.

$$V_i = U_{j'} w_{j'i} = w_{j'i} \qquad (8.7)$$

wobei i der Index der Neuronen der Vergleichsschicht ist. Davon ausgehend, daß I nicht der Nullvektor ist, folgt aus (8.4), daß $g_1 = 0$ ist, da genau eine Vektorkomponente in der Erkennungsphase auf Eins gesetzt wurde. Es kommt zu einer Neuberechnung von S, die im Kern nichts anderes als ein komponentenweiser Vergleich der Vektoren V und I ist (vergleiche (8.1)). Falls I und V sich in einer Komponente unterscheiden, wird die entsprechende Stelle im Vektor S mit einer Null belegt.

Beispiel

$U =$

0	0	1	0	0	0

Die binäre top-down-Matrix ist wie folgt definiert:

w_{ij}

1	1	1	1	1	0
1	0	1	1	1	0
1	**0**	**1**	**0**	**1**	**0**
1	0	1	0	1	1
1	1	1	1	1	1
0	1	1	1	1	1

Dann ist

V_3

1	0	1	0	1	0

Aufgabe 8.4: Überlegen Sie sich bitte, unter welchen Bedingungen der Vektor S zu Beginn der Erkennungsphase dem Nullvektor entspricht bzw. wann alle Vektorkomponenten von S mit Eins belegt sind.

Aufgabe 8.5: Berechnen Sie V_i!

$$U = \boxed{0}\;\boxed{0}\;\boxed{0}\;\boxed{1}\;\boxed{0}\;\boxed{0}$$

$$w_{ij}\quad
\begin{array}{|c|c|c|c|c|c|}
\hline
1 & 0 & 1 & 0 & 1 & 1 \\
\hline
1 & 0 & 0 & 0 & 1 & 1 \\
\hline
1 & 1 & 1 & 0 & 0 & 1 \\
\hline
1 & 1 & 0 & 0 & 1 & 0 \\
\hline
0 & 1 & 0 & 1 & 1 & 0 \\
\hline
1 & 0 & 0 & 0 & 1 & 0 \\
\hline
\end{array}$$

Zum Ende wird dann die Ähnlichkeit sim von Vektor S zur ursprünglichen Eingabe I berechnet:

Ähnlichkeits-
berechnung

$$sim = \frac{\left| w_{j'} \wedge I \right|}{\left| I \right|} \qquad\qquad (8.8)$$

Beispiel 1

$$w_{j'} = \boxed{0}\;\boxed{1}\;\boxed{1}\;\boxed{1}\;\boxed{0}\;\boxed{1}\;\boxed{0}$$

$$I = \boxed{0}\;\boxed{1}\;\boxed{0}\;\boxed{1}\;\boxed{0}\;\boxed{1}\;\boxed{0}$$

$$sim = 3/3 = 1$$

Beispiel 2

$$w_{j'} = \boxed{0}\;\boxed{1}\;\boxed{0}\;\boxed{1}\;\boxed{0}\;\boxed{1}\;\boxed{0}$$

$$I = \boxed{0}\;\boxed{1}\;\boxed{1}\;\boxed{1}\;\boxed{0}\;\boxed{1}\;\boxed{0}$$

$$sim = 3/4 = 0.75$$

Aufgabe 8.6: Berechnen Sie sim!

$$w_j' = \boxed{1}\ \boxed{1}\ \boxed{0}\ \boxed{1}\ \boxed{0}\ \boxed{1}\ \boxed{0}$$

$$I = \boxed{1}\ \boxed{1}\ \boxed{1}\ \boxed{1}\ \boxed{1}\ \boxed{0}\ \boxed{1}$$

Reset

Liegt die Ähnlichkeit sim über einem vorher definierten Toleranzwert (sim > p), so gilt die Eingabe I als erkannt. Gilt diese Bedingung nicht, so wird der Reset aktiviert. Die Klassifikation beginnt von neuem. Übliche Werte für p: $p \in [0.7, 0.95]$.

Steuerung der Klassenbildung durch den Toleranzparameter p

Um zu veranschaulichen, welchen Einfluß der Toleranzwert auf die Klassenbildung hat, greifen wir ein Beispiel auf, das strenggenommen für ART-2-Netze gilt, aber wegen seiner anschaulichen Darstellung geeignet ist, die Wirkung von p direkt zu visualieren. Die Daten in Abb. 8.2 und Abb. 8.3 sind kontinuierlich und daher nicht direkt durch ein ART-1 darstellbar. Das für ART-2-Netze berechnete Beispiel kann jedoch im Hinblick auf die prinzipielle Bedeutung von p auch auf ART-1-Netze übertragen werden. Man kann erkennen, daß in Abbildung 8.2 ein hoher Toleranzwert p eine größere Auffächerung der vorhandenen Trainingsbeispiele bewirkt. Es werden mehr Klassen gebildet. Umgekehrt verursacht die Wahl eines niedrigen Toleranzparameters eine stärkere Clusterung der vorhandenen Trainingselemente in weniger Klassen (Abbildung 8.3).

Abb. 8.2: Darstellung
der Klassenbildung
eines ART-2 Netzes
für einen hohen
Toleranzwert p, nach
Carpenter und
Grossberg (1988)

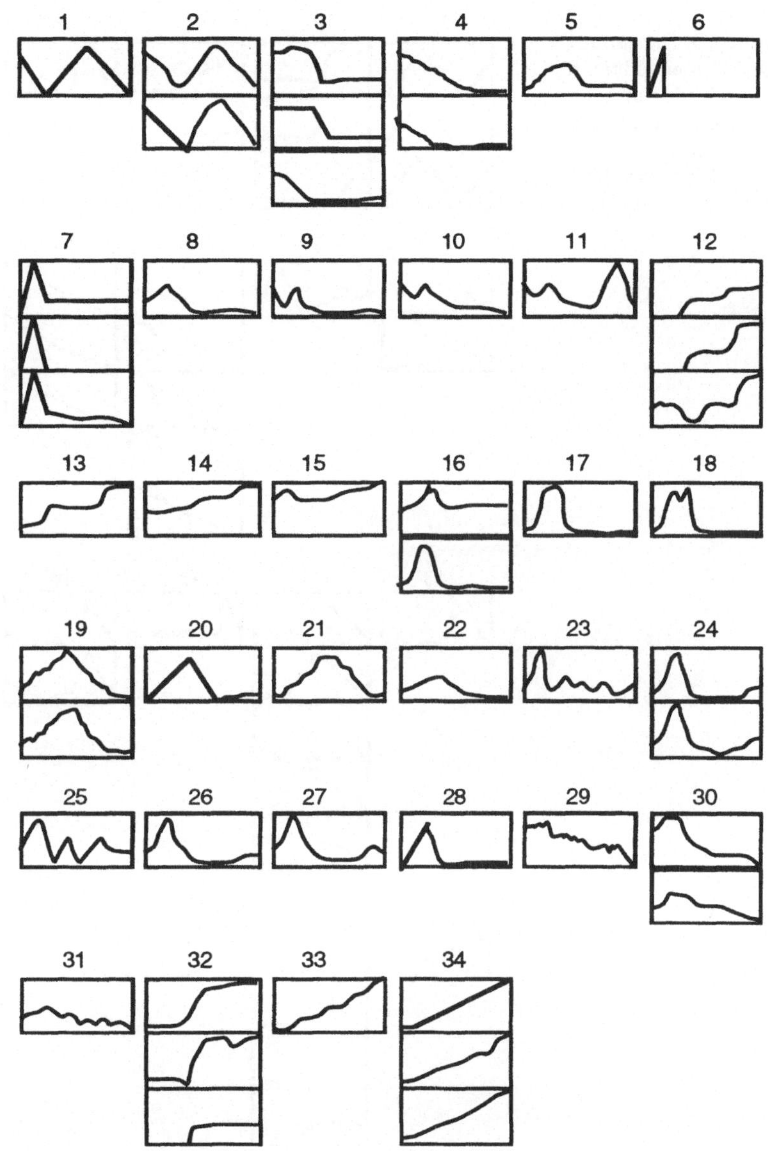

Abb. 8.3: Darstellung
der Klassenbildung für
einen niedrigen
Toleranzwert p, nach
Carpenter und
Grossberg (1988)

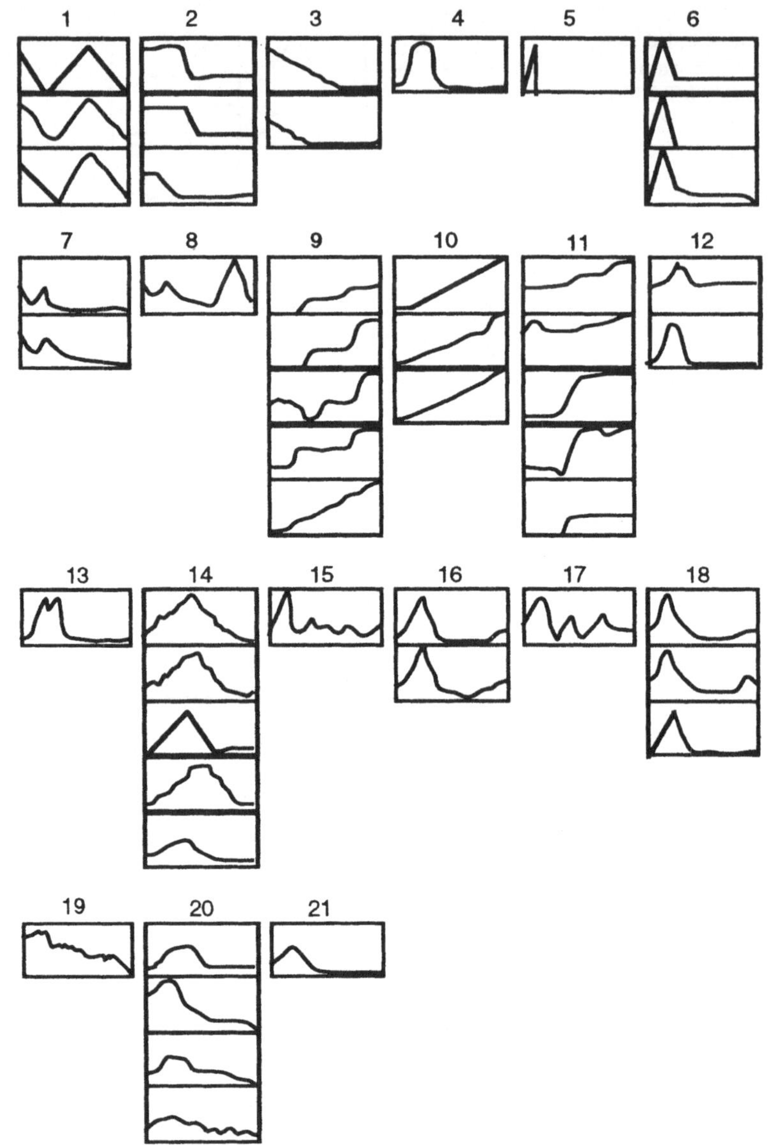

Suche

Suche

Wird ein Reset ausgelöst (nicht ausreichende Ähnlichkeit von I und S), so wird U zurückgesetzt (Nullvektor). Damit wird die Startbedingung wiederhergestellt. Der Vektor I wird direkt durchgeschaltet und es gilt I = S. Weiterhin wird der Klassifikationsprozeß bestehend aus:

- Erkennung

Eröffnung einer neuen Klasse

- Vergleich

fortgesetzt, bis eine Klasse gefunden wird, die eine ausreichende Ähnlichkeit aufweist **und** keinen Reset in der Vergleichsphase auslöst. In diesem Fall wird ein Adaptionsschritt angeschlossen (s.u.)

Findet sich keine Klasse, die den Eingabevektor I hinreichend abbildet, so wird eine neue Kategorie in der Erkennungsschicht eröffnet. Die Gewichtsvektoren der bottom-up-Matrix werden so berechnet, daß sie für die Eingabe I ein maximales Skalarprodukt bilden.

Adaption

In der Adaptionsphase werden die Gewichte der beiden Matrizen adjustiert. Für die bottom-up-Matrix gilt:

Update der bottom-up-Matrix

$$w_{ij} = \frac{L \cdot S_i}{L - 1 + \sum_{k=1}^{m} S_k} \tag{8.9}$$

Dabei ist L eine Konstante (L>1) und j ist der Index des Neurons derjenigen Klasse, auf die die Eingabe I abgebildet wird.

Die Gewichte der binären top-down-Matrix werden nach folgender Regel angepaßt:

$$w_{ji}(t+1) = S_i \wedge w_{ji}(t) \tag{8.10}$$

Damit wird der entsprechende Gewichtsvektor in der top-down-Matrix so modifiziert, daß er S reproduziert.

8.1.5   Informationsfluß

Wir wollen den Informationsfluß innerhalb eines ART-1-Netzes nun nochmals auf einer abstrakten Ebene untersuchen (vergleiche Abbildung 8.4). Das ART-1-Netz sucht eine adäquate Klasse in der Erkennungsschicht (F_2) für die Eingabe I. Hierzu wird aus der Eingabe I heraus ein STM-Muster (short term memory) S in der Vergleichsschicht F_1 generiert. Gleichzeitig wird die Resetfunktion gehemmt. Der Vektor S wird in den Vektor T transformiert und aktiviert damit eine Klasse Y in F_2, für die der entsprechende Prototyp in Abbildung 8.4a in der F_2-Schicht eingezeichnet ist. Nun generiert die Erkennungsschicht einen Vektor U (vergleiche Abbildung 8.4b), der in einen sogenannten Erwartungsvektor V transformiert wird. Entspricht V nicht in gewissen Toleranzen der Eingabe, so wird ein neuer Vektor S generiert. In diesem Fall (Abbildung 8.4c) wird die Resetkomponente R aktiviert und die entsprechende Klasse in der F_2-Schicht zurückgesetzt. Es erfolgt eine neuerliche Suche nach einer geeigneten Klasse für I (Abbildung 8.4d), die dann abgeschlossen ist, wenn in der Vergleichsphase kein Reset ausgelöst wird. Gegebenenfalls wird F_2 um eine weitere Klasse erweitert.

Abb. 8.4:
Informationsfluß in
ART-1 (nach
Grossberg (1993))

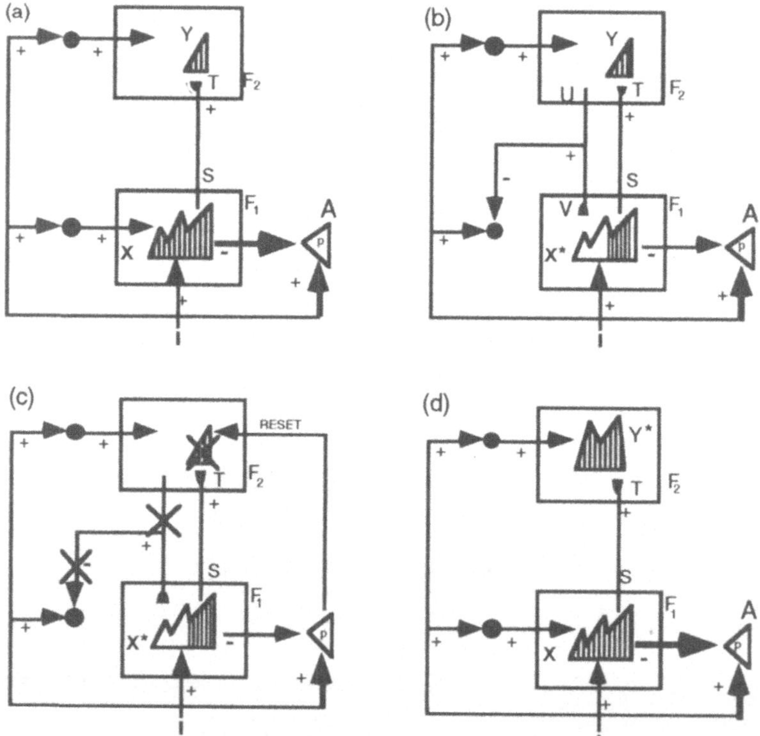

8.2 Weitere ART-Netze

Wie bereits angedeutet, gibt es eine Reihe weiterer ART-Architekturen:

- **ART-2** und **ART-2a**
- **ART-3**
- **ARTMAP**
- **FUZZY ART**

Diese wollen wir kurz im Überblick betrachten. Zur Vertiefung sei auf die entsprechende Basisliteratur verwiesen.

ART-2 und ART-2a

Verarbeitung reell-wertiger Signale durch ART-2 und ART-2a

Hauptunterschied von ART-1 und ART-2 ist, daß letztere reellwertige Eingaben verarbeiten können. Diese Eigenschaft hat große Konsequenzen auf die Architektur von ART-2-Netzen, auf die wir an dieser Stelle aus Platzgründen nicht eingehen können. Der interessierte Leser sei jedoch auf die Orginalliteratur zu diesem Netztypus aufmerksam gemacht; vergleiche Carpenter und Grossberg (1987), sowie Carpenter, Grossberg und Rosen (1991). ART-2a ist im wesentlichen eine schnellere Variante von ART-2. Vergleichsmessungen haben ergeben, daß das Klassifikationsverhalten (Ausbilden von Kategorien) in nahezu allen Fällen identisch ist. Die Konvergenzgeschwindiget von ART-2a liegt jedoch um Potenzen oberhalb der von ART-2. Die Autoren empfehlen daher den Einsatz von ART-2a insbesondere für komplexere Aufgaben.

ART-3

Simulation biologischer Prozesse durch ART-3

Diese ART-Architektur versucht in viel stärkerem Maße als ihre Vorläufer biologische Mechanismen zu modellieren. Insbesondere beim Ähnlichkeitsvergleich von Vektoren werden bestimmte Phänomene der synaptischen Informationsübertragung und -verarbeitung übernommen:

- Produktion und Speicherung von Neurotransmittern
- Ausschüttung der Neurotransmitter
- Inaktivierung der Rezeptormoleküle an der postsynaptischen Seite

Weiterhin kann ART-3 einfacher in kaskadierenden Netzhierarchien eingesetzt werden. Im Detail ist ART-3 in Carpenter und Grossberg (1990) beschrieben.

ARTMAP

Kombination zweier
ART-Netze

ARTMAP vereint Elemente nichtüberwachten Lernens mit
überwachtem Lernen. Es werden im wesentlichen zwei ART-
Netze kombiniert. Es sei an dieser Stelle auf Carpenter und
Grossberg (1991) verwiesen.

FUZZY ART

Kombination von ART
und Fuzzy-Logik

FUZZY ART ist eine direkte Erweiterung von ART-1 mittels
Fuzzy-Logik. Mit Hilfe von Fuzzy-Operatoren können
bestimmte Vergleiche innerhalb von ART-1 flexibilisiert
werden. Im einzelnen werden solche Operatoren angewendet
auf

- Klassenzuordung in der Erkennungsphase

- Ähnlichkeitsberechnung (Reset-Kriterium)

- Adaption

Damit kann ART-1 ohne weitere Eingriffe für die Verarbeitung
von reellwertigen Eingabevektoren verwendet werden. Wir
werden dieses Verfahren in Kapitel 15 genauer kennenlernen.

8.3 Zusammenfassung

In diesem Kapitel wurden die wesentlichen Funktionen von
ART-1-Netzen untersucht. Neben der Architektur wurde ein
Einblick in die Arbeitsweise des Trainingsalgorithmus gegeben.
Eine Besonderheit von ART-1-Netzen ist es, daß sie in der Lage
sind, zur Laufzeit neue Klassen zu bilden. Damit kann das
Stabilität-Plastizität-Dilemma gelöst werden.

8.4 Fragen zu Kapitel 8

Fragen zu Kapitel 8

8.1   Skizzieren Sie den Aufbau eines ART-Netzes!

8.2   Welche Funktion hat die bottom-up-Matrix?

8.3   Welche Funktion hat die top-down-Matrix?

8.4   Wann wird in einem ART1-Netz eine neue Klasse er-
      öffnet?

9 Hopfield-Netze

Als einer der bekanntesten Forscher auf dem Gebiet der neuronalen Netze in den 80er Jahren ist der Amerikaner John Hopfield zu nennen. Er gab mit den nach ihm benannten Hopfield-Netzen einen Anstoß zu einer Entwicklung, die wir heute als die Renaissance der konnektionistischen Verfahren bezeichnen. Hopfields Beitrag bestand nicht nur in der Entwicklung eines neuen Netzemodells, sondern auch in dessen mathematischer Analyse (vergleiche Hopfield (1982) und Hopfield (1984)). Hopfield und Tank (1985) wendeten Hopfield-Netze auf NP-vollständige Problemstellungen an und stellten damit die Mächtigkeit des Ansatzes unter Beweis. In diesem Kapitel beschäftigen wir uns mit den Grundlagen zum Hopfield-Modell. Die Ausführungen basieren im wesentlichen auf Beale und Jackson (1992).

9.1 Einführung

Hopfield-Netze gehören zu der Klasse der Feedback-Netze und weisen folgende Merkmale auf:

Eigenschaften von Hopfield-Netzen

- **Kantensymmetrie**: Hopfield-Netze bestehen aus einer Menge von Neuronen N. Die Neuronen im Hopfield-Netz sind vollständig miteinander verbunden. Jede Kante wird durch ein Gewicht w_{ij} repräsentiert. Es gilt also:

$$\forall\, i,j \in N: i \neq j: \exists_1 w_{ij}$$

- **Gewichtssymmetrie**: Das Gewicht von Neuron i nach j entspricht dem Gewicht von Neuron j nach i. Es gilt: $w_{ij} = w_{ji}$

- **Binäre Eingabedaten**: Hopfield-Netze verarbeiten binäre Eingaben. Dabei kann die Eingabe aus $\{0,1\}$ bzw. $\{-1, 1\}$ sein. Wir werden im Rahmen dieser Kurseinheit annehmen, die Ein- bzw. Ausgabe sei aus $\{-1, 1\}$.

- **Binäre Neuronen**: Die Neuronen berechnen die gewichtete Summe aus der Eingabe und wenden dann hierauf eine Stufenfunktion an. Die Ausgabe ist damit wiederum ein Wert aus $\{-1, 1\}$.

Arbeitsweise von Hopfield-Netzen

Hopfield-Netze haben eine von den bisher beschriebenen Ansätzen verschiedene Arbeitsweise. In der sogenannten Recall-Phase wird eine Eingabe an das Netz angelegt. Aus dem Anfangszustand berechnet das Netz nach gewissen Regeln Folgezustände. Es wird abgewartet, bis das Netz keine Veränderungen der Neuronenzustände herbeiführt. Man sagt dann, es habe konvergiert. Anschaulich kann man sich vorstellen, daß das Netz sich zu Beginn auf einem hohen Energieniveau befindet und dort zwischen verschiedenen Zuständen alterniert. Im Verlauf der Konvergenz reduziert sich das Energieniveau im Hopfield-Netz, bis ein Endzustand erreicht ist.

Wir werden in den folgenden Abschnitten klären, wie genau die Arbeitsweise des Hopfield-Netzes vonstatten geht. Insbesondere untersuchen wir, wie in Hopfield-Netzen gelernt wird bzw. eingespeicherte Informationen abgerufen werden können.

Abb. 9.1: Ein Hopfield-Netz

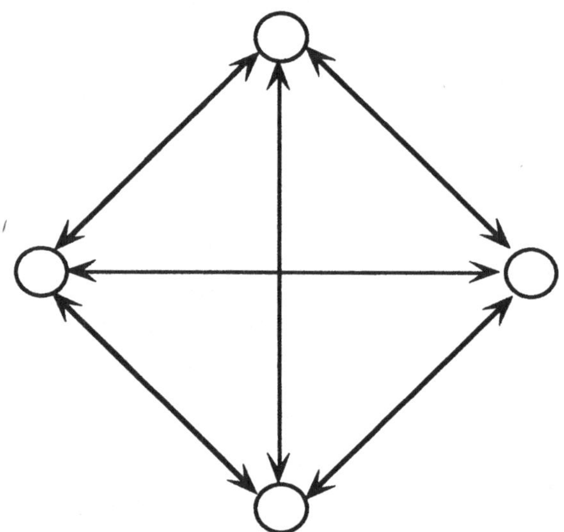

9.2 Das Hopfield-Modell

Die Arbeitsweise des Hopfield-Netzes kann in drei verschiedene Phasen aufgeteilt werden:

- **Netzwerkinitialisierung**: In dieser Phase werden alle Gewichte des Netzwerkes für eine gegebene Trainingsmenge berechnet. Eine Besonderheit von Hopfield-Netzen ist, daß hierzu kein iteratives Verfahren verwendet wird, wie wir es etwa bei den Ansätzen zum überwachten Lernen kennengelernt haben.

- **Anlegen einer neuen Eingabe**: Die Knoten des Netzes werden in einen Anfangszustand versetzt. Das Netz wird mit der zu klassifizierenden Eingabe initialisiert.

- **Einschwingen**: Durch Anwendung einer Iterationsvorschrift werden solange Folgezustände des Netzes berechnet, bis ein stabiler Endzustand erreicht wird.

Abb. 9.2: Der
Hopfield-Algorithmus

---

1 Berechnung der Gewichte

$$w_{ij} = \begin{cases} \displaystyle\sum_{s=0}^{M-1} x_i^s x_j^s & i \neq j \\ 0 & i = j \end{cases}$$

2 Initialisierung des Netzes mit der Eingabe

$$o_i(0) = x_i, \quad 0 \leq i \leq N-1$$

3 Iterationsvorschrift

REPEAT

$$o_i(t+1) = f_h\left(\sum_{i=0}^{N-1} w_{ij} o_j(t) \right)$$

UNTIL $\forall\, 1 \leq i \leq N: o_i(t+1) = o_i(t)$

Im Detail ist ein Hopfieldnetz wie folgt aufgebaut. Das Netz selbst besteht aus einer Menge von Neuronen N. Die Propagierungsfunktion eines Hopfield-Netzes lautet (zur Wiederholung aus KE 2):

$$NET_j = \sum_{i=1}^{k} w_{ij} o_i$$

Die Aktivierungsfunktion ist wie folgt definiert (es wird keine gesonderte Ausgabefunktion verwendet):

$$o_i = \begin{cases} -1 & \text{wenn } NET_i \leq 0 \\ 1 & \text{wenn } NET_i > 0 \end{cases} \qquad (9.1)$$

Die Gewichtsmatrix W ist symmetrisch, die Diagonalelemente sind mit Null initialisiert. Dies bedeutet, daß es keine Kante von Neuron i zu sich selbst gibt. In einer Trainingsmenge T sind M Muster enthalten. Wir bezeichnen mit x^s das zur Klasse s gehörende Muster.

Abbildung 9.2 zeigt den Hopfield-Algorithmus im Überblick. Wir sehen im ersten Schritt eine direkte Berechnung der Netzgewichte. Dies kann als Trainingsphase des Netzes angesehen werden. Am Ende dieser ersten Phase ist das Hopfield-Netz in der Lage, alle Muster des Netzes korrekt zu reproduzieren. Man sagt auch, das Netz sei in der Lage, autoassoziativ zu arbeiten.

In der zweiten Phase wird dann die Eingabe an die Netzknoten angelegt. Dies wird einfach durch eine Initialisierung der Ausgabefunktion zum Zeitpunkt t=0 erreicht. In der dritten Phase wird dann eine Iterationsvorschrift zur Berechnung von Folgezuständen der einzelnen Neurone ermittelt. Es wird sukzessive die gewichtete Summe aller Eingaben für ein Neuron berechnet. Hierauf wird als Aktivierungsfunktion die Stufenfunktion (f_h) angewendet. Die Berechnung terminiert dann, wenn die Ausgabe jedes Neurons im Netz unverändert bleibt. In diesem Fall hat das Netz einen stabilen Endzustand erreicht. Häufigster Anwendungsfall für Hopfield-Netze ist die Erkennung von gestörten Mustern. Hierzu wird das verrauschte Eingangssignal an das Netz angelegt. Nach einigen Iterationen antwortet das Netz mit dem am besten korrelierenden Ausgangsmuster der Trainingsmenge. Abbildung 9.3a und 9.3b zeigt dies in einem Beispiel.

Abb. 9.3a: Beispiel für eine einfache Trainingsmenge.

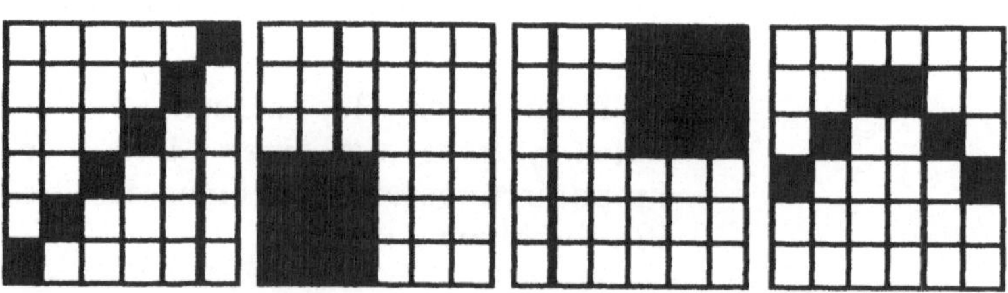

Abb. 9.3b: Beispiel für die Rekonstruktion eines verrauschten Signals

9.3 Lernen und Abrufen von Informationen

Nach einem kurzen Überblick über die Funktionsweise des Hopfield-Modells wollen wir nun die einzelnen Phasen untersuchen und die Herleitung der im letzten Abschnitt beschriebenen Formeln etwas eingehender betrachten.

Minimierung der Energiefunktion

Die Funktionsweise von Hopfield-Netzen kann man sich anhand eines Gebirges mit verschiedenen Gipfeln und Tälern veranschaulichen. Angenommen man setzt auf dem höchsten Punkt in diesem Gebirge eine Kugel ins Rollen. Dann wird diese die Felswand herabrollen, bis sie in einem der Täler zu stehen kommt. Die Täler in diesem Gebirge stellen die stabilen Zustände des Netzes dar. Jedes Tal repräsentiert eine Musterklasse. Die Kugel wird in diesem Beispiel von einem hohen Energieniveau auf ein niedrigeres, lokal minimales überführt. Um sie wieder auf ihr altes Energieniveau zu bringen, muß Energie (im physikalischen Sinne Arbeit) aufgewendet werden.

Wie kann nun das Energieniveau eines gegebenen Hopfield-Netzes beschrieben werden? Hierzu wird im allgemeinen folgende Vorschrift verwendet:

$$E = -\frac{1}{2}\sum_{i}\sum_{j\neq i} w_{ij}x_i x_j + \sum_{i} x_i \Theta_i \qquad (9.2)$$

Die Knoten i und j werden durch ein Gewicht w_{ij} verbunden (beachten Sie die Symmetrie der Gewichtsmatrix W), x_i ist die Ausgabe von Knoten i, und Θ_i ist der Schwellwert für Neuron i.

9.3.1 Lernen im Hopfield-Modell

Um ein Muster in einem Hopfield-Netz einzuspeichern, muß bildlich gesehen ein Tal in das durch die Funktion E beschriebene Gebirge eingezogen werden. Dabei dürfen vorhandene Täler nicht überdeckt werden, sonst kann Information verloren gehen. Es gilt also, eine für die Trainingsmenge T geeignete Gewichtsmatrix W zu finden, die die Fehlerfunktion E (9.2) minimiert.

Ausgehend von einem Muster $x = x_1, ..., x_n$ möchten wir nun die einzelnen Terme von E möglichst klein werden lassen. Wollte man den Term

$$\sum_i x_i \Theta_i$$

in den negativen Bereich überführen, so müßte gewährleistet werden, daß die Komponente x_i und der Schwellwert des entsprechenden Neurons Θ_i stets entgegengesetzte Vorzeichen haben. Dies ist jedoch für fest vorgegebene Schwellwerte nicht zu garantieren. Daher setzen wir diese in den Aktivierungsfunktionen auf den Wert Null. Damit verschwindet der zweite Fehlerterm in E und es bleibt die Minimierung des ersten Terms (9.3).

$$E = -\frac{1}{2}\sum_i \sum_{j \neq i} w_{ij} x_i x_j$$

$$(9.3)$$

Im weiteren notieren wir mit $x_i{}^s$ die i-te Komponente des s-ten Trainingsmusters in T. Man kann nun die Gewichtsmatrix W in zwei Komponenten aufteilen. In der ersten Komponente werden die akkumulierten Werte für alle Muster außer s eingetragen. In der zweiten Komponente wird nur der Beitrag des s-ten Trainingsmusters auf die Gewichtsmatrix festgehalten (vergleiche 9.4).

$$E = -\frac{1}{2}\sum_i \sum_{j \neq i} w'_{ij} x_i x_j - \frac{1}{2}\sum_i \sum_{j \neq i} w^s_{ij} x^s_i x^s_j$$

$$(9.4)$$

Man kann den ersten Term auch als die Beschreibung des Hintergrundrauschens (noise) auffassen. Er drückt den akkumulierten Beitrag aller anderen Trainingsmuster zum Fehlersignal E aus. Dementsprechend stellt der zweite Term das eigentliche Signal dar. Aus der lokalen Sicht kann an dem Hintergrundrauschen keine Veränderung durchgeführt werden, ohne unkalkulierbare Seiteneffekte zu riskieren. Um nun für ein gegebenes Muster s eine Minimierung von E zu erreichen, muß der zweite Term möglichst klein gehalten werden. Es bleibt uns also das Problem, Formel 9.5 zu minimieren.

$$E_s = -\frac{1}{2}\sum_i \sum_{j\neq i} w_{ij}^s x_i^s x_j^s \tag{9.5}$$

Die Aufgabe, E_s in Gleichung 9.5 zu minimieren, ist äquivalent zu dem Problem, den folgenden Term (9.6) zu maximieren.

$$\sum_i \sum_{j\neq i} w_{ij}^s x_i^s x_j^s \tag{9.6}$$

Die x_i^s sind aus $\{-1; 1\}$. Damit ist $(x_i^s)^2$ immer positiv. Durch eine geschickte Wahl von $w^s{}_{ij}$ kann somit die Summe einfach maximiert werden.

$$\sum_i \sum_{j\neq i} w_{ij}^s x_i^s x_j^s = \sum_i \sum_{j\neq i} (x_i^s)^2 (x_j^s)^2, \text{ mit } w_{ij}^s = x_i^s x_j^s$$

$$\tag{9.7}$$

Damit kann die Lösung für das Minimierungsproblem leicht angegeben werden. Indem wir

$$w_{ij}^s = x_i^s x_j^s$$

wählen, wird 9.7 maximal. Damit ergibt sich direkt eine Vorschrift für die Berechnung der Gewichte in einem Hopfield-Netz (vergleiche Schritt 1 des Hopfield-Algorithmus in Abbildung 9.1).

$$w_{ij} = \sum_s w_{ij}^s = \sum_s x_i^s x_j^s \tag{9.8}$$

9.3.2 Abrufen von Mustern

Nachdem alle Muster gespeichert worden sind, wollen wir nun diese Information auch wieder abrufen können. Hierzu muß die in der Trainingsphase erzeugte Fehlerfunktion iterativ minimiert werden. Dabei konvergiert das Netz gegen einen stabilen Endzustand. Dieser entspricht der Klasse, in die die Eingabe einzuordnen ist. Um unsere Iterationsvorschrift, die bereits in der Beschreibung zum Hopfield-Algorithmus eingeführt wurde, herleiten zu können, trennen wir die Fehlerfunktion E (9.2) auf. Wir isolieren den Beitrag von Neuron k zum Fehlerterm.

$$E = -\frac{1}{2}\sum_{i\neq k}\sum_{j\neq k} w_{ij}x_i x_j + \sum_{i\neq k} x_i \Theta_i$$
$$-\frac{1}{2}x_k \sum_j x_j w_{kj} - \frac{1}{2}x_k \sum_i x_i w_{ik} + x_k \Theta_k \tag{9.9}$$

Wenn wir den isolierten Effekt für Neuron k zwischen zwei Zuständen berechnen wollen, so müssen wir den Fehlerterm E an zwei aufeinanderfolgenden Zeitpunkten aufnehmen. Wir notieren also:

$$\Delta E = E(t_2) - E(t_1) \tag{9.10}$$

wobei bezogen auf Neuron k gilt:

$$\Delta x_k = \Delta x_k(t_2) - \Delta x_k(t_1) \tag{9.11}$$

Wir können die Subtraktion der Fehlerterme schreiben als:

$$\Delta E = -\frac{1}{2}\left[\Delta x_k \sum_j x_j w_{kj} + \Delta x_k \sum_i x_i w_{ik}\right] + \Delta x_k \Theta_k \tag{9.12}$$

Bei der weiteren Vereinfachung von (9.12) nutzen wir die Symmetrie der Gewichtsmatrix W aus. Nach Vertauschung der Indices erhalten wir:

$$\Delta E = -\Delta x_k\left[\sum_j x_j w_{kj} - \Theta_k\right] \tag{9.13}$$

Da wir die Schwellwerte auf Null gesetzt haben (vergleiche letzter Abschnitt) reduziert sich (9.13) auf:

$$\Delta E = -\Delta x_k\left[\sum_j x_j w_{kj}\right] \tag{9.14}$$

Dabei wird ΔE möglichst klein, wenn die gewichtete Summe $\geq$ Null ist und x_k eine +1 ausgibt, bzw. die gewichtete Summe negativ ist und x_k eine -1 ausgibt (9.15).

$$x_i = \begin{cases} +1 & , \text{wenn } \sum_{j \neq k} w_{ij} x_i \geq 0 \\ -1 & , \text{wenn } \sum_{j \neq k} w_{ij} x_i < 0 \end{cases}$$

$$(9.15)$$

Damit haben wir die Iterationsvorschrift (Schritt 3 in Abbildung 9.2) motiviert. Diese implementiert einen Gradientenabstieg in E, der das Netz gegen einen stabilen Endzustand konvergieren läßt.

9.4 Ergänzendes zu Hopfield-Netzen

Verschiedene Verfahrensvarianten bei Hopfield

Es gibt zu den Hopfield-Netzen zwei Ausführungsvarianten, die sich in synchrone und asynchrone Verfahren unterscheiden. Beide Varianten haben auf die Mächtigkeit des Ansatzes keine prinzipielle Auswirkung, können jedoch auf den gleichen Daten zu einem geringfügig anderen Verhalten führen.

Asynchrone Verfahren

Die asynchrone Variante von Hopfield-Netzen wendet die Iterationsregel auf ein Neuron zu einem Zeitpunkt t an. Die Auswahl wird hierbei über einen stochastischen Auswahlmechanismus getroffen.

Synchrone Verfahren

Die synchrone Variante berechnet die Iterationsregel für alle Neurone im Netz zu einem Zeitpunkt t und führt die Gewichtsänderung gleichzeitig durch.

Speicherkapazität

Die Speicherkapazität von Hopfield-Netzen korreliert mit der Anzahl der Neuronen. Experimentelle Arbeiten haben gezeigt, daß bei mehr als 0.15N Mustern Interferenzen auftreten, die ein reibungsloses Erkennen der Trainingsmuster erschweren. Besteht ein Netz aus 100 Neuronen, so können bei mehr als 15 Mustern in der Trainingsmenge pathologische Effekte in der Klassifikationsphase auftreten.

spurious states

In Hopfield-Netzen können in der Fehlerfunktion E lokale Minima (spurious states) auftreten, die in der Einschwingphase nicht mehr verlassen werden. In diesem Fall nimmt das Netz an, eine Musterklasse erkannt zu haben, und terminiert. Für das gefundene lokale Minimum gibt es jedoch keine in der Trainingsmenge enthaltene Musterklasse. Die Eingabe wird fehlerhaft klassifiziert. Wir werden sehen, daß Weiterentwicklungen der Hopfield-Netze diesen Fehler vermeiden.

9.5 Zusammenfassung

Dieses Kapitel stellte die wesentlichen Grundlagen zu Hopfield-Netzen zusammen. Hopfield-Netze sind symmetrische und vollverbundene Netze. Die assoziierte Gewichtsmatrix ist ebenfalls symmetrisch. Die Diagonale der Gewichtsmatrix besteht aus Nullelementen. Hopfield-Netze können als autoassoziativer Speicher verwendet werden (Beispiel 9.3a und 9.3b).

Die Gewichte im Hopfield-Netz werden direkt berechnet. Die Herleitung der Rechenvorschrift wurde im Detail untersucht. Im wesentlichen werden bei der Berechnung der Gewichtsmatrix lokale Minima in eine allgemeine Fehlerfunktion E eingezogen, die die einzelnen Musterklassen repräsentieren.

Für beliebige Eingaben wird mittels eines iterativen Verfahrens die am besten korrelierende Musterklasse gesucht. Hierbei implementiert das Iterationsverfahren einen Gradientenabstieg in E.

9.6 Fragen zu Kapitel 9

9.1 Erläutern Sie den Aufbau eines binären Hopfield-Netzes. Welche Eigenschaft hat die Gewichtsmatrix?

9.2 Erläutern Sie die Arbeitsweise eines Hopfield-Netzes. In welchen Phasen arbeitet diese Netzsorte? Was geschieht innerhalb der einzelnen Phasen?

9.3 Eine wichtige Eigenschaft von Hopfield-Netzen ist die Mustervervollständigung (vergleiche Beispiel in Abbildung 9.3a und 9.3b). Überlegen Sie sich vor diesem Hintergrund Anwendungsmöglichkeiten für Hopfield-Netze!

9.4 Leiten Sie aus dem Kurstext eine Beschreibung eines Hopfield-Neurons ab!

9.5 Auch in Hopfield-Netzen gibt es das Problem der lokalen Minima (spurious states). Erläutern Sie den Unterschied zwischen lokalen Minima bei Hopfield-Netzen und bei jenen, die wir etwa von Backpropagation-Netzen her kennen!

Die Boltzmann-Maschine

Eine Weiterentwicklung der Hopfield-Netze ist die von Hinton, Sejnowski und Ackley (1984) vorgeschlagene Boltzmann-Maschine, die den Hopfield-Ansatz um ein stochastisches Element erweitern. Die Ausführungen zu diesem Kapitel basieren auf Beale und Jackson (1992).

10.1 Einführung

In der Diskussion zu den Hopfield-Netzen wurde deutlich, daß diese sich in lokalen Minima verfangen können (spurious states) und damit möglicherweise unkorrekte Klassifikationen produzieren. Mit der Boltzmann-Maschine steht ein Ansatz zur Verfügung, dieses Problem zu mindern. Greifen wir das in Kapitel 9 verwendete Bild von dem Ball auf, der auf einer Bergspitze in Bewegung gesetzt wird. Dabei wirkt auf diesen Ball nun nicht nur die Anziehungskraft, die ihn in Richtung eines der Täler zieht, sondern auch eine weitere Kraft, die diesem eine Art Eigenbewegung verleiht. Diese ist zu Beginn der Talbewegung höher und gibt ihm die Möglichkeit, "Hochtäler", die wir als lokale Optima ansehen, zu verlassen. Gegen Ende der "Talfahrt" nimmt diese Eigenbewegung ab und der Ball kommt in einem der tiefergelegenen Täler zu liegen. Der Rest dieses Kapitels beschäftigt sich mit der Umsetzung dieser Metapher in operationalisierbare Gleichungen und Verfahrensbeschreibungen.

10.2 Die stochastische Erweiterung

Die Boltzmann-Maschine wird um stochastische Elemente erweitert, die eine globale Optimierung ermöglichen. Dabei wird ein Temperaturkoeffizient T eingeführt, der die Eigenbewegung des Netzes steuert. Im Laufe der Zeit wird T reduziert. Das Netz kühlt ab und bleibt im Minimum verhaftet. Ähnlich wie bei den Hopfield-Netzen notieren wir die Energiedifferenz, die durch das Invertieren eines Neurons ensteht, als:

$$\Delta E_k = \sum_i w_{ki} s_i - \Theta_k \qquad (10.1)$$

Dabei wird die Eingabe des Neurons i mit s_i beschrieben, um deutlich zu machen, daß es sich dabei um einen stochastischen Term handelt.

In der Boltzmann-Maschine wird nun eine stochastische Aktivierungsfunktion verwendet, die in Abhängigkeit von ΔE_k und der Temperaturvariablen T die Wahrscheinlichkeit definiert, daß die Ausgabe von Neuron k eine 1 (bzw. 0) ist.

$$p_k = \frac{1}{1 + e^{\frac{-\Delta E_k}{T}}} \tag{10.2}$$

Damit können wir die Wahrscheinlichkeit, daß ein Netz den Energiezustand α annimmt, mit:

$$P_\alpha = e^{\frac{-\Delta E_\alpha}{T}} \tag{10.3}$$

angeben. Analog können wir natürlich die Wahrscheinlichkeit für den Zustand β definieren. Man sagt, daß P_α und P_β Boltzmann-Verteilungen sind. Dies gilt im übrigen auch für deren relative Wahrscheinlichkeit und wir notieren:

$$\frac{P_\alpha}{P_\beta} = \frac{e^{\frac{-\Delta E_\alpha}{T}}}{e^{\frac{-\Delta E_\beta}{T}}} = e^{-\frac{E_\alpha - E_\beta}{T}} \tag{10.4}$$

Aus Gleichung 10.4 können wir nun ein interessantes Verhalten der Boltzmann-Maschine ableiten. Nehmen wir an, daß die Energie von Zustand α geringer ist als die von β. Es gilt also:

$$E_\alpha < E_\beta \tag{10.5}$$

Dann folgt daraus:

$$e^{-\frac{E_\alpha - E_\beta}{T}} > 1 \tag{10.6}$$

Womit natürlich auch gilt:

$$\frac{P_\alpha}{P_\beta} > 1 \tag{10.7}$$

Woraus wir schließen können, daß die Wahrscheinlichkeit für Zustand α mit Energie E_α größer ist als die Wahrscheinlichkeit, daß Zustand β eingenommen wird. Denn aus 10.7 folgt:

$$P_\alpha > P_\beta \qquad\qquad (10.8)$$

Wir können hieraus ableiten, daß das Netz zu niedrigen Energiezuständen tendiert. Da es sich jedoch um stochastische Prozesse handelt, ist es insbesondere zu Beginn der Optimierung, aber auch während ihres weiteren Verlaufes nicht ausgeschlossen, daß das Netz einen höheren Energiezustand annimmt. Dies geschieht lediglich mit einer geringer werdenden Wahrscheinlichkeit. Diese Eigenschaft der Boltzmann-Maschine erlaubt es ihr, lokale Minima zu verlassen. Mit zunehmender Zeit und abnehmender Temperatur T wird die Eigenbewegung jedoch geringer. Die Wahrscheinlichkeit, daß das Netz von einem niedrigen Energiezustand zu einem höheren springt, nimmt ebenfalls ab. Dies haben wir zu Beginn dieses Kapitels mit "Abkühlen" bezeichnet.

Abb. 10.1:
Arbeitsweise der
Boltzmann-Maschine
zur Ausführungszeit
(Recall)

$$
\begin{aligned}
&i := 1; \\
&\text{WHILE } T > 0 + \varepsilon \\
&\quad T := \frac{1}{i}; \\
&\quad FORALL\ k \in N_{hidden} \cup N_{out}; \\
&\quad \text{BEGIN} \\
&\qquad \xi := \text{random}(); \\
&\qquad s_k := \begin{cases} 1 & \text{falls } \xi \le p_k = \dfrac{1}{1 + e^{\frac{-\Delta E_k}{T}}}; \\[2ex] 0 & sonst \end{cases} \\
&\qquad i := i + 1; \\
&\quad \text{END}
\end{aligned}
$$

Im Unterschied zu den Hopfield-Netzen, bei denen jedes Neuron gleichzeitig Ein- und Ausgabeneuron ist, gibt es bei der Boltzmann-Maschine eine Trennung. Die Menge der Neurone

N zerfällt in drei Teilmengen:

- die Menge der Eingabeneuronen N_{in}
- die Menge der Ausgabeneuronen N_{out}
- die Menge der versteckten Neuronen N_{hidden}.

In der Recall-Phase arbeitet die Boltzmann-Maschine auf folgende Weise. Ein zu klassifizierender Eingabevektor wird an die Eingabeneurone gelegt. Diese werden festgeklemmt, können also nicht ihre Aktivierung bzw. Ausgabe ändern. Für die restlichen Neurone (Neurone der versteckten Schicht und der Ausgabe) wird dann ein iteratives Verfahren in Gang gesetzt (Abbildung 10.1).

Abb. 10.2a: Inkrementierungsphase des Boltzmann-Lernalgorithmuns

$$
\begin{aligned}
&\text{FORALL } t = (t_1, t_2) \in T \\
&\text{BEGIN} \\
&\quad \text{Klemme alle } k \in N_{in} \text{ mit } t_1; \\
&\quad \text{Klemme alle } k \in N_{out} \text{ mit } t_2; \\
&\quad i := 1; \\
&\quad T := \frac{1}{i}; \\
&\quad \text{WHILE } T > 0 \\
&\qquad \text{FORALL } k \in N_{hidden}; \\
&\qquad \text{BEGIN} \\
&\qquad\quad \xi := random(); \\
&\qquad\quad s_k := \begin{cases} 1 & \text{falls } \xi \le p_k := \dfrac{1}{1 + e^{\frac{-\Delta E_k}{T}}}; \\ 0 & \text{sonst} \end{cases} \\
&\qquad\quad i := i + 1; \\
&\qquad \text{END} \\
&\quad \text{FORALL } k_1, k_2 \in N_{hidden} \text{ mit } k_1 \ne k_2 \\
&\quad \text{BEGIN} \\
&\qquad \Delta w_{k_1 k_2} := \begin{cases} +\eta & \text{falls } s_{k_1} = s_{k_2} = 1 \\ 0 & \text{sonst} \end{cases}; \\
&\qquad w_{k_1 k_2} := w_{k_1 k_2} + \Delta w_{k_1 k_2}; \\
&\quad \text{END} \\
&\text{END}
\end{aligned}
$$

10.3   Das Lernverfahren

2-Phasenstruktur des
Lernverfahrens

Lernen in der Boltzmann-Maschine findet in zwei Phasen statt:

- **Inkrementierung**

- **Dekrementierung**

Diese beiden Phasen werden solange iteriert ausgeführt, bis sich eine stabile Gewichtsmatrix W ergibt.

Abb. 10.2b: Dekremen-
tierungsphase des
Boltzmann-Lern-
algorithmuns

$$
\begin{aligned}
&\text{FORALL } t = (t_1, t_2) \in T \\
&\text{BEGIN} \\
&\quad \text{Klemme alle } k \in N_{in} \text{ mit } t_1; \\
&\quad i := 1; \\
&\quad T := \frac{1}{i}; \\
&\quad \text{WHILE } T > 0 \\
&\qquad \text{FORALL } k \in N_{hidden} \cup N_{out}; \\
&\qquad \text{BEGIN} \\
&\qquad\quad \xi := random(); \\
&\qquad\quad s_k := \begin{cases} 1 & \text{falls } \xi \le p_k := \dfrac{1}{1 + e^{\frac{-\Delta E_k}{T}}}; \\ 0 & \text{sonst} \end{cases} \\
&\qquad\quad i := i + 1; \\
&\qquad \text{END} \\
&\quad \text{FORALL } k_1, k_2 \in N_{hidden} \cup N_{out} \text{ mit } k_1 \ne k_2 \\
&\quad \text{BEGIN} \\
&\qquad \Delta w_{k_1 k_2} := \begin{cases} -\eta & \text{falls } s_{k_1} = s_{k_2} = 1 \\ 0 & \text{sonst} \end{cases}; \\
&\qquad w_{k_1 k_2} := w_{k_1 k_2} + \Delta w_{k_1 k_2}; \\
&\quad \text{END} \\
&\text{END}
\end{aligned}
$$

Die Inkrementierungs-
phase

In der Inkrementierungsphase werden die Ein- bzw. Ausgabeneurone des Netzes gemäß der Trainingsmenge T mit ihren korrekten Sollausgaben t_1 und t_2 geklemmt. Für die Neurone der versteckten Schicht werden nun neue Zustände s_i

berechnet. Gemäß der Hebb'schen Lernregel werden dann solche Neurone um ein Inkrement η verstärkt, die gleichzeitig "on" geschaltet sind.

In der Dekrementierungsphase werden nur die Eingabeneurone mit dem Eingabevektor geklemmt. Für die restlichen Neurone werden entsprechend die Zustände berechnet. Feuern jetzt zwei Neurone gleichzeitig, so wird eine Dekrementierung des entsprechenden Gewichtes vorgenommen.

Wie Abbildung 10.2c zeigt, werden beide Phasen solange hintereinander ausgeführt, bis sich ein stabiler Netzzustand eingestellt hat.

Abb. 10.2c: Über-
geordneter
Algorithmus zu
Boltzmann-Lern-
verfahren

```
REPEAT
    increment();
    decrement();
UNTIL ∀wᵢⱼ:wᵢⱼ(t) = wᵢⱼ(t+1)
```

Aufgabe 10.1: Bevor Sie weiterlesen, wundern Sie sich bitte einen Moment, warum dies funktioniert. Scheint es nicht, daß sich diese beiden Phasen aufheben? Werden nicht die Lernerfolge, die in der ersten Phase mühsam erzielt wurden, gleich in der darauffolgenden Dekrementierungsphase zerstört?

Tatsächlich werden in der Dekrementierungsphase diejenigen Gewichte dekrementiert, für die in der ersten Phase eine Inkrementierung durchgeführt wurde. Insofern treffen die in der Frage formulierten Bedenken zu. Aber in dieser zweiten Phase findet überdies noch mehr statt. Es werden insbesondere auch jene Verbindungen dekrementiert, die keinen korrekten Beitrag zur Ausgabe liefern. Deren Einfluß wird also insbesondere reduziert. In der nächsten Inkrementierungsphase werden dann wieder genau jene Verbindungen gestärkt, die für das gewünschte Ein- Ausgabeverhalten des Netzes notwendig sind. Selbstverständlich erhalten die in der vorherigen Dekrementierungsphase fälschlicherweise "on" geschalteten

Neurone respektive deren Verbindungen keinen positiven Feedback. Durch alternierende Inkrementierung und Dekrementierung verliert sich deren Einfluß im Laufe des Trainingsprozesses. Zusammenfassend kann man sagen, daß das wesentliche Prinzip dieses Lernalgorithmus ist, den Beitrag irrelevanter Kanten sukzessive zu reduzieren. Gleichzeitig werden die für die Klassifikation bedeutsamen Gewichtungen durch ständige Verstärkung aufgewertet.

10.4 Zusammenfassung

Dieses Kapitel führt in die Grundlagen der Boltzmann-Maschine ein. Im wesentlichen stellt diese ein Hopfield-Netz dar, das über eine probabilistische Aktivierungsregel verfügt. Im Unterschied zu Hopfield-Netzen unterscheiden wir zwischen Neuronen der Ein- und Ausgabeschicht, und jener der versteckten Schicht. Die Gewichte im Netz werden durch einen inkrementellen, in zwei Phasen arbeitenden Lernalgorithmus berechnet.

10.5 Fragen zu Kapitel 10

10.1 Erläutern Sie den Aufbau einer Boltzmann-Maschine. Wo liegt der Unterschied zu den Hopfield-Netzen?

10.2 Erläutern Sie den Lernalgorithmus der Boltzmann-Maschine!

10.3 Warum tendiert die Boltzmann-Maschine gegen ein Minimum? Berücksichtigen Sie in Ihrer Argumentation den Energiezustand einer Boltzmann-Maschine!

11 Cascade-Correlation-Netze

Finden einer problem-
bezogen optimalen
Netzarchitektur

Bereits in früheren Kapiteln ist erwähnt worden, daß die Topologie eines Netzes Einfluß auf dessen Leistungsfähigkeit hat. Z. B. entscheidet die Anzahl der Neurone in der versteckten Schicht eines FF-Netzes über dessen Kapazität, mit der Informationen aufgenommen werden können. Aus diesem Blickwinkel kann man das Ermitteln einer problembezogen optimalen Topologie als eigenständiges Optimierungsproblem für neuronale Architekturen verstehen.

Cascade-Correlation (Cascor) wurde von Fahlmann und Lebiere (1990) entwickelt, um sich genau diesem Problem zu stellen. Prinzipielle Idee ist, die Topologieoptimierung als integralen Bestandteil des Trainingsalgorithmus zu begreifen. Hierzu beginnt Cascor mit einem minimalen Netz und vergrößert dies schrittweise solange, bis das gewünschte Ein-Ausgabeverhalten erreicht ist. Die Darstellungen zu diesem Kapitel basieren auf Zell (1994).

11.1 Einführung

Das Moving-Target-
Problem

Die Problemlösungsstrategie innerhalb eines neuronalen Netzes kann man als hochgradig arbeitsteiligen Prozeß ansehen. Jedes Neuron versucht sich im Hinblick auf das zu lösende Mustererkennungsproblem auf ein spezielles Teilmerkmal zu spezialisieren. Dabei kann es sich nur auf die Eingabe der Vorgängerneuronen und auf das von seinen Nachfolgern zurückgelieferte Fehlersignal abstützen. Eine explizite Koordination zwischen den Neuronen ist i. d. R. nicht vorgesehen. Da jedoch das Fehlersignal nicht nur von den Änderungen dieses einen Neurons abhängt, sondern ebenfalls von den Adaptionen aller anderen, ist die Anpassungsleistung für das eine Neuron aus seiner lokalen Sicht besonders schwierig.

Setzt sich ein Problem A aus mehreren Teilproblemen zusammen ($A = A_1, .., A_n$), und ist das Fehlersignal der einzelnen Teilprobleme sehr unterschiedlich, so können sich daraus große Probleme ergeben. In diesem Fall wird sich die überwiegende Anzahl von Neuronen in Richtung desjenigen Teilproblems A_j spezialisieren, dessen Beitrag zum Fehlersignal maximal ist. Erst wenn dieses gelöst ist, wird der Effekt des nächstwichtigen Teilproblems deutlich und eine Umorientierung einiger oder temporär auch vieler Neurone findet statt. Zell (1994) spricht in diesem Zusammenhang treffend von einem sogenannten "Herdeneffekt".

Herdeneffekt

Vor diesem Hintergrund ist nun Cascade-Correlation ein Ansatz, dieses Problem zu lösen. In diesem Verfahren wird im Extremfall immer nur ein Neuron trainiert. Dieses kann in Richtung des Fehlersignals eine maximale Reduzierung vornehmen. Durch das sukzessive Hinzufügen von Neuronen in der versteckten Schicht entstehen kaskadenartige Netzstrukturen, die der Grund für die Namensgebung sind.

11.2 Das Verfahren

Dem Lernverfahren zu Cascade-Correlation liegen zwei Prinzipien zugrunde:

- Schrittweises Hinzufügen von Neuronen in der versteckten Schicht

- Trainieren der neu hinzugefügten Neuronen unter Beibehaltung der Gewichte für bereits bestehende Verbindungen

Ein Cascade-Correlation-Netz entspricht vom prinzipiellen Aufbau her dem eines FF-Netzes 2.Ordnung (vergleiche Abbildung 11.1). Es gibt eine Menge von Eingabeneuronen, eine Menge von Ausgabeneuronen und ggfs. eine Menge von versteckten Neuronen. Jedes Eingabeneuron ist mit jedem Ausgabeneuron direkt gekoppelt (weiße Quadrate). Die Verarbeitung innerhalb eines Neurons besteht in der Regel darin, eine sigmoide Aktivierungsfunktion auf die gewichtete Summe der Eingaben anzuwenden.

Zu Beginn des Lernverfahrens gibt es nur die Neuronen der Eingabe- und Ausgabeschicht (weiße Kreise). Mittels einer beliebigen Gradientenabstiegsmethode wird versucht, die Gewichte so einzustellen, daß der Gesamtfehler auf der Trainingsmenge minimiert wird. Kann dies bereits im ersten Schritt erreicht werden, so konvergiert das Verfahren. Das zugrundeliegende Lernproblem hat in diesem Fall die Ausprägung komplexer Entscheidungsflächen nicht notwendig gemacht.

Im anderen Fall wird nun ein verdecktes Neuron dem Netz hinzugefügt. Als Input erhält dieses Neuron sowohl die gewichtete Eingabe der Eingabeneurone als auch die etwaig existierender versteckter Neuronen. Bereits berechnete Gewichte werden eingefroren. Lediglich die Verbindungen zu den Ausgabeneuronen bleiben variabel, diese werden nach dem Einfügen neu trainiert. Es wird sukzessive solange das Netz um einzelne Neuronen erweitert, bis das Netz eine akzeptable Reproduktionsleistung auf den Trainingsdaten aufweist.

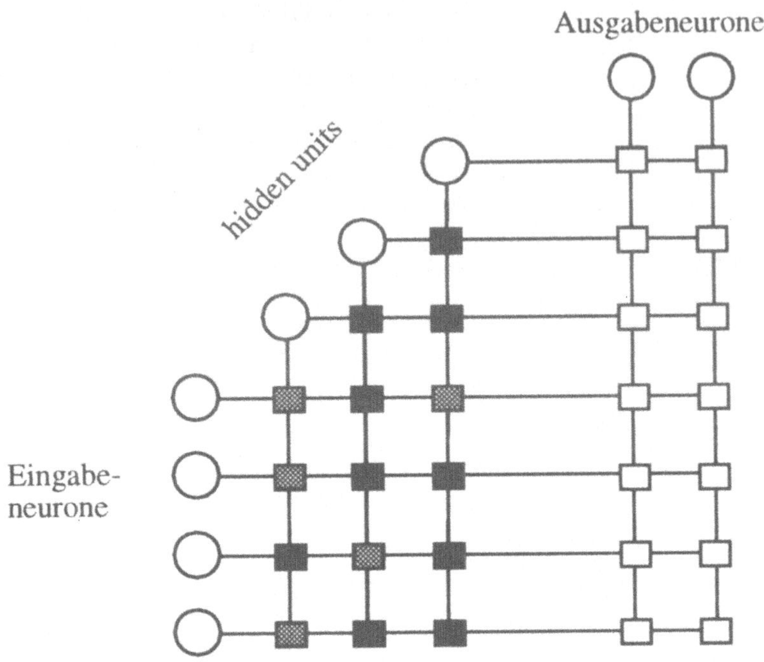

Abb. 11.1: Architektur eines Cascor-Netzes (nach Zell (1994))

Einfügen eines Neurons

Das Einfügen eines Neurons in eine bestehende Netztopologie ist die zentrale Besonderheit von Cascade-Correlation, die in diesem Abschnitt eingehender untersucht werden soll. Gehen wir also davon aus, wir wollen ein Neuron i in das Netz einbauen. Hierzu wird das Neuron mit allen Neuronen der Eingabeschicht und allen bereits hinzugefügten Neuronen verbunden. Es wird noch **keine** Verbindung zu den Ausgabeneuronen hergestellt. Ziel des Lernverfahrens ist es nun, die aufsummierten Beträge S_i der Korrelation zwischen der Ausgabe o_i von Neuron i mit dem Fehler d_k aller Ausgabeneuronen zu maximieren.

$$S_i = \sum_k \left| \sum_{p \in training\text{-}set} \left(o_{pi} - \overline{o}_i \right) \left(\delta_{pk} - \overline{\delta}_k \right) \right|$$

mit $\overline{o}_i$ ist die gemittelte Ausgabe von j über alle p

und $\overline{\delta}_k$ ist der gemittelte Fehler der Ausgabezellen k über alle p

$$(11.1)$$

Um ein S_i manipulieren zu können, drücken wir dessen Abhängigkeit zu den freien Gewichten w_{ij} aus. Die Herleitung von der partiellen Ableitung $\partial S_i / \partial w_{ij}$ funktioniert analog zur Herleitung der Backpropagation-Lernregel. Wir beschränken uns an dieser Stelle nur auf das Ergebnis:

$$\frac{\partial S_i}{\partial w_{ji}} = \sum_k \sum_p \sigma_k \cdot f'_{act}\left(net_{pi}\right) \cdot o_{pj} \cdot \left(\delta_{pk} - \overline{\delta}_k\right) \quad (11.2)$$

Hierbei ist σ_k das Vorzeichen der Korrelation zwischen der Ausgabezelle j und dem Fehler der Ausgabezelle k für ein Muster p, f'_{act} ist die erste Ableitung der Aktivierungsfunktion. Wie üblich bezeichnen wir mit net_{pj} die Netzeingabe für ein Muster p und mit o_{pj} die Ausgabe der Eingangszelle i für Muster p.

Mit (11.2) steht uns nun eine Formel zur Verfügung, um jedes Gewicht w_{ij} zu dem neuen Neuron j zu modifizieren. Dazu berechnen wir für alle Gewichte die partielle Ableitung $\partial S_j / \partial w_{ij}$ und führen auf dieser Basis eine Gewichtsänderung durch.

Ziel des Verfahrens ist es, eine Maximierung von S zu erreichen. In Abhängigkeit davon, ob die tatsächliche Ausgabe von Neuron i positiv oder negativ mit dem Fehlersignal korreliert, bildet i eine hemmende oder erregende Verbindung mit der Ausgabezelle aus.

11.3 Zusammenfassung

Cascade-Correlation zeichnet sich durch zwei Besonderheiten aus:

* Schrittweises Hinzufügen von Neuronen in der versteckten Schicht

* Trainieren der neu hinzugefügten Neuronen unter Beibehaltung der Gewichte für bereits bestehende Verbindungen

Ausgehend von einem minimalen Netz, wird durch schrittweise Erweiterung der Topologie eine kaskadenähnliche Netzstruktur erzeugt, die im Hinblick auf die zugrundeliegende Anwendung optimal ist. Ebenfalls neu hinzugefügte Gewichtsvektoren werden einmal trainiert und dann eingefroren. Dies gilt jedoch nicht für die direkten Verbindungen der Eingabeschicht mit der Ausgabeschicht.

11.4   Fragen zu Kapitel 11

Fragen zu Kaptitel 11

11.1 Erläutern Sie die Trainingsstrategie von Cascade-Correlation!

11.2 Wann wird ein Neuron in ein Cascor-Netz eingefügt?

11.3 Welche Art von Verbindungen gibt es bei Cascor-Netzen? Warum?

11.4 Warum werden einmal trainierte Gewichte (außer Verbindungen zu Ausgabeneuronen) eingefroren?

12   Counterpropagation

Counterpropagation ist ein hybrides Lernverfahren, das von Hecht-Nielsen (1987a) vorgeschlagen wurde (vergleiche auch Hecht-Nielsen (1987b), sowie Hecht-Nielsen (1988)). Es vereinigt Komponenten zweier verschiedener Netzsorten, die auf Kohonen bzw. Grossberg zurückzuführen sind. Die Ausführungen zu diesem Kapitel basieren auf Zell (1994).

12.1   Einführung

Das hybride Lernverfahren Counterpropagation, das im übrigen weniger mit Backpropagation gemein hat, als der Name glauben läßt, hat einige interessante Eigenschaften, die hier kurz zusammengefaßt werden sollen:

- **Trainingszeit**: insbesondere gegenüber Backpropagation weist dieses Lernverfahren deutlich geringere Trainingszeiten auf.

- **Modularität**: Es weist zukunftsweisende Designmerkmale auf. Durch die Kombination verschiedener Netze bzw. Teile davon können neue, die Mächtigkeit der einzelnen Ansätze übersteigende Verfahren entwickelt werden. Wir greifen diesen speziellen Aspekt in einem eigenen Kapitel auf, wo wir Kombinationen von neuronalen Netzen mit anderen informationsverarbeitenden Ansätzen untersuchen.

- **Generalisierungsfähige "look-up-table"**: Counterpropagation kann Ein- und Ausgabemuster assoziieren und ist in der Lage, über die Trainingsmenge hinaus Generalisierungen auszubilden.

- **Datenrepräsentation**: Counterpropagation kann sowohl binäre als auch reellwertige Ein- und Ausgabemuster verarbeiten.

Somit eröffnet sich für Counterpropagation ein weites Spektrum von Anwendungsmöglichkeiten im Bereich der Mustererkennung, -klassifikation und -vervollständigung.

12.2   Aufbau eines Counterpropagation-Netzes

Der Grobaufbau eines Counterpropagation-Netzes ist relativ einfach. Es besteht aus (vergleiche Abbildung 12.1):

- **der Eingabeschicht I**: Sie dient lediglich der Aufnahme des Eingabevektors.

- **der Kohonenschicht K** : In dieser Schicht wird ein sogenanntes Gewinner-neuron auf der Basis der Eingabe bestimmt.

- **der Grossbergschicht G**: In ihr wird die tatsächliche Netzausgabe berechnet.

- **den Gewichtsmatrizen W und V**: Diese verbinden I mit K bzw. K mit G

Abb. 12.1: Architektur eines Counterpropagation-Netzes

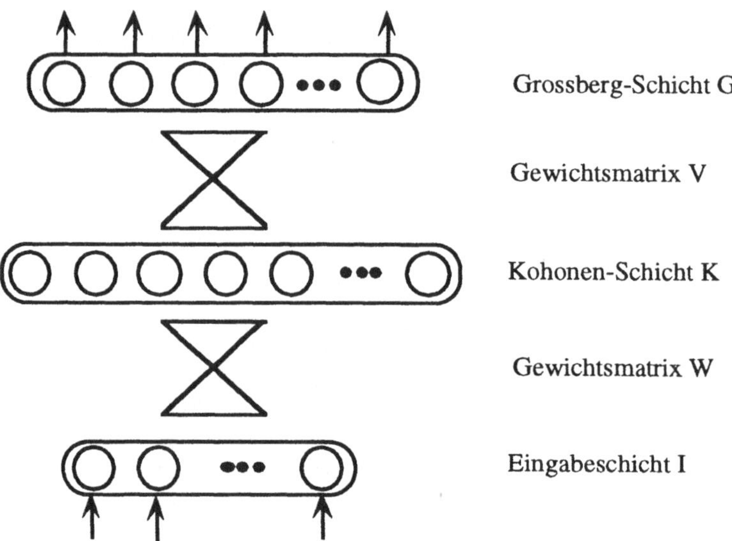

In der Kohonen-Schicht wird zunächst nach bekanntem Muster die gewichtete Summe der Eingabe für jedes Neuron berechnet. Also für jedes Neuron j ∈ K:

$$\mathrm{net}_j = \sum_{i \in I} o_i w_{ij} = \sum_{i \in I} x_i w_{ij} \qquad (12.1)$$

Wie aus (12.1) zu entnehmen ist, wird in der Eingabeschicht keine gesonderte Aktivierungs- bzw. Ausgabefunktion verwendet. Bei der Berechnung der Aktivierung in der Kohonen-Schicht wird die sogenannte "winner-takes-all"-Strategie angewendet. Es feuert nur jenes Neuron mit einer Eins, dessen gewichtete Netzeingabe maximal ist. Alle anderen Neuronen antworten mit Null.

$$o_j = \begin{cases} 1 & net_j = \max_{m \in K}(net_m) \\ 0 & sonst \end{cases} \qquad (12.2)$$

Die Neuronen der Grossberg-Schicht $k \in G$ berechnen nun ihrerseits die gewichtete Eingabe. Wir notieren also:

$$net_k = \sum_{j \in K} o_j v_{jk} \qquad (12.3)$$

Es wird keine weitere Aktivierungsfunktion auf die gewichtete Eingabe angewendet. Es gilt also:

$$o_k = net_k \qquad (12.4)$$

Die Grossberg-Schicht stellt somit eine weitere Assoziationsebene zur Verfügung, die auf die Kohonen-Schicht aufgesetzt wird.

12.3 Die Kohonen-Schicht

Wir wollen in diesem Abschnitt einige Besonderheiten betrachten, die bei dem Training der Kohonen-Schicht zu berücksichtigen sind. Unsere Betrachtungen konzentrieren sich auf drei Bereiche:

- Vorverarbeitung der Eingabe

- Initialisierung der Gewichtsmatrix W

- Lernregel

Damit wird die Kohonen-Schicht in die Lage versetzt, Klassen ähnlicher Vektoren innerhalb der Trainingsmenge zu bestimmen.

Vorverarbeitung der Eingabe

Normalisierung der Eingabe

Üblicherweise werden die Eingabedaten vor Beginn des Trainings normiert. In einem n-dimensionalen Eingaberaum haben alle Eingabevektoren die Länge 1. Dies wird durch folgende einfache Umformung realisiert:

$$x_i^{neu} = \frac{x_i}{\sqrt{x_1^2 + x_2^2 + \cdots + x_n^2}} \qquad (12.5)$$

Initialisierung der Gewichtsmatrix W

Die Initialisierung der Gewichtsmatrix sollte mit gleichmäßig verteilten Zufallswerten erfolgen und zusätzlich normalisiert werden (12.5). Zell (1994) stellt verschiedene Verfahren vor, die bei der praktischen Anwendung von Counterpropagation im Hinblick auf die Initialisierung der Gewichtsmatrix angewendet werden können. Wir wollen an dieser Stelle nicht weiter auf dieses Spezialproblem eingehen und verweisen auf die angegebene Literatur.

Die Lernregel

In der Trainingsphase wird zunächst ein Eingabevektor X an das Netz angelegt. Wie im vorherigen Abschnitt bereits beschrieben, wird für jedes Neuron in der Kohonenschicht die gewichtete Eingabe berechnet (12.1). Wie gezeigt, wird durch Maximumbildung das Gewinnerneuron j in der Kohonenschicht ermittelt (12.2). Sei $X = (x_1, ..., x_m)$ und $W_j = (w_{1j}, ..., w_{mj})$ der entsprechende Gewichtsvektor des Gewinnerneurons j, so kann das Skalarprodukt der beiden Vektoren net_j als ein Maß für die Ähnlichkeit von X und W_j angesehen werden. Im Rahmen des Lernprozesses wird im Falle nicht ausreichender Übereinstimmung eine Neuberechnung des Gewichtsvektors durchgeführt, die diesen anschaulich gesprochen in Richtung der Eingabe zieht (vergleiche Abbildung 12.2).

$$w_{ij}(t+1) = w_{ij}(t) + \alpha \cdot \left(x_i(t) - w_{ij}(t)\right) \quad (12.6)$$

Dabei wird der Lernparameter α im Laufe des Lernprozesses sukzessive verringert.

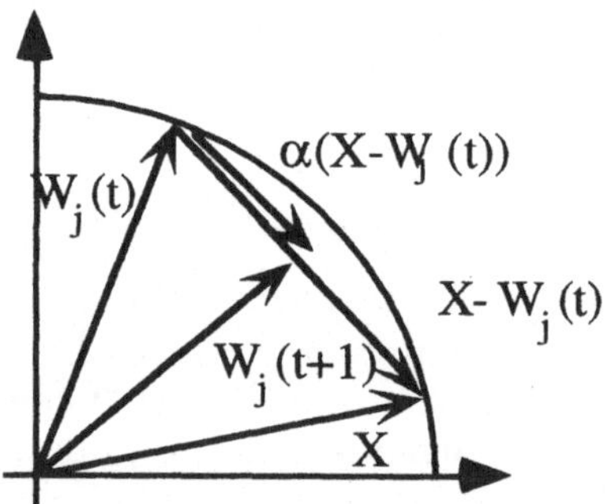

Die sich durch die Adaption des Gewichtsvektors ergebende Verkürzung des Vektors $W_j(t+1)$ kann durch eine neuerliche

Normalisierung ausgeglichen werden.

12.4 Die Grossberg-Schicht

Die Grossberg-Schicht wird durch ein einfaches, überwachtes Lernverfahren trainiert. Nachdem die Eingabe X in der Kohonenschicht zur Ermittlung des Gewinnerneurons j verarbeitet wurde, kann nun die Gewichtsmatrix V zwischen der Kohonen-Schicht und der Grossberg-Schicht auf die gewünschte Ausgabe T = $(t_1, ..., t_n)$ hin trainiert werden. Für j $\in$ K und für alle i $\in$ G wird folgende Iterationsvorschrift angewendet:

$$v_{ji}(t+1) = v_{ji}(t) + o_j(t) \cdot \beta \cdot \left(t_i - v_{ji}(t)\right)$$

Hierbei sind die v_{ji} die Elemente der Matrix V, o_j die Ausgabe des Gewinnerneurons j und β ein Lernparameter.

12.5 Zusammenfassung

Counterpropagation ist ein hybrides Lernverfahren. Es besteht im wesentlichen aus zwei verarbeitenden Schichten: der Kohonen-Schicht und der Grossberg-Schicht. Damit verbindet es Elemente der Kohonen-Netze mit denen von ART.

In der Kohonen-Schicht können Häufungen (Cluster) in der Trainingsmenge berechnet werden. In der Grossberg-Schicht werden dann die mit der erkannten Klasse verbundenen Assoziationen repräsentiert. Häufig wird Counterpropagation als generalisierungsfähige "look-up-table" eingesetzt.

12.6 Fragen zu Kapitel 12

Fragen zu Kapitel 12

12.1 Beschreiben Sie den Aufbau eines Counterpropagation-Netzes!

12.2 Welche Funktion kommt der Kohonen-Schicht zu?

12.3 Welche Aufgabe hat die Grossberg-Schicht?

13 Probabilistische Neuronale Netze

Bayes'sche Klassifikatoren und ihre neuronale Erweiterung, die sogenannten probabilistischen neuronalen Netze (PNN), stellen eine weitere interessante Klasse von Mustererkennungs- verfahren dar. Sie basieren in besonderem Maße auf statistischen Methoden (vergleiche Specht (1988) und Specht (1990)). Nicht zuletzt ist dies der Grund dafür, diesem Thema zusammen mit Radialen Basisfunktionsnetzen (RBF-Netzen) (vergleiche Kap. 14) einen entsprechenden Raum zu widmen. Die Darstellungen in diesem Kapitel basieren im wesentlichen auf Wasserman (1993) und Zell (1994).

13.1 Einführung

Probabilistische Neuronale Netze weisen einige interessante Eigenschaften auf, die sie für die Entwicklung von Anwendungsapplikationen im Bereich der Mustererkennung interessant machen.

- **Schnelles Training**: Das Training von PNN verzichtet auf langwierige iterative Optimierung interner Parameter. Die Trainingszeiten belaufen sich auf kaum mehr als das Einlesen der Daten.

- **Optimalität**: Stehen ausreichend Daten zur Beschreibung des Anwendungsproblems zur Verfügung, konvergieren die PNN gegen einen Bayes'schen Klassifikator.

- **Plastizität**: Typisch für viele Anwendungsfälle ist, daß Trainingsdaten sich ändern, hinzukommen oder gelöscht werden. PNN können mit diesem Problem im Unterschied zu vielen anderen Verfahren ohne Schwierigkeiten umgehen.

- **Konfidenzaussage**: Mit dem Ergebnis liefern PNN auch eine Einschätzung der Korrektheit der generierten Antwort.

Die Grundlagen zu PNN sind zu einer Zeit entwickelt worden, als die zur Verfügung stehenden Rechner sehr begrenzte Möglichkeiten an Speicherplatz und Verarbeitungsgeschwindigkeit hatten. Dies führte dazu, daß den PNN lange Zeit nicht die ihnen gebührende Aufmerksamkeit zuteil wurde.

Wir setzen in den folgenden Abschnitten die Ausführungen zu Bayes'schen Klassifikatoren aus Kap. 2 fort. Auf dieser Grundlage wird dann der Aufbau und die Funktionsweise der PNN erläutert.

13.2 Bayes' sche Klassifikatoren

Aufgrund ihrer besonderen Bedeutung für das Verständnis von PNN wollen wir nun die Funktionsweise von Bayes'schen Klassifikatoren vertiefen (vergleiche auch Kap. 2). Ein einführendes Beispiel soll die bereits beschriebenen Grundlagen ergänzen. Weitere Abschnitte beschäftigen sich mit der Schätzung von Dichtefunktionen und der Klassifikation von Daten mit zwei oder mehr Kategorien.

13.2.1 Ein einführendes Beispiel

Beispiel Metall-verwertung

Nehmen wir an, es gälte das folgende einfache Klassifikationsproblem zu lösen. In einem Metallverwertungsprozeß haben wir drei Arten von Rohren zu unterscheiden: Aluminium, Blei und Stahl. Wir verfügen lediglich über die Kenntnis der Leitfähigkeit des Materials. Das zu klassifizierende Objekt wird also nur durch einen einstelligen Merkmalsvektor beschrieben. Die Leitfähigkeit schwankt für jede Gruppe in bestimmten Bandbreiten, da es sich um unterschiedliche Legierungen handeln kann. Wir werden der Einfachheit halber die Leitfähigkeit in normierter Form als einen Wert aus dem Intervall [0, 1] angeben.

Aufgrund einer umfangreichen Datenerhebung wissen wir, daß jede Gruppe einen gewissen Anteil an der Gesamtzahl der Objekte hat. Dies ist die Apriori-Wahrscheinlichkeit $P(X)$. Wir verfügen in unserem Beispiel über die Apriori-Wahrscheinlichkeiten für Aluminium-Rohre $P(X_{Alu}) = 0.1$, für Bleirohre $P(X_{Blei}) = 0.6$ und für Stahlrohre $P(X_{Stahl}) = 0.3$. Dies bedeutet, daß im Mittel 10% der Rohre aus Aluminium, 60% aus Blei und 30% aus Stahl sind.

Aufgrund historischer Daten wissen wir zudem, wie sich die Streuung der Leitfähigkeit für jede Rohrsorte gestaltet. Wir können aufgrund des vorhandenen Datenmaterials für jede Gruppe die Dichtefunktion angeben, womit wir $P(x \mid X_j)$ kennen. Die Dichtefunktionen für Aluminium, Stahl und Blei sind in Abb. 13.1 abgebildet.

Abb.: 13.1: Dichte -
funktion für
Aluminium, Blei und
Stahl

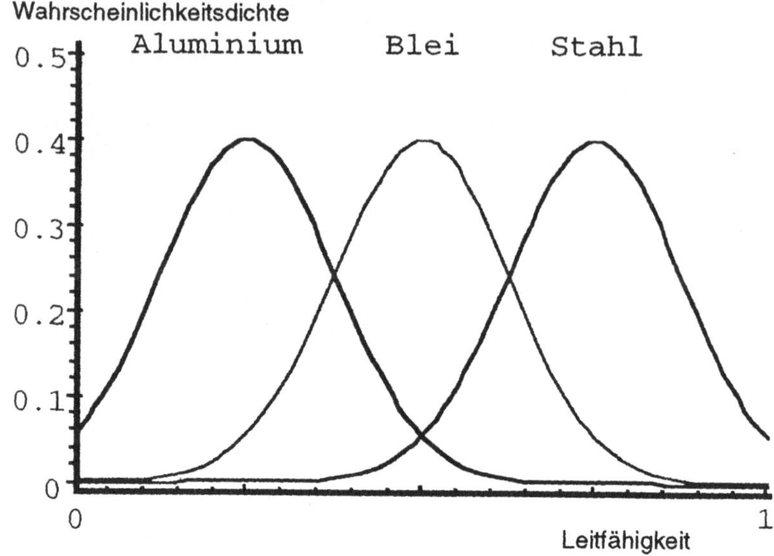

Damit können wir direkt Formel 2.10, die zur Wiederholung
aufgeführt ist, anwenden, um die wahrscheinlichste Klasse für
eine gegebene Leitfähigkeit zu berechnen.

$$P(X_i|x) = \frac{P(x|X_i) \cdot P(X_i)}{\sum_{j=1}^{n} P(x|X_j) \cdot P(X_j)} \qquad (2.10)$$

Für unser Beispiel ergeben sich folgende Werte. Angenommen
wir haben ein Objekt zu klassifizieren, dessen Leitfähigkeit 0.3
beträgt:

$$\int_{-\infty}^{0.3} P_{Alu}(x)dx = 0.8413 = P(x|X_{Alu})$$

$$\int_{-\infty}^{0.3} P_{Blei}(x)dx = 0.1587 = P(x|X_{Blei})$$

$$\int_{-\infty}^{0.3} P_{Stahl}(x)dx = 0.0135 = P\left(x|X_{Stahl}\right)$$

Damit können wir nun die Wahrscheinlichkeiten $P(X_i \mid x)$ berechnen:

$$P\left(X_{Alu}|x\right) = 0.4587 \qquad P\left(X_{Blei}|x\right) = 0.51919$$

$$P\left(X_{Stahl}|x\right) = 0.022$$

Aufgrund der Bayes-Regel wird das Objekt der Klasse Blei zugeordnet.

Aufgabe 13.1: Führen Sie die skizzierte Berechnung mit anderen Werten durch. Die apriori-Wahrscheinlichkeiten seien nun für Aluminium-Rohre $P(X_{Alu})$ = 0.3, für Bleirohre $P(X_{Blei})$ = 0.2 und für Stahlrohre $P(X_{Stahl})$ = 0.5. Der gemessene Leitwert betrage 0.8. Zur Vereinfachung geben wir folgende Werte bereits an: $P(x|X_{Alu})$=0.98 , $P(x|X_{Blei})$=0.94 und $P(x|(X_{Stahl})$ =0.5.

13.2.2   Parzen-Fenster

Häufig ist die Dichtefunktion unbekannt

Nun hat die Dichtefunktion einen gewissen Einfluß auf die Güte der Entscheidungsgrenzen, die von dem Bayes'schen Klassifikator ausgebildet werden. In der Regel kennt man deren genaue Form nicht. Üblicherweise hat man eine endliche Anzahl von Daten zur Verfügung, von denen zu hoffen ist, daß diese das Problem hinreichend beschreiben.

Parzen (1962) hat ein Verfahren entwickelt, mit dessen Hilfe man sich aus den zur Verfügung stehenden Daten eine Dichtefunktion herstellen kann. Das Verfahren kann für den eindimensionalen Fall, bei dem die Objekte nur durch einen einstelligen Vektor beschrieben werden, graphisch veranschaulicht werden.

Addition von Dichtefunktionen

Die Daten werden als Punkte auf der x-Achse aufgetragen. Dabei wird über jedem zur Verfügung stehenden Wert eine eigene Dichtefunktion (vergleiche 2.14) aufgetragen, die an diesem Punkt ihr Maximum hat. Durch eine Mittelung der Kurven erhält man eine neue, auf die vorhandenen Daten "maßgeschneiderte" Dichtefunktion (vergleiche Abb. 13.2). Durch Hinzufügen weiterer Datenpunkte kann man die tatsächliche Dichtefunktion beliebig genau approximieren (vergleiche Abb. 13.3-5).

Abb. 13.2: Das Prinzip der Parzen-Fenster

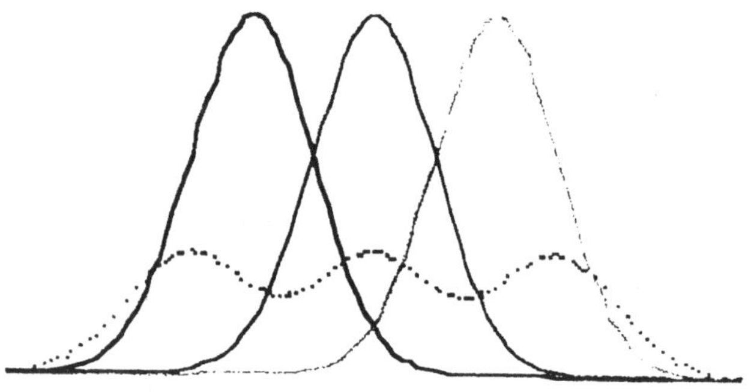

Abb. 13.3: Hinzufügen von weiteren Datenpunkten erhöht die Genauigkeit der resultierenden Dichtefunktion p(x)

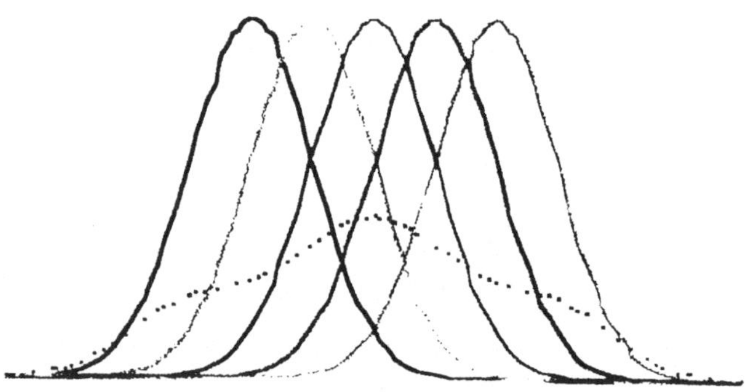

**Abb. 13.4: Fortsetzung
von Abb. 13.3**

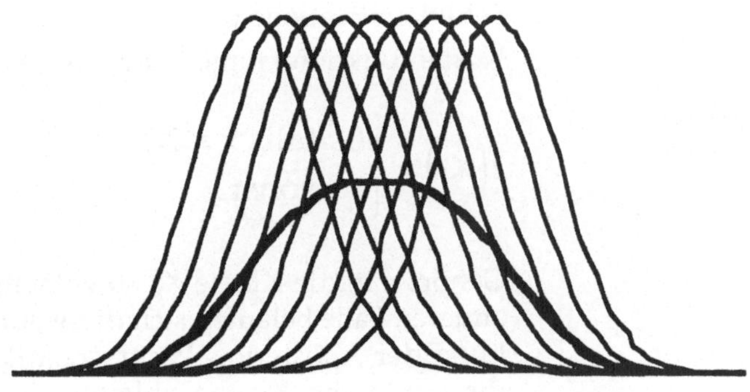

**Abb. 13.5: Fortsetzung
von Abb. 13.3**

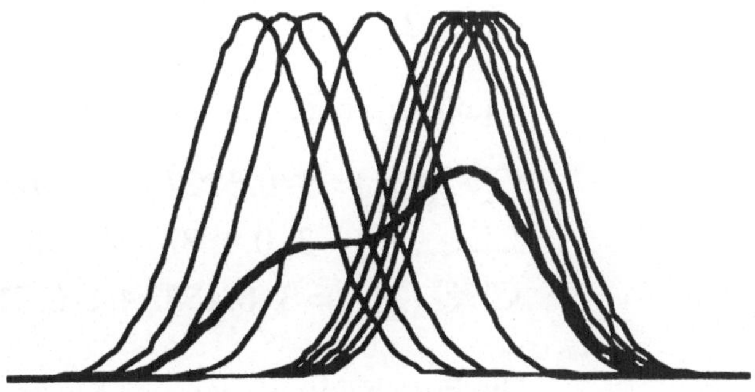

Analog funktioniert das Verfahren für mehrdimensionale
Dichtefunktionen.

13.2.3   Anwendung auf multiple Kategorien

Man kann nun die Entscheidungsgrenze eines Bayes-Klassifikators zusätzlich durch eine Kostenfunktion erweitern, die Fehlklassifikationen bewertet. Wir definieren eine Kostenfunktion l für jede Kategorie X_j.

Definition der
Kostenfunktion l

$$l\left(X_j\right) = \begin{cases} 0 & \text{falls } x \equiv X_j \\ l_j & \text{sonst} \end{cases} \qquad (13.1)$$

Gehört x in die Klasse X_j, so entstehen keine Kosten. In jedem anderen Falle belaufen sich diese auf l_j. Aus der Kostenfunktion l und der Aposteriori-Wahrscheinlichkeit $P(X_j \mid x)$ lassen sich die bedingten Kosten ableiten. Sie wiegen die Wahrscheinlichkeit, daß x einer bestimmten Klasse X_j angehört gegenüber den Kosten ab, die verursacht werden, falls x nicht dieser Klasse angehört und damit fehlerhaft kategorisiert worden ist. Wir notieren die bedingte Kostenfunktion C wie folgt:

bedingte
Kostenfunktion

$$C\left(X_i \middle| x\right) = \sum_{j=1,\, j \neq i}^{n} l_j \cdot P\left(X_j \middle| x\right) \qquad (13.2)$$

In der Fortführung unseres Beispiels definieren wir folgende Kostenfunktion l für unser Klassifikationsproblem:

$$l_{Alu} := 3, \quad l_{Blei} := 1, \quad l_{Stahl} := 7,$$

Damit errechnet sich für die bedingte Kostenfunktion C

$$C\left(X_{Alu} \middle| x\right) = 1 \cdot 0.5192 + 7 \cdot 0.022 = 0.6732$$
$$C\left(X_{Blei} \middle| x\right) = 3 \cdot 0.4587 + 7 \cdot 0.022 = 1.5301$$
$$C\left(X_{Stahl} \middle| x\right) = 3 \cdot 0.4587 + 1 \cdot 0.5192 = 1.8953$$

Die Entscheidung, welcher Klasse x zuzuordnen ist, fällt nun für jene Klasse X_i aus, für die $C(X_i \mid x)$ **minimal** wird. Also

Bayes´sche Entscheidungsregel unter
Berücksichtigung der
Kosten

$$x \to X_i \Leftarrow \forall 1 \leq j \neq i \leq n : C\left(X_i \middle| x\right) < C\left(X_j \middle| x\right) \qquad (13.3)$$

Mit der Wahl der Kostenfunktion l können die Entscheidungen des Bayes'schen Klassifikators modifiziert werden. Es kann damit erreicht werden, daß trotz höherer a posteriori-Wahrscheinlichkeit für Klasse X_j eine Entscheidung für Klasse i ($i \neq j$) erfolgt, wenn eine Fehlklassifikation für diese Klasse geringere Kosten verursacht. In unserem Beispiel würde x unter Berücksichtigung der reinen a posteriori-Wahrscheinlichkeit der Klasse Blei zugeordnet werden. Unter Berücksichtigung der Kosten wird x der Klasse Aluminium zugeordnet.

Aufgabe 13.2: Berechnen Sie die wahrscheinlichste

Kategorie für folgende Kosten:

$l_{Alu} := 1, \quad l_{Blei} := 2, \quad l_{Stahl} := 11,$

13.3   Die Architektur von PNN

Abb. 13.6: Architektur
eines PNN-Netzes

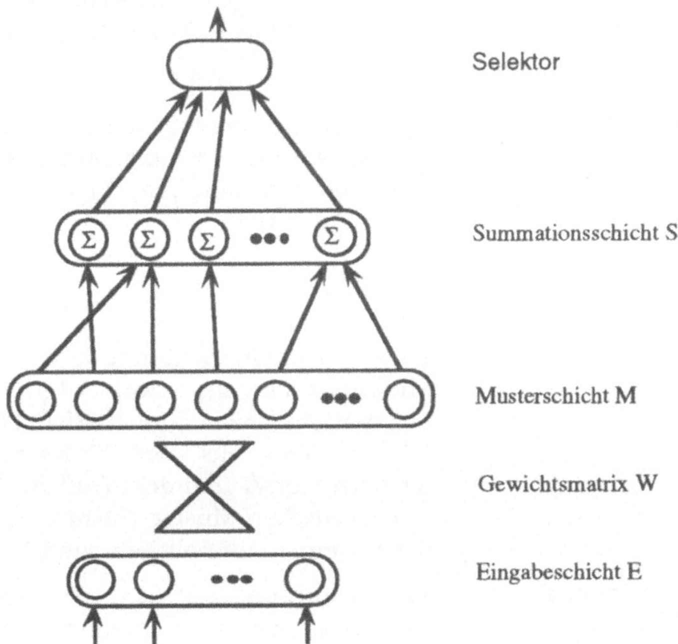

Die PNN sind Bayes'sche Klassifikatoren mit einer neuronalen Architektur. Sie bestehen aus folgenden vier Schichten (vergleiche Abbildung 13.6):

- **Eingabeschicht**: Die Neuronen reichen die Eingabevektoren e_k an die nächste Schicht weiter. Ist die Dimension des Vektorraums n, so enthält die Eingabeschicht E n Neurone. Es wird die Identität als Aktivierungsfunktion verwendet.

- **Musterschicht**: Für jedes Element der Trainingsmenge T wird ein Neuron in der Musterschicht M eingerichtet. Die Neurone der Eingabeschicht sind mit denen der Musterschicht vollständig verbunden.

- **Summationsschicht**: Die Summationsschicht S enthält soviele Neurone wie Klassen X_i in dem zu lösenden Anwendungsproblem vorhanden sind. Die Neurone der Summationsschicht S sind genau mit jenen Neuronen der Musterschicht M verbunden, die Trainingsvektoren repräsentieren, für die gilt: $e_k \in X_i$.

- **Ausgabeschicht**: Im allgemeinen Fall enthält die Ausgabeschicht A einen Maximum-Selektor, der das Neuron mit maximaler Aktivierung in der Summationsschicht als Klassifikationsresultat ausgibt.

Trainingsphase eines PNN

Während der Trainingsphase werden in der Gewichtsmatrix W die Elemente der Trainingsmenge abgespeichert. Sei $e_k \in X_j$ das k-te Element der Trainingsmenge, dann gilt nach dem Trainingsprozeß:

$$e_k = W_k \qquad (13.4)$$

Zudem wird eine Verbindung zwischen dem k-ten Neuron der Musterschicht m_k und dem j-ten Neuron s_j der Summationsschicht S geschaffen. Der Trainingsprozeß besteht also im Kern aus dem Einlesen der Eingabe in den Gewichtsvektor W und dem Aufbau der entsprechenden Verbindung zwischen Musterschicht und Summationsschicht. In der Regel werden normalisierte Eingaben verwendet .

Die Ausführung eines PNN

Zur Ausführungszeit wird ein Vektor an die Eingabeneuronen x angelegt. Nun wird in einem ersten Schritt die Aktivierung der Neurone der Musterschicht berechnet. Die Propagierungsfunktion net der Neuronen dieser Schicht ist die Addition der gewichteten Eingaben:

$$net_j = \sum_{i=1}^{n} x_i w_{ij} \qquad (13.5)$$

Die Aktivierung der Musterschichtneurone wird wie folgt berechnet:

$$a\left(net_j\right) = e^{\frac{net_j - 1}{\sigma^2}} \qquad (13.6)$$

Für die Neurone der Summationsschicht verbleibt nun die Auswertung der Aktivierungen der Musterschicht. Gehen wir davon aus, daß jedes Neuron s_k über m Eingaben aus der Musterschicht verfügt mit $0 \le m \le |M|$. Die Aktivität der Neuronen s_k ist

$$s_k = \sum_{p=1}^{m} a_p\left(net_j\right) = \sum_{p=1}^{m} e^{\frac{net_j - 1}{\sigma^2}} \qquad (13.7)$$

Das Selektorneuron wählt das Neuron s_k mit maximaler Aktivierung aus und ordnet den Eingabevektor x der Klasse X_k zu.

13.4   Zusammenfassung

Probabilistische Neuronale Netze sind Bayes´sche Klassifikatoren mit neuronaler Architektur. Typisch für den Aufbau von PNN ist ihre 4-Schichten-Architektur, bestehend aus der Eingabeschicht, der Musterschicht, der Summationsschicht und der Ausgabeschicht. Aufgrund der schnellen Trainierbarkeit sind PNN interessant für viele Anwendungen im Bereich der Mustererkennung.

13.5   Fragen zu Kapitel 13

Fragen zu Kapitel 13

13.1   Was ist ein Bayes´scher Klassifikator?

13.2   Erläutern Sie den Aufbau eines Probabilistischen Neuronalen Netzes (PNN)!

13.3   Wie erfolgt die Klassifikation durch ein PNN?

13.4   Wie wird ein PNN trainiert?

14 Radiale Basisfunktionsnetze

Die Idee Radialer Basisfunktionsnetze (radial basis function nets, RBF-Netze) beruht auf der Approximation von mehrdimensionalen Funktionen. Hierzu werden mittels einer neuronalen Architektur radiale Aktivierungsfunktionen verknüpft, deren Stützstellen durch die Trainingsmuster definiert werden. RBF-Netze sind von verschiedenen Autoren beschrieben worden (vergleiche etwa Poggio und Girosi (1989), Wasserman (1993) und Zell (1994)). Die Darstellung dieses Kapitels basiert auf Wasserman (1993).

14.1 Einführung

RBF-Netze entstammen der Approximationstheorie für mehrdimensionale Funktionen. Dabei werden radialsymmetrische Funktionen so kombiniert, daß eine zu approximierende Funktion beliebig genau angenähert werden kann. Sie werden im Verlauf der Darstellungen gewisse Ähnlichkeiten zu den PNN erkennen, die in der Tat zu der gleichen Familie von Approximationstechniken gehören. RBF-Netze verfügen über folgende Eigenschaften:

- **Feed-Forward-Architektur**: Die Architektur entspricht der einfacher FF-Netze 1. Ordnung.

- **Schnelles Training**: Ähnlich den PNN können RBF-Netze rasch trainiert werden.

- **Keine Konvergenzpathologien**: Im Unterschied zu Backpropagation tritt das Problem der lokalen Minima **nicht** auf.

- **langsamere Ausführungszeit**: Generell benötigen RBF-Netze mehr Zeit während der Ausführungsphase, da komplexere Berechnungen während der Klassifikationsphase durchzuführen sind.

- **Allgemeine Funktionsapproximatoren**: RBF-Netze sind allgemeine Funktionsapproximatoren. Damit ist ihre universelle Anwendbarkeit gesichert. Diese Eigenschaft teilen sie mit anderen Feed-Forward-Netzen (z. B. Backpropagation).

Eine Analyse der Theorie zur Funktionsapproximation findet sich bei Girosi und Poggio (1990). Zell (1994) erstellt auf dieser Basis eine deutschsprachige Darstellung des theoretischen Hintergrundes.

14.2 Aufbau eines RBF-Netzes

Von ihrem Aufbau her entsprechen RBF-Netze einem FF-Netz 1. Ordnung (vergleiche Abbildung 14.1). Ein Eingabevektor x wird durch die Eingabeneurone an die Neurone der versteckten Schicht weitergereicht. Dabei erhält jedes Neuron der versteckten Schicht die vollständige Information über x.

Abb. 14.1: Aufbau eines RBF-Netzes

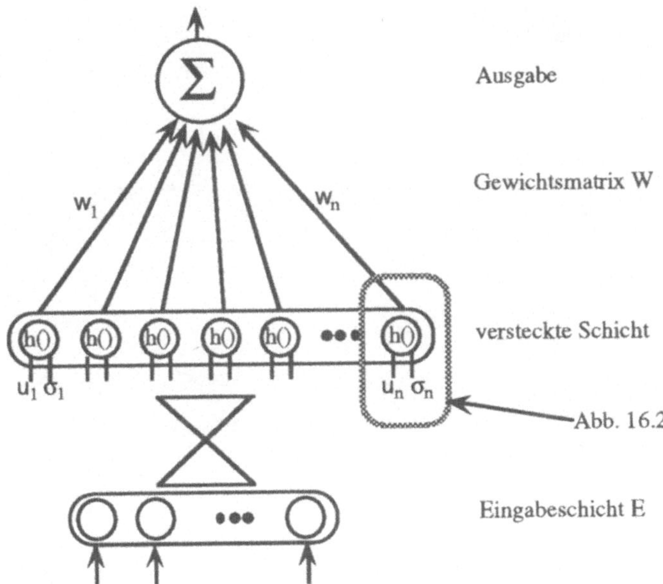

Jedes Neuron i der versteckten Schicht berechnet eine Funktion h_i:

$$h_i(x) = e^{-\frac{(\|x - U_i\|)^2}{2\sigma_i^2}} \qquad (14.1)$$

wobei x ein Eingabevektor, der Vektor U_i eine Stützstelle und σ_i ein Streuungsparameter von h ist (vergleiche Abb. 14.2). Die Metrik $\|\ .\ \|$ ist wie folgt definiert.

$$\|x - y\| = \sqrt[2]{\left(x_1 - y_1\right)^2 + \left(x_2 - y_2\right)^2 + \cdots + \left(x_n - y_n\right)^2} \quad (14.2)$$

Die Vektoren U_i sind auf der Basis der Trainingsmenge festgelegt worden. Grundsätzlich haben die U_i's die gleiche Dimension wie die Eingabe x. Der Parameter σ_i wird experimentell festgelegt. RBF-Netze reagieren jedoch nicht sehr kritisch auf unterschiedliche Belegungen für σ_i . Abbildung 14.2 zeigt die Funktionsweise eines Neurons in der versteckten Schicht im Detail.

Abb. 14.2: Aufbau eines Neurons in der versteckten Schicht

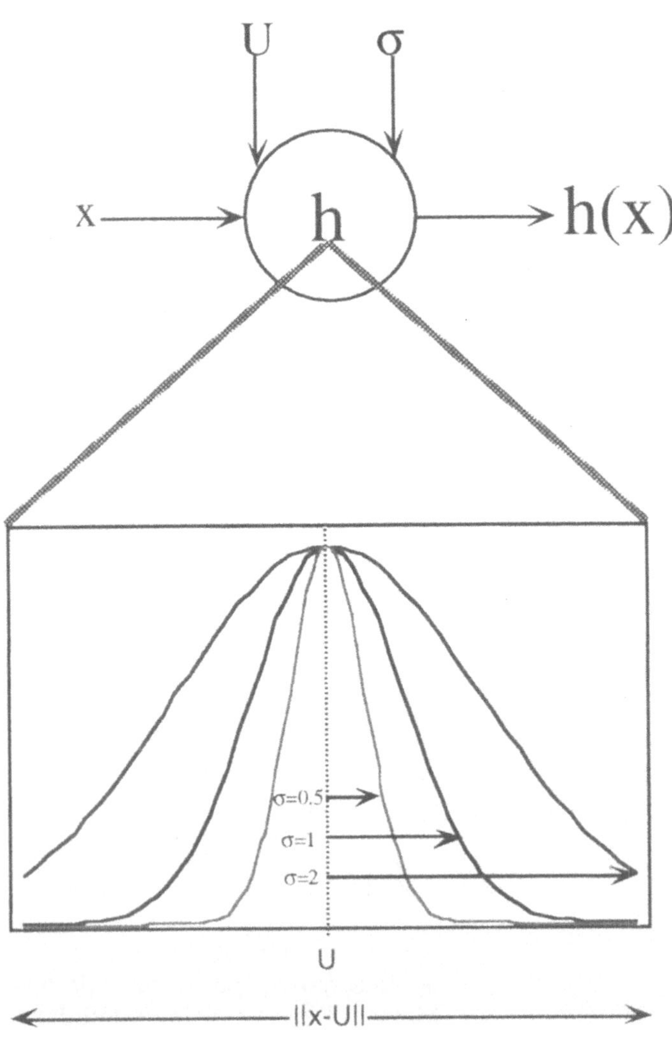

Als Ergänzung zu Abbildung 14.2 zeigt Abbildung 14.3 eine zweidimensionale radiale Basisfunktion h. Es ist erkennbar, daß ein Neuron j der versteckten Schicht dann eine große Ausgabe produziert, wenn die aktuelle Eingabe x sehr nahe bei der Stützstelle U_j für dieses Neuron liegt. Anschließend wird die Ausgabe y berechnet, indem die gewichtete Summe aller h_i gebildet wird. Dabei gehen wir in Formel 14.3 zunächst von einem einzigen Ausgabeneuron aus.

$$y = \sum_{i=1}^{m} h_i \cdot w_i \qquad (14.3)$$

Abb. 14.3: Eine
zweidimensionale
radiale Basisfunktion

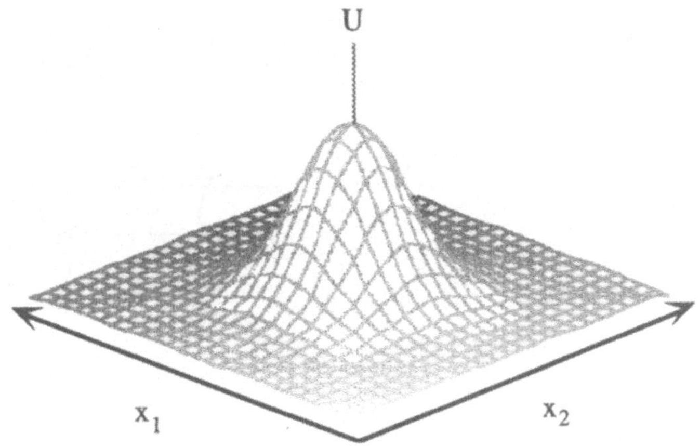

RBF-Netze sind allerdings auch in der Lage, mehrdimensionale Ausgaben zu berechnen. In diesem Falle wird die Ausgabeseite eines RBF-Netzes um gewisse Elemente erweitert (vergleiche Abbildung 14.4).

$$y_j = \frac{\sum_{i=1}^{m} h_i \cdot w_{ij}}{\sum_{i=1}^{m} h_i} \qquad (14.4)$$

Die Ausgabe für Neuron j berechnet sich aus der gewichteten Summe aller Aktivierungen der versteckten Neuronen, bezogen auf die Summe aller Aktivierungen.

Abb. 14.4: Die vollständige RBF-Architektur

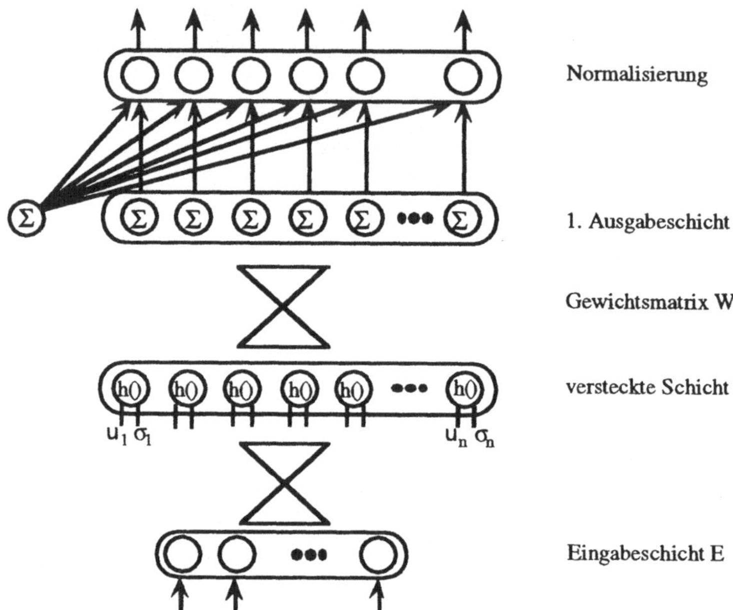

14.3   Training von RBF-Netzen

Auch RBF-Netze werden in zwei Arbeitsmodi verwendet. Die Arbeitsphase ist bereits in den vorangegangenen Abschnitten erläutert worden. In diesem Unterkapitel wollen wir uns mit den verfahrensspezifischen Parametern und deren Festlegung beschäftigen. In RBF-Netzen werden innerhalb der Trainingsphase folgende Festlegungen vorgenommen:

- Bestimmung der *Stützstellen* U_i (Zentren)

- Bestimmung des *Streuungsparameters* σ (Standardabweichung, standard deviation)

- Berechnung der *Gewichtsmatrix* W

14.3.1   Wahl der Zentren

Defaultmethode: Jeder Trainingsvektor wird Stützstelle

Die Stützstellen U_i zeigen jene Punkte auf, durch die die zu approximierende Funktion verlaufen sollte. Im einfachsten Falle werden alle zur Verfügung stehenden Trainingsvektoren verwendet, um ein entsprechendes Neuron in der versteckten Schicht zu generieren. Dies kann unter bestimmten Umständen zu Problemen führen.

stochastische Ausreißer

Sind die Daten stochastisch gestört, so werden die statistischen Ausreißer nicht erkannt und genauso behandelt wie das restliche Datenmaterial.

zu große Trainingsmenge

Durch sehr große Trainingsmengen kann die Performanz des Klassifikators während der Trainingsphase, aber insbesondere während der Ausführungsphase stark beeinträchtigt werden.

Verwendung von Clustermethoden

Um das zur Verfügung stehende Datenmaterial besser auszuwerten, macht man sich insbesondere bei der Entwicklung von RBF-Netzen die Tatsache zunutze, daß bestimmte Vektoren in leicht abgewandelter Form innerhalb der Trainingsmenge vorhanden sind. Die Idee sogenannter *Clustermethoden* ist, ähnliche Vektoren im Vorfeld bereits zu erkennen und ggf. durch einen einzigen Vektor zu repräsentieren. Die dadurch erzielte Datenreduktion hat insbesondere bei RBF-Netzen sehr weitreichende praktische Vorteile. In der Literatur sind verschiedene Clusteralgorithmen bekannt (vergleiche etwa Tau und Gonzalez (1974), Moody und Darken (1989)). Wir beschränken uns hier auf die Angabe zweier sehr einfacher Ansätze.

ein einfaches Clusterverfahren

Ein einfacher Clusteralgorithmus

Eine simple Strategie (ad-hoc-Methode) zur Ausbildung von Clustern ist folgende Heuristik. Das Verfahren beginnt mit dem ersten Element der Trainingsmenge. Dieses wird zum Referenzelement des ersten Clusters erklärt. Nun werden alle Neurone in der Trainingsmenge, deren Abstand eine zuvor definierte Distanz d nicht überschreitet, in diesen Cluster aufgenommen.

Findet sich kein Vektor in der Trainingsmenge, der dem ersten Cluster zugeordnet werden kann, so wird dieses Verfahren iterativ auf die verbleibenden Vektoren der Trainingsmenge angewendet. Das erste Element der Restmenge wird somit Referenzvektor des zweiten Clusters. Alle Vektoren der Restmenge wiederum werden diesem Cluster zugeordnet, sofern sie einen Abstand kleiner oder gleich d haben. Das Verfahren terminiert, wenn die Restmenge leer ist.

Aufgabe 14.1: Was ist unter dem Gesichtspunkt der Laufzeit der worst-case für dieses Verfahren?

Aufgabe 14.2: Welche Nachteile hat diese Vorgehensweise?

Ein iteratives Clusterverfahren

Ein Beispiel für ein iteratives Clusterverfahren ist folgender Ansatz. Es werden zu Beginn m verschiedene Referenzvektoren u_k festgelegt ($1 \leq k \leq m$). Dann werden die Vektoren der Trainingsmenge x_i iterativ durchlaufen und die Referenzvektoren schrittweise in Richtung x_i modifiziert.

Abb. 14.5: Ein iteratives Clusterverfahren

```
1 Initialisierung
Definiere m Referenzvektoren u_k
i:= 1;

2 Iterationsvorschrift
REPEAT
    η:= 1/i;
    SELECT x_j ∈ T;
    ‖u_i − x_j‖ ≤ ‖u_k − x_j‖ mit i ∈ {1···m}, 1 ≤ k ≠ i ≤ m;
    u_i(t + 1):= u_i(t) + η(‖u_i − x_j‖);
    i:= i + 1;
UNTIL ∀1 ≤ j ≤ m: u_i(t + 1) = u_i(t)
```

Eine Lernrate η wird schrittweise reduziert. Das Verfahren konvergiert, wenn die Referenzvektoren stabil bleiben (vergleiche Abbildung 14.5). Bei der Verwendung von Clusteralgorithmen ist zu beachten, daß Formel (14.4) um einen Term m_i erweitert werden muß, der die Anzahl der Vektoren pro Cluster berücksichtigt. Dies ist notwendig, um keine Verzerrungen innerhalb der Trainingsmenge zu verursachen. Unsere modifizierte Berechnung der Ausgabe lautet daher:

$$y_j = \frac{\sum_{i=1}^{m} m_i h_i w_{ij}}{\sum_{i=1}^{m} m_i h_i} \tag{14.5}$$

14.3.2 Der Parameter σ

Überdeckung des Musterraums

Der Parameter σ_i beschreibt die Streuung um die Stützstelle U_j. In der Kombination beider versucht man den Musterraum M des Ausgangsproblems möglichst vollständig zu überdecken. Neben einer ausreichenden Anzahl von Stützstellen, die möglichst gleichmäßig über den Musterraum verteilt sein sollten, dient eine geschickte Wahl der σ_i dazu, etwaige Lücken zu schließen.

Praktikerverfahren

In praktischen Anwendungen wird vielfach die k-nearest-neighbor-Methode eingesetzt, um die k nächsten Nachbarn aus der Umgebung von U_i zu finden. Anschließend wird ein mittlerer Vektor U'_i berechnet. Die Distanz zwischen U_i und U'_i ist dann ein Maß für die Wahl von σ_i. Eine für viele Anwendungen ausreichende default-Einstellung ist $\sigma=1$.

14.3.3 Berechnung der Ausgabematrix W

Sind die Stützstellen U_i sowie die Streuparameter σ_i definiert, wird die Ausgabematrix W trainiert. Die Trainingsmenge T besteht aus Tupeln $v_i=(x, t)$. Ein Teil der Vektoren v_i (respektive x) wurde bereits verwendet, um die U_i festzulegen. Nun werden alle Trainingsvektoren sukzessive zum Training des Netzes verwendet.

Dazu wird ein x an die Eingabe angelegt und die Aktivierung der Neuronen in der versteckten Schicht h(x) berechnet, deren Ausgabevektor wir mit h bezeichnen. Nun wird h durch die Gewichtsmatrix W durchpropagiert. Dabei bezeichnet w_{ij} die Gewichtungen der Verbindung von Neuron i der versteckten

Schicht zu Neuron j in der Ausgabeschicht. Wir erhalten einen Ausgabevektor y. Dieser wird mit dem gewünschten Ausgabevektor t_i verglichen und ein Gradientenabstieg durchgeführt. Das Verfahren terminiert, wenn der Trainingsfehler hinreichend klein ist und/oder ein anderes Terminierungskriterium erfüllt ist (vergleiche Ab-bildung 14.6).

Abb. 14.6: Training der Ausgabematrix W

$$
\begin{array}{l}
\text{REPEAT} \\
\quad \text{SELECT } v_i = (x, t) \in T; \\
\quad \text{CALCULATE } h = (h_j(x)),\ 1 \le j \le m; \\
\quad \text{CALCULATE } y = h \cdot W; \\
\quad w_{ij}(t+1) := w_{ij}(t) + \eta\left(t_j - y_j\right) \cdot h_i; \\
\text{UNTIL STOP - CONDITION = TRUE}
\end{array}
$$

14.4 Zusammenfassung

Radiale Basisfunktionsnetze kombinieren radialsymmetrische Funktionen derart, daß Funktionen beliebig genau approximiert werden können. Nach einer Einführung in den Aufbau und die Funktionsweise von RBF-Netzen beschäftigt sich die Kurseinheit mit Besonderheiten des Trainings von RBF-Netzen. Von besonderem Interesse sind dabei die Wahl der Stützstellen, die Wahl der Streuungsparameter und die Berechnung der Gewichtsmatrix.

14.5 Fragen zu Kapitel 14

Fragen zu Kapitel 14

14.1 Erläutern Sie den Aufbau eines RBF-Netzes!

14.2 Skizzieren Sie die Funktionsweise eines Neurons in der versteckten Schicht.

14.3 Was versteht man unter einem Clusteralgorithmus?

14.4 Wozu werden Clusteralgorithmen in RBF-Netzen angewendet?

15 Neuronale Netze und Fuzzy-Logik

15.1 Einführung

Man kann in den letzten Jahren verstärkt den Trend beobachten, daß verschiedene inoformationsverarbeitende Paradigmen miteinander kombiniert werden, um komplexe Problemstellungen zu lösen. Dies gilt insbesondere für Ansätze aus dem Bereich der "Computational Intelligence", die Neuro-Methoden, Fuzzy-Logik, Genetische Algorithmen verbinden. Aus diesem Grund greift diese letzte Kurseinheit, die Themen:

- Fuzzy-Logik und

- genetische Algorithmen

auf. Neben der Vermittlung der Grundlagen werden deren Bezug zu den neuronalen Netzen aufgezeigt.

15.2 Grundlagen der Fuzzy-Logik

Dieser Abschnitt vermittelt die Grundlagen zur Fuzzy-Logik. Nachdem einige grundlegende Definitionen zu unscharfen Mengen eingeführt worden sind, beschäftigen wir uns mit folgenden Aspekten:

- Zugehörigkeitsfunktionen
- Operationen auf Fuzzy-Sets
- Linguistische Variablen
- Aufbau eines Fuzzy-Systems

Aus der umfangreichen Literatur sei an dieser Stelle zur weiteren Vertiefung auf folgende Autoren hingewiesen: Kosko (1992), Zimmermann (1991) und Zimmermann (1992). Dieses Unterkapitel basiert im wesentlichen auf Mayer et. al. (1993).

15.2.1 Einige Definitionen

Die Fuzzy-Logik kann als eine Erweiterung der klassischen Mengentheorie verstanden werden. Im klassichen Fall versteht man unter einer Menge eine Zusammenfassung von Objekten. Dabei kann für ein Objekt x entschieden werden, ob dieses Element einer Menge A ist. Die *charakteristische Funktion* liefert für alle $x \in A$ eine 1, sonst 0. Dies ist bei den *unscharfen Mengen* (fuzzy sets) anders. Wir bezeichnen klassische Mengen mit einer binären charakteristischen Funktion als scharfe Mengen (A, B, C ..). Unscharfe Mengen notieren wir als ($\underline{A}$, $\underline{B}$, $\underline{C}$ ..).

unscharfe Mengen

Sei X eine scharfe Grundmenge (Universum). Dann heißt $\underline{A}$ *unscharfe Menge* über X, wenn es eine *Zugehörigkeitsfunktion* $\mu_{\underline{A}}$ gibt, derart daß

$$\forall x \in X \exists_1 \mu_{\underline{A}}(x) \in [0, 1].$$

Dabei heißt der Wert $\mu_{\underline{A}}(x)$ *Zugehörigkeitsgrad* von x zu der Menge $\underline{A}$.

Die Festlegung der Intervallgrenzen auf 0 bzw. 1 für $\mu_{\underline{A}}$ ist reine Konvention und könnte durch beliebige andere Werte ersetzt werden. In der Regel werden aber die Zugehörigkeitsfunktionen in der oben beschrieben Weise normiert.

Beispiel für eine unscharfe Menge

Der erfahrene Tourist kennt das Problem der Weitenangaben von Wegbeschreibungen. Froh in der Sprache des Landes dem Auskunftswilligen eine Wegbeschreibung abgetrotzt zu haben, schließt er das Gespräch mit der Frage ab, ob das gewünschte Ziel sehr weit sei. Nach einem Kopfschütteln und dem Hinweis, daß es sich nur um ein paar hundert Meter handele, beschließt der Frager seinen Weg zu Fuß fortzusetzen. Dabei hat er dann auf seiner bisweilen mehrstündigen Wanderung Zeit, sich über die Bedeutung von "weit" im Allgemeinen und dem Inhalt der Worte "ein paar hundert Meter" im Besonderen Gedanken zu machen. Z. B. könnte die Menge $\underline{A}$ "Ein paar hundert Meter" wie folgt defniert werden:

$$\underline{A} = \{(50, 0.2), (100, 0.3), (200, 0.5), (300, 0.7.5), (400, 1.0),$$
$$(500, 1.0), (600, 1.0), (700, 0.75), (800, 0.4)\}$$

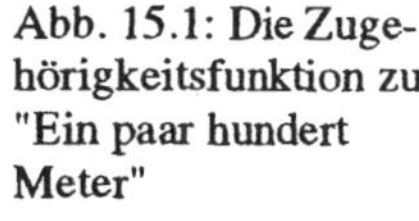

Abb. 15.1: Die Zugehörigkeitsfunktion zu "Ein paar hundert Meter"

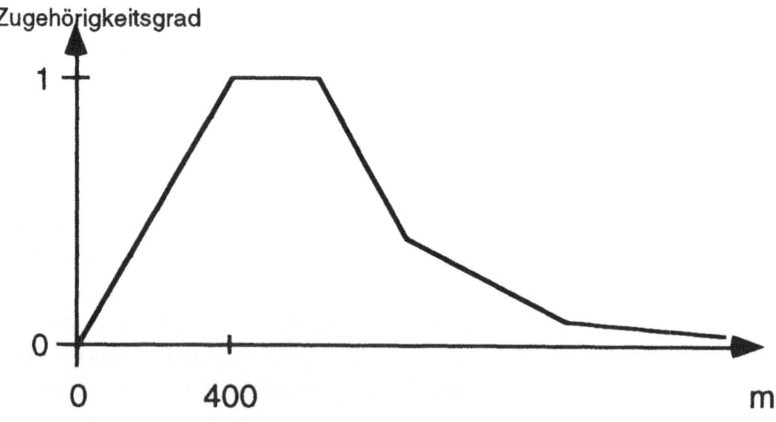

Damit haben wir bereits eine sehr gebräuchliche Form der Darstellung von unscharfen Mengen, *die Aufzählungsform,* kennengelernt.

Die Aufzählungsform

$$\underline{A} = \{x_i, \mu_{\underline{A}}(x_i)\} \qquad\qquad (15.1)$$

Häufig wird auch eine andere graphische Aufbereitung verwendet (insbesondere bei kontinuierlichen Zugehörigkeits-funktionen).

Gleichheit von unscharfen Mengen

Zwei unscharfe Mengen $\underline{A}$ und $\underline{B}$ über X heißen genau dann *gleich,* wenn gilt:

$$\forall x \in X: \mu_{\underline{A}}(x) = \mu_{\underline{B}}(x) =: \underline{A} = \underline{B}$$

Teilmengen

Eine unscharfe Menge $\underline{A}$ heißt *Teilmenge* von $\underline{B}$ ($\underline{A}$, $\underline{B}$ sind über X definiert) genau dann, wenn:

$$\forall x \in X: \ \leq \mu_{\underline{B}}(x) =: \underline{B} \supseteq \underline{A}$$

Träger

Wir bezeichnen die Elemente $x \in X$ als *Träger,* für die gilt:

$$\forall x \in X: \mu_{\underline{A}}(x) > 0$$

Man kann die Definition der *Trägermenge* zum sogenannte α-Schnitt verallgemeinern.

α-Schnitt

Wir bezeichnen die Menge A_α als *α-Schnitt* der unscharfen Menge $\underline{A}$ genau dann, wenn A_α alle Elemente x aus $\underline{A}$ enthält, deren Zugehörigkeitgrad größer als $\alpha \in [0, 1]$ ist. Es gilt:

$$A_\alpha := \{x \in X \mid \mu_{\underline{A}}(x) \geq \alpha\}$$

Kern

Es gibt einen ausgezeichneten Schnitt durch eine unscharfe Menge $\underline{A}$. Wir bezeichnen den α-Schnitt für $\alpha=1$, *Kern* von $\underline{A}$.

Höhe und Normalisierung

Die *Höhe* einer unscharfen Menge $\underline{A}$ ist das Maximum der Zugehörigkeitsgrade der Elemente von $\underline{A}$. Ist die Höhe einer unscharfen Menge gleich Eins, so heißt $\underline{A}$ *normalisiert.*

Kardinalität

Analog zu scharfen Mengen, können wir die Kardinalität von unscharfen Mengen definieren. Sei $\underline{A}$ eine endliche unscharfe Menge. Dann heißt $|\underline{A}|$ Kardinalität von $\underline{A}$ und es gilt:

$$|\underline{A}| = \sum_{x \in X} \mu_{\underline{A}}(x)$$

15.2.2 Zugehörigkeitsfunktionen

Bei der Entwicklung von Fuzzy-Applikationen spielt die Definition der Zugehörigkeitsfunktionen eine entscheidende Rolle. Mit ihr kann die im Sinne der Anwendung vorliegende Form der Unschärfe modelliert werden. Dieses Kapitel stellt einige Ansätze zusammen, Zugehörigkeitsfunktionen geeignet aufzubauen. Wir beschränken uns dabei auf sogenannte *parametrische Ansätze*. Es sei an dieser Stelle erwähnt, daß es für den diskreten Fall verschiedene Techniken zur geschickten Verwaltung der Zugehörigkeitsfunktionen gibt (vergleiche Mayer, et. al. (1993)). Parametrische Ansätze haben folgende wichtige Vorteile:

parametrische Zugehörigkeitsfunktionen

- **Speicherplatzeffizienz**: Neben der Funktionsvorschrift müssen lediglich die aktuellen Parameterbelegungen abgespeichert werden.

- **Allgemeinheit**: Die Funktionen sind für beliebige $x \in X$ definiert. Für überabzählbare Wertebereich stellen sie die Methode der Wahl dar.

Im folgenden werden einige parametrische Funktionen vorgestellt.

Die Dreiecksfunktion

Eine sehr einfache Funktion ist die sogenannte *Dreiecksfunktion* f_{DE}. Sie wird durch fünf Parameter geformt:

Der Scheitelpunkt $m \in \mathrm{I\!R}$

Die Intervallbreite $a + b$ mit $a, b \in \mathrm{I\!R}$

Die Höhenparameter y_{min} und y_{max} mit $y_{min}, y_{max} \in [0, 1]$

Es gilt:

$$f_{DE}(x) = \begin{cases} y_{min} & ,a1 \\ y_{min} + \dfrac{(y_{max} - y_{min}) \cdot (x + a - m)}{a} & ,a2 \\ y_{min} + \dfrac{(y_{max} - y_{min}) \cdot (m + b - x)}{b} & ,a3 \end{cases} \quad (15.1)$$

a1: $x \leq m - a \vee x \geq m + b$

a2: $m - a < x \leq m$

a3: $m < x < m + b$

Abb. 15.2: Die
Dreiecksfunktion

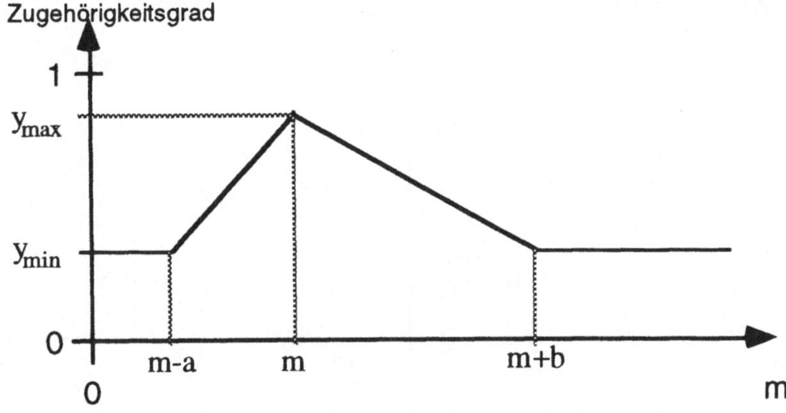

Die Trapezfunktion

Die *Trapezfunktion* f_{TR} stellt eine Verallgemeinerung der *Dreiecksfunktion* f_{DE} dar. Sie wird durch sechs Parameter geformt:

Die Scheitelpunkte m_1 und $m_2 \in I\!R$

Die Intervallbreite a+b mit a, b $\in I\!R$

Die Höhenparameter y_{min} und y_{max} mit y_{min} , $y_{max} \in [0, 1]$

Wir erhalten für $m_1=m_2$ wieder die Dreiecksfunktion. Es gilt:

$$f_{TR}(x) = \begin{cases} y_{min} & ,b1 \\ y_{max} & ,b2 \\ y_{min} + \dfrac{(y_{max} - y_{min}) \cdot (x + a - m_1)}{a} & ,b3 \\ y_{min} + \dfrac{(y_{max} - y_{min}) \cdot (m_2 + b - x)}{b} & ,b4 \end{cases}$$

$$(15.2)$$

b1: $x \le m_1 - a \vee x \ge m_2 + b$
b2: $m_1 \le x \le m_2$
b3: $m_1 - a < x \le m_1$
b4: $m_2 < x < m_2 + b$

Abb. 15.3: Die
Trapezfunktion

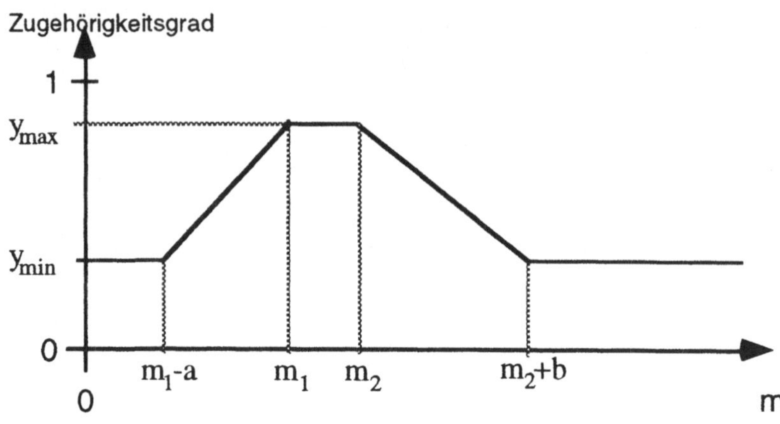

Die S-Funktion

Abb. 15.4: Die S-
Funktion

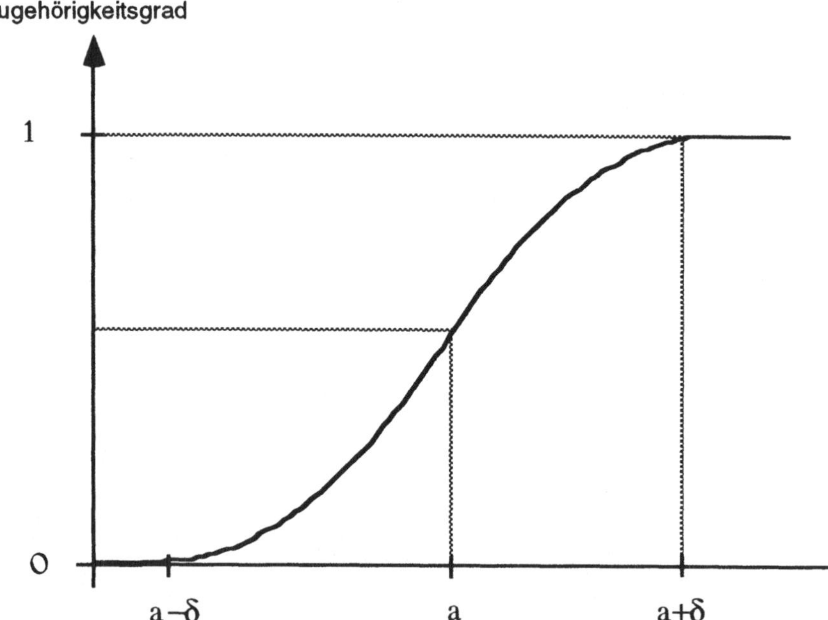

Die S-Funktion ist mit zwei Parametern zu variieren.

Der Wendepunkt $a \in \mathrm{I\!R}$

Der Abflachungsparameter $\delta \in \mathrm{I\!R}$

Die S-Funktion ist definiert als:

$$f_S(x) = \begin{cases} 0 & x \le (a-\delta) \\ 2 \cdot \left(\dfrac{(x-a+\delta)}{2\delta} \right) & (a-\delta) < x \le a \\ 1 - 2 \cdot \left(\dfrac{a-x+\delta}{2\delta} \right) & a < x < (a+\delta) \\ 1 & x \ge (a+\delta) \end{cases} \qquad (15.3)$$

Die Z-Funktion

Aus der S-Funktion können wir uns die spiegelsymmetrische Z-Funktion herstellen. Die Z-Funktion ist ebenfalls mit zwei Parametern zu variieren.

Der Wendepunkt $a \in$ IR

Der Abflachungsparameter $\delta \in$ IR

Die Z-Funktion ist definiert als:

$$f_Z(x) = 1 - f_S(x) \qquad (15.4)$$

Abb. 15.5: Die Z-Funktion

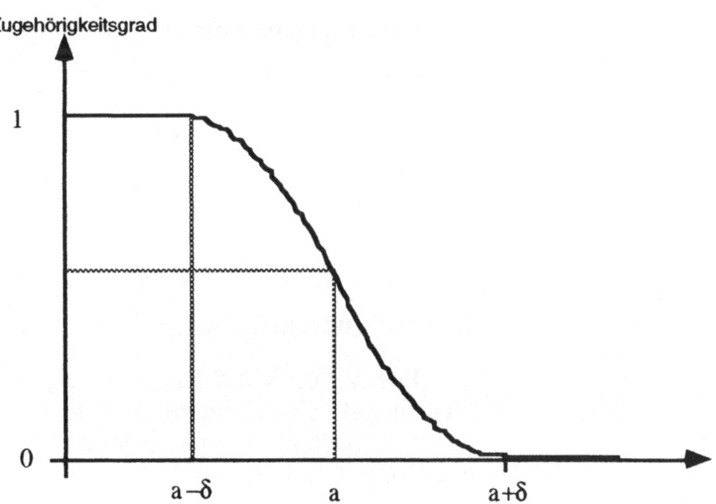

Die ∏-Funktion

Aus der S-Funktion und der Z-Funktion können wir die sogenannte ∏-Funktion zusammenstellen. Die ∏-Funktion ist mit vier Parametern zu variieren.

177

Abb. 15.6: Die Π-Funktion

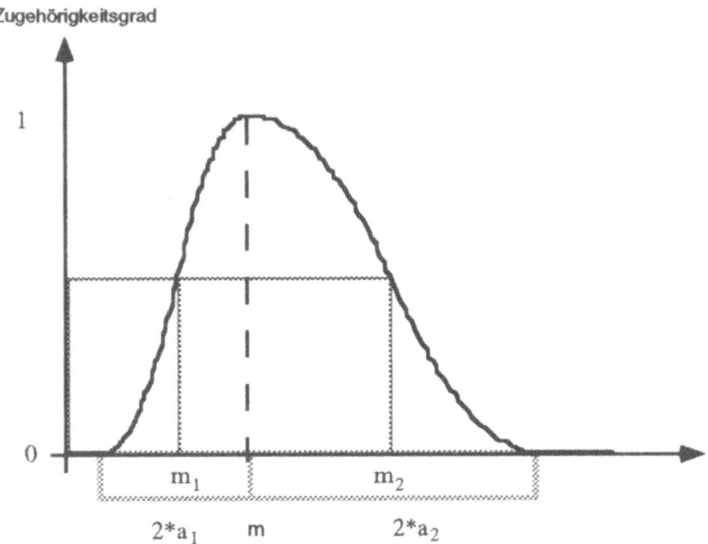

Die Wendepunkte $a_1, a_2 \in \mathrm{I\!R}$,

die Abflachungsparameter $\delta_1, \delta_2 \in \mathrm{I\!R}$

Der Scheitelpunkt $m \in \mathrm{I\!R}$. Die Π-Funktion ist definiert als:

$$f_\Pi(x) = \begin{cases} f_S(x) & x \le m, \ a:=a_1, \ \delta:=\delta_1 \\ f_Z(x) & x > m, \ a:=a_2, \ \delta:=\delta_2 \end{cases} \quad (15.5)$$

15.2.3   Operationen auf Fuzzy-Sets

Die Fuzzy-Logik als Erweiterung der klassischen Mengen-theorie stellt Operationen zur Verfügung, die Verknüpfungen von unscharfen Mengen erlauben. Wir führen zunächst die Fuzzy-Operationen zu

- Vereinigung,

- Durchschnitt und

- Komplement ein.

Vereinigung

Im klassischen Fall ist die Vereinigung zweier Mengen A, B definiert als

$$x \in A \cup B \Leftrightarrow x \in A \vee x \in B \qquad (15.6)$$

Zur Definition der Vereinigung von Fuzzy-Mengen fordern wir von Operatoren, die diese Operationen implementieren, daß sie eine s-Norm sind.

Definition s-Norm

Sei s eine Abbildung $[0,1] \times [0,1] \rightarrow [0,1]$.

s heißt s-Norm genau dann, wenn folgende Eigenschaften gelten:

I	$s(1, 1) = 1; s(x,0) = s(0, x) = x$	
II	$s(u,v) \leq s(w, z)$, falls $u \leq w$ und $v \leq z$	Monotonie
III	$s(x, y) = s(y, x)$	Symmetrie
IV	$s(x, s(y,z) = s(s(x,y), z)$	Assoziativität

Vereinigung zweier unscharfen Mengen **A**, **B**

Für Fuzzy-Mengen ist eine mögliche s-Norm, die Vereinigung $\underline{C}$ zweier unscharfen Mengen $\underline{A}$, $\underline{B}$ über X zu definieren:

$$\forall x \in X: \mu_{\underline{C}}(x) := \max\left(\mu_{\underline{A}}(x), \mu_{\underline{B}}(x)\right) \qquad (15.7)$$

Durchschnitt

Wir kennen in der klassischen Mengentheorie die Definition des Durchschnitts $\underline{C}$ zweier Mengen A, B wie folgt:

$$x \in A \cap B \Leftrightarrow x \in A \wedge x \in B \qquad (15.8)$$

Will man eine vergleichbare Operation auf Fuzzy-Mengen implementieren, so hat der Operator eine t-Norm zu sein.

Definition t-Norm

Sei t eine Abbildung $[0,1] \times [0,1] \rightarrow [0,1]$. t heißt t-Norm genau dann, wenn folgende Eigenschaften gelten:

I	$t(0, 0) = 0; t(x, 1)=t(1, x) = x$	
II	$t(u, v) \leq t(w, z)$, falls $u \leq w$ und $v \leq z$	Monotonie
III	$t(x, y) = t(y, x)$	Symmetrie
IV	$t(x, t(y, z) = t(t(x, y), z)$	Assoziativität

Dual zu 15.7 definieren wir den Durchschnitt zweier Fuzzy-Mengen $\underline{A}$, $\underline{B}$ als:

Durchschnitt zweier unscharfen Mengen $\underline{A}$ und $\underline{B}$

$$\forall x \in X: \mu_{\underline{C}}(x) := \min\left(\mu_{\underline{A}}(x), \mu_{\underline{B}}(x)\right) \quad (15.9)$$

Auch in diesem Fall ist 15.9 nur eine mögliche t-Norm. Allgemein sind die s- bzw. t-Normeigenschaften wichtig, um die Charakteristik der Durchschnitts- bzw. Vereinigungsoperation zu definieren. Da diese im Sinne einer konkreten Anwendung modifiziert werden können, muß sichergestellt werden, daß gewisse generelle Eigenschaften dennoch erfüllt sind. Zur Vertiefung sei dem interessierten Leser die Grundlagenliteratur empfohlen.

Aufgabe 15.1: Weisen Sie nach, daß 15.9 t-Norm ist.

Komplement

Das Komplement einer "scharfen" Menge A über einer Grundmenge X ist definiert als:

$$x \in A^c \Leftrightarrow \neg(x \in A) \quad (15.10)$$

Für eine Fuzzy-Menge $\underline{A}$ über X definieren wir ihr Komplement $\underline{A}^c$ wie folgt:

Komplement einer unscharfen Menge

$$\forall x \in X: \mu_{\underline{A}^c}(x) = 1 - \mu_{\underline{A}}(x) \quad (15.11)$$

Für die angeführten Operatoren gelten die üblichen Rechengesetze: Kommutativität, Assoziativität, Distributivität und die de Morganschen Gesetze. Wir verzichten an dieser Stelle auf einen Beweis und verweisen auf die entsprechende Grundlagenliteratur.

Aufgabe 15.2: Zeichnen Sie bitte in Abbildung 15.7 die Zugehörigkeitsfunktion von $\mu_{A \cup B}(x)$, $\mu_{A \cap B}(x)$ und $\mu_{\neg A}(x)$ ein.

Abb. 15.7: Abbildung
zur Übungsaufgabe

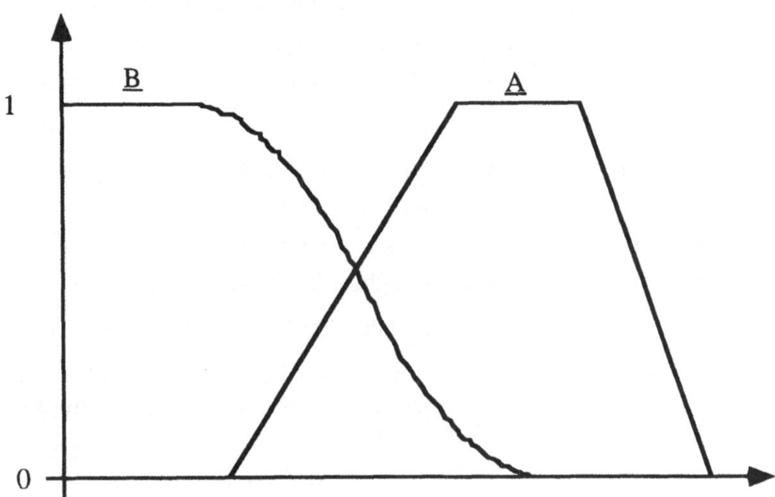

15.2.4 Linguistische Variablen

Natürlich gesprochene Sprache liefert in ihrer Vielschichtigkeit und Komplexität eine Menge von Beispielen für Unschärfe. Wir haben gelernt, eine gewisse Wahrscheinlichkeit für Fehlinterpretationen bei der Interpretation von Sprache einzukalkulieren ("nur ein paar hundert Meter").

Bei dem Versuch menschliches Wissen zu nutzen, etwa um komplexe Regelungsprozesse zu steuern, stößt man auf das Problem, wie die approximative umgangssprachliche Beschreibung in eine operationalisierbare Form umgesetzt werden kann.

Linguistischen Variablen erlauben in gewissem Umfang, den Variantenreichtum sprachlicher Konzepte zu repräsentieren. Beispielsweise kann das Konzept Wassertemperatur in verschiedenen Attribuierungen beschrieben werden: eiskalt, kalt, kühl, lau, handwarm, warm, sehr warm, heiß, sehr heiß, siedend etc. Dabei ist jedes Attribut für sich wiederum mit einer gewissen, bisweilen kontextabhängigen Unschärfe behaftet.

Definition linguistische Variable

Eine linguistische Variable L ist ein Quintupel L = (x, T(x), U, G, $\underline{M}$) mit

- x ist der Name der Variablen

- T(x) = {y_1, .., y_n} sind linguistische Terme

- Die y_1, .., y_n sind Bezeichner für die über U definierten, unscharfen Mengen $\underline{Y}_1$, .., $\underline{Y}_n$

- G ist eine Grammatik

- $\underline{M}$ ist eine Interpration der linguistischen Terme

Beispiel für eine linguistische Variable

Wenden wir die Definition linguistischer Variablen auf unser Beispiel Wassertemperatur an.

Dann ist x = 'WASSERTEMPERATUR' der Bezeichner der linguistischen Variablen L_{WT}.

T(WASSERTEMPERATUR) = {kalt, warm, heiß}

Dabei sind $\underline{Y}_{kalt}$ $\underline{Y}_{warm}$ und $\underline{Y}_{heiß}$ unscharfe Mengen über U = [0, 100]. Die (kontextfreie) Grammatik G hat folgende Form G=(S, N, T, P)

S ist das Startsymbol

N = {S, K, K1, K2, W, W1, W2, H, H1, H2}

T = {kalt, warm, heiß, sehr}

P=   {S → K I W I H,

K → K1 K2, K1 → K1 I sehr I ε, K2 → kalt,

W → W1 W2, W1 → W1 I sehr I ε, W2→ warm,

H → H1 H2, H1 → H2 I sehr I ε, H2 → heiß}

$\underline{M}$ weist jedem Term der linguistischen Variablen eine Bedeutung zu. Wir defieren M für unser Beispiel wir folgt:

$\underline{M}$(kalt):= {(u, μ_{kalt}(u) I 0 ≤ u ≤ 100} mit(15.13)

$$\mu_{kalt} = \begin{cases} f_z(x) \wedge a:=16 \wedge \delta:=16 & 0 \leq x < 32 \\ 0 & 32 \leq x \leq 100 \end{cases} \quad (15.14)$$

$\underline{M}$(warm):= {(u, μ_{warm}(u) I 0 ≤ u ≤ 100} mit(15.15)

$$\mu_{warm(x)} = f_{TR}(x) \text{ mit} \begin{cases} m_1 := 30, \ m_2 = 40 \\ a := 25, \ b := 20 \\ y_{min} := 0, \ y_{max} := 1 \end{cases} \quad (15.16)$$

$$\underline{M}(\text{heiß}) := \{ (u, \mu_{heiß}(u) \mid 0 \le u \le 100 \} \text{ mit } (15.17)$$

$$\mu_{heiß}(x) = \begin{cases} 0 & 0 \le x < 20 \\ f_S(x) \wedge a := 60 \wedge \delta := 40 & 20 \le x < 100 \end{cases}$$

$$(15.18)$$

$$\underline{M}(\text{sehr } y) := \{ (u, \mu_{sehr}(y) \mid 0 \le u \le 100 \} \text{ mit} (15.19)$$

$$\mu_{sehr}(y) = \left(\mu_y \right)^2 \quad (15.20)$$

Modifikatoren

Abbildung 15.8 verdeutlicht dies graphisch. Der linguistische Term 'sehr' wird auch *Modifikator (modifier, linguistic hedge)* bezeichnet. Modifikatoren haben als Argument eine Fuzzy-Menge. Sie dienen dazu, linguistische Variablen zu verstärken, abzuschwächen oder in anderer Form zu modifizieren.

Abb. 15.8: Die Terme zur linguistischen Variablen WASSER-TEMPERATUR

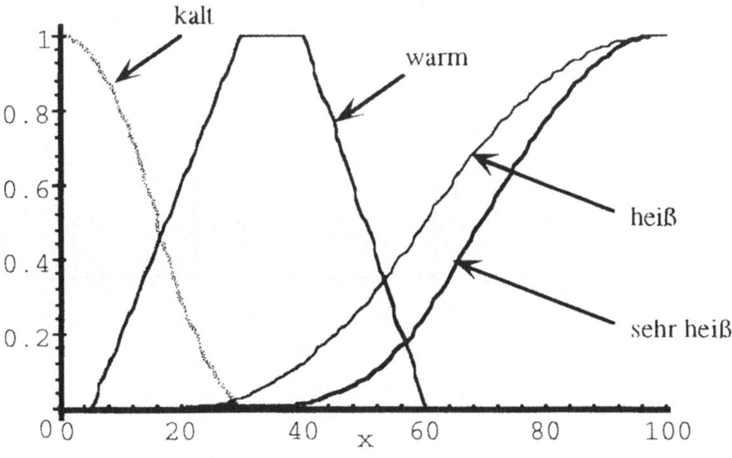

15.2.5   Funktionsweise eines Fuzzy-Systems

Dieser letzte einleitende Abschnitt zur Fuzzy-Logik diskutiert den Aufbau und die Funktionsweise eines Fuzzy-Systems. Dabei sind folgende Fragen von besonderer Bedeutung:

- Wie ist die grundlegende Architektur eines Fuzzy-Systems?
- Wie können scharfe Werte in Fuzzy-Variablen umgesetzt werden und umgekehrt?
- Wie kann Domänewissen in (Fuzzy-)Regeln abgebildet werden?
- Wie können diese Regeln ausgewertet und miteinander kombiniert werden?

Die Architektur eines Fuzzy-Systems

Abb. 15.9: Aufbau eines Fuzzy-Systems

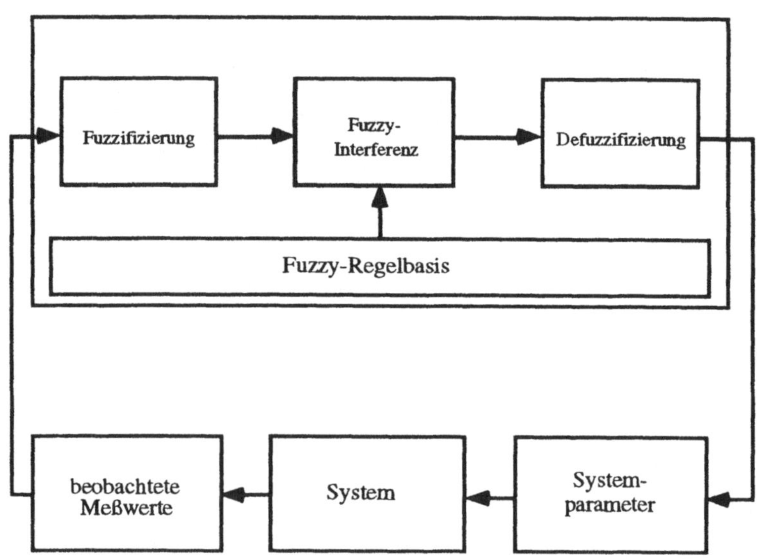

Systemparameter

Abbildung 15.9 zeigt den typischen Aufbau eines Fuzzy-Systems. Wir betrachten das eigentliche System (die Domäne) als Blackbox. Das System kann einerseits anhand verschiedener Größen (*Meßwerte*) beobachtet werden. Andererseits existieren *Systemparameter* (Stellgrößen) mittels derer der Zustand des System beeinflußt werden kann. Ziel ist es nun, einen gewünschten (End-)Zustand zu erreichen bzw. aufrechtzuerhalten. Die beobachteten Meßwerte dienen als Eingabe in das Fuzzy-System. Dort werden Sie in Fuzzy-Variablen umgesetzt. Diesen Vorgang nennt man *Fuzzifizierung*. Die

Fuzzy-Inferenz

Fuzzy-Regelbasis enthält Wissen darüber, wie in bestimmten Situationen mit dem System zu verfahren ist. Sie wird über einen Inferenzmechanismus ausgewertet (*Fuzzy-Inferenz*). Am Ende dieses Prozesses werden bestimmte Ausgabegrößen des Fuzzy-Systems berechnet. Diese werden *defuzzifiziert*, d. h. es werden konkrete Maßnahmen berechnet, wie das zu steuernde System zu behandeln ist. Die neuen Systemparameter führen zu einem möglicherweise veränderten Systemzustand. Es werden neue Meßwerte erhoben und der Regelkreis beginnt von neuem.

Fuzzifizierung

Fuzzifizierung

In der Fuzzifizierungsphase werden die Meßwerte in entsprechende Attributierungen der Fuzzy-Variablen umgesetzt. Angenommen, es gelte das samstägliche Badewasser auf einem angenehmen Temperaturlevel zu halten. Wir können mit einem Thermometer die aktuelle Temperatur erfassen. Dann kann den Attributen 'kalt', 'warm' und 'heiß' jeweils der entsprechende Erfülltheitsgrad zugeordnet werden. Dies setzt natürlich voraus, daß zu Beginn entsprechende Zugehörigkeitsfunktionen definiert worden sind. Dies ist durch den Systementwickler zu gewährleisten.

Defuzzifizierung

Defuzzifizierung

Ableiten "scharfer" Entscheidungen

Maximum-Methode

Die Ausgabe des Fuzzy-Inferenzsystems ist eine Fuzzy-Variable $\underline{D}$, aus der eine "scharfe" Entscheidung D abgeleitet werden muß. Hier existieren verschiedene Strategien. Eine der praktisch am häufigsten angewendeten ist die sogenannte *Maximum-Methode*.

Hierbei wird derjenige Wert x gesucht, für den μ_D maximal wird. Da die berechnete Fuzzy-Variable $\underline{D}$ eine beliebige Form hat, kann dieses Vorgehen zu mehreren Maximumstellen führen. In diesem Fall muß eine Konfliktlösungsstrategie angewendet werden (randomisierte Auswahl, Medianberechnung auf der Menge der Maximumwerte). Die Wahl der Konfliktstrategie ist genauso wie die Wahl des Defuzzifierungsverfahrens applikationsabhängig und wird an dieser Stelle nicht weiter ausgeführt.

Regelbasis

In der Regelbasis ist das sogenannte Domänewissen abgelegt. Mittels einfacher IF-THEN-ELSE-Regeln wird das vorhandene Applikationswissen abgebildet. Das Ermitteln des Regelwissens ist eine sehr wichtige Phase bei der Erstellung von Applikationen. Es hat sich dabei als Vorteil erwiesen, mittels Fuzzy-Regeln eine Abbildung des bisweilen heuristischen Wissens menschlicher Experten vorzunehmen. Regeln haben die Form:

$$\text{IF } A_1 \text{ IS } C_1 \text{ AND..AND } A_n \text{ IS } C_n \text{ THEN } B_i \text{ IS } D_i \quad (15.21)$$

Beispiel

IF Badewassertemperatur IS heiß THEN Kaltwasser IS auf.

Man kann überdies die Regeln unterschiedlich gewichten. Dies erfordert jedoch einige zusätzliche Berechnungen und ändert am prinzipiellen Vorgehen nichts. Dieser Aspekt wird in den Ausführungen zur Fuzzy-Inferenz weiter berücksichtigt.

Fuzzy-Inferenz

Die Inferenzstrategie eines Fuzzy-Regelsystems wird in vier Schritten abgearbeitet:

1. Feststellung der Kompatibilität
2. Aggregation
3. Zuweisung der Sicherheitsfaktoren
4. Anwendung des Inferenzoperators
5. Akkumulation

Feststellung der
Kompatibilität

Zunächst muß die Übereinstimmung (*Kompatibilität*) der Variablenausprägungen (Fakten) mit den Klauseln der Regeln überprüft werden. Dies ist für den Fall, daß die Fakten reellwertige Zahlen sind, einfach. Man muß lediglich die Zugehörigkeitsgrade für die entsprechenden Fuzzy-Sets berechnen. Für den Fall, daß die Fakten ihrerseits Fuzzy-

Variablen sind, ist ein allgemeiner Vergleich zweier Fuzzy-Mengen erforderlich. Hierzu können beliebige Distanzmaße verwendet werden. Allgemein halten wir fest, daß die Kompatibilitätsprüfung der n Bedingungen für Regel j folgende Form hat:

$$a_{ij} = kmp_{ij}\left(A_{ij}, C_{ij}\right), \quad 1 \le i \le n_j, \quad a_{ij} \in [0,1] \quad (15.22)$$

Aggregation

Nachdem die Kompatibilität berechnet wurde, müßen die Eingangsbedingungen verknüpft werden. Für "scharfe" Regel sind dabei AND bzw. OR-Verknüpfungen bzw. Kombinationen hieraus üblich. Analog ist dies bei Fuzzy-Regeln der Fall. Es wird auf die n Eingangsbedingungen ein sogenannter *Aggregationsoperator* agg angewendet. Dieser kann eine t-Norm, eine s-Norm oder eine Verknüpfung dieser sein. Allgemein gilt:

$$a_j = agg_j\left(a_{ij}\right), \quad 1 \le i \le n, \quad a_j \in [0,1] \quad (15.23)$$

Zuweisung der Sicher-heitsfaktoren

Um die unterschiedliche Bedeutung von Regeln beschreiben zu können, wird jeder einzelnen Regel j ein sognannter *Sicherheitsfaktor* c (certainty factor) zugewiesen. Dieser wird mit dem Ergebnis des Aggregationsoperators, der eine Aussage über die Erfülltheit der Eingangsbedingungen macht, verknüpft. Üblicherweise wird diese Verknüpfung über eine t-Norm realisiert. Wir berechnen die kummulierte Vertrauen $\hat{a}$ in die Anwendbarkeit von Regel j mit dem Operator aggVer und es gilt:

$$\hat{a}_j = aggVer\left(a_j, c_j\right), \quad 1 \le j \le m, \quad a_j, c_j, \hat{a}_j \in [0,1] \quad (15.24)$$

Anwendung des Inferenzoperators

Bisher haben wir nur die linke Seite der Regel j betrachtet. Mit der Berechnung des kummulierten Vertrauens in eine Regel j wird nun zum ersten Mal die rechte Seite einbezogen. Mittels des *Inferenzoperators* infOp wird eine Zugehörigkeitsfunktion D für die Ausgabegröße C maßgeschneidert. Es wird eine allgemeine Form für die Zugehörigkeitsfunktion μ_D vorgegeben. Im allgemeinen ist dies eine parametrische Funktion (z. B. eine Trapezfunktion).

$$\hat{\underline{D}}_j = \inf Op\left(\hat{a}_j, \underline{D}_j\right) \quad (15.25)$$

Durch den Inferenzoperator wird die Höhe der Fuzzymenge $\underline{D}_j$ beeinflußt. Diese darf nicht $\hat{a}_j$ übersteigen. Im Falle der Trapezfunktion wird also y_{max} auf den Wert des akkumulierten Vertrauens gesetzt und es gilt $y_{max} = \hat{a}_j$.

Akkumulation

In der Akkumulationsphase werden die Ergebnisse der j Regeln verbunden. Der Operator AkkOp verbindet die Fuzzy-Sets $\hat{\underline{D}}_j$ zu einem Fuzzy-Set $\underline{D}^*$.

$$\underline{D}^* = \text{AkkOp}\left(\hat{\underline{D}}_j\right), 1 \leq j \leq m \qquad (15.26)$$

Eine sinnvolle Wahl für AkkOp ist eine s-Norm. Denkbar ist aber auch eine Kombination von s- und t-Normen (Max-Min-Inferenz).

15.3 Neuro-Fuzzy-Systeme

Es gibt verschiedene Kombinationsmöglichkeiten, neuronale Netze mit Fuzzy-Logik zu kombinieren. Im Rahmen dieser Kurseinheit greifen wir dabei folgende Varianten auf:

- **Fuzzy-ART**: Verwendung von Fuzzy-Logik in ART-1-Netzen
- **Neuro-Fuzzy-Control**: Kombination von neuronalen Netzen und Fuzzy-Logik zur Entwicklung von lernfähigen Reglern

15.3.1 Fuzzy-ART

Kurseinheit 4 stellte bereits die Adaptive Resonanztheorie (ART) vor. Insbesondere wurde ART-1, eine selbstorganisierende Netzarchitektur, die binäre Daten verarbeiten kann, eingeführt. Mittels gewisser Fuzzy-Elemente kann diese nun so erweitert werden, daß auch reelle Ein- und Ausgabewerte verwertet werden können.

Das erweiterte ART-1 wird in der Literatur Fuzzy-ART genannt und ist erstmals von Carpenter, Grossberg und Rosen (1991) beschrieben worden. Eine deutschsprachige Beschreibung findet sich in Zell (1994).

Ein Überblick

<table>
<tr><td rowspan="6">

Abb. 15.10: Vergleich von Fuzzy-ART und ART-1. Dabei steht der Durchschnitts operator $\cap$ in diesem Fall für die Und-Verknüpfung zweier Fuzzy-Variablen (vergleiche 15.8). Der Operator $\wedge$ ist die logische Und-Verknüpfung zweier binären Werte. (Carpenter, Grossberg und Rosen 1991)

</td><td></td><td>Fuzzy-ART</td><td>ART-1</td></tr>
<tr><td>Eingabe</td><td>reell</td><td>binär</td></tr>
<tr><td>Klassen-auswahl (Erken-nungs-schicht)</td><td>

$$T_j = \frac{|I \cap w_j|}{\alpha + |w_j|}$$

</td><td>

$$T_j = \max_{j'}\left\{ T_{j'} = \sum_i S_i W_{ij} \right\}$$

</td></tr>
<tr><td>Überein-stim-mung (oder Reset)</td><td>

$$\frac{|I \cap w|}{|I|} \geq p$$

</td><td>

$$\frac{|I \wedge w|}{|I|} \geq p$$

</td></tr>
<tr><td>schnelles Lernen</td><td>

$$w_j(t+1) = I \cap w_j(t)$$

</td><td>

$$w_j(t+1) = I \wedge w_j(t)$$

</td></tr>
</table>

Fuzzy-ART wird aus der bereits bekannten ART1-Architektur gewonnen, indem einige, auf binären Vergleichen beruhende Operationen mittels Fuzzy-Operatoren realisiert werden. Dies gilt insbesondere für die Auswahl der Klasse T_j, für die Berechnung der Ähnlichkeit des Klassenprototypen mit der aktuellen Eingabe und der Adaptionsregel für die Gewichtsmatrix. Eine Besonderheit von Fuzzy-ART ist, daß es die beiden Gewichtmatrizen (top-down und bottom-up) zu einer Matrix zusammenfaßt sind. Die Eingaben sind gewöhnlich reellwertig und auf das Intervall [0, 1] normiert.

Fuzzy-ART: Eine Ablaufbeschreibung

In einer kurzen Zusammenfassung wird nun der Ablauf des Fuzzy-ART-Verfahrens skizziert.

Voraussetzungen und Initialisierungen

Wir gehen von einer Eingabe $I = (I_1, ..., I_m)$ aus, mit $I_i \in [0, 1]$. In der Erkennungsschicht gibt es eine beliebig große Anzahl von Kategorien n, die durch entsprechende Neurone repräsentiert werden. Anfangs wird jede Kategorie j auf den Zustand *uncommitted* gesetzt. Die zwischen der Eingabe und der Erkennungsschicht definierte Gewichtsmatrix W wird zu Beginn mit 1 initialisiert. D. h. es gilt: $w_{ij} = 1$ für $i = 1..m$ und $j = 1..n$.

Weitere Parameter

Innerhalb von Fuzzy-ART sind folgende Parameter zu justieren:

- Auswahlparameter $\alpha > 0$: Dieser beeinflußt die Auswahl einer Kategorie T

- Lernrate $\beta \in [0, 1]$: Steuert die Konvergenzgeschwindigkeit

- Übereinstimmungsparameter $p \in [0, 1]$: Steuert die Klassenbildung (siehe KE 4).

Auswahl einer Klasse

Um die zu der Eingabe I gehörende Klasse T zu berechnen wird folgende Berechnung durchgeführt:

$$T_j = \frac{|I \cap w_j|}{\alpha + |w_j|} \qquad (15.27)$$

Der Eingabevektor I wird jener Klasse T_j zugewiesen, deren Aktivierung maximal ist. Weisen zwei Klassen die gleiche maximale Aktivierung auf, so wird diejenige mit dem kleineren Index gewählt. Dies gewährleistet, daß die Neurone in der Erkennungsschicht in der Reihenfolge 1, 2, 3 ... n auf *committ* gesetzt werden.

Resetberechnung

Nach der ersten Erkennungsphase erfolgt wie in ART-1 eine Vergleichsphase. Hierzu wird der von der erkannten Klasse j repräsentiert Prototyp, der dem Gewichtsvektor w_j entspricht, mit der aktuellen Eingabe verglichen.

$$\frac{|I \cap w|}{|I|} \geq p \qquad (15.28)$$

Ist dieses Kriterium erfüllt, wird ein Adaptionsprozess angestoßen. Ansonsten wird eine alternative Klasse in der Erkennungschicht gesucht.

Adaption

Der Gewichtsvektor w_j wird nach folgender Gleichung modifiziert:

$$w_j(t+1) = \beta \cdot \left(I \cap w_j(t)\right) + (1-\beta) \cdot w_j(t) \qquad (15.29)$$

Gleichung (15.29) entspricht für $\beta = 1$ der in Abbildung 15.10 skizzierten Adaptionsgleichung. Die Autoren empfehlen in der Orginalquelle $\beta = 1$ zu Beginn zu wählen. Hat eine Kategorie bereits committed, so ist $\beta < 1$ sinnvoll.

15.3.2 Neuro-Fuzzy-Control

kognitiver Regler

Ein sehr breiter Anwendungsbereich von kombinierten Neuro-Fuzzy-Systemen ist die Entwicklung sogenannter *kognitiven Regler*. Diesen Ansätzen ist gemeinsam, den Entwurf und die Optimierung von Fuzzy-Reglern mittels neuronaler Netze zu automatisieren. Nauck, Klawonn und Kruse (1994) handeln verschiedene Kopplungsformen von Neuro-Fuzzy-Reglern detailiert ab. Im Rahmen dieser Kurseinheit wird ein Überblick des Arbeitsgebietes gegeben.

Grundsätzlich kann man zwischen zwei verschiedenen Kopplungsformen neuronaler Netze mit Fuzzy-Systemen unterscheiden:

- **kooperative Kopplung**: Neuronales Netz und Fuzzy-System arbeiten unabhängig voneinander. In der Regel erfolgt etwa eine Parameteroptimierung des Fuzzy-Regelsystems (online oder offline) durch das neuronale Netz.

- **hybride Kopplung**: Entwicklung einer einheitlichen Architektur die Fuzzy-Elemente mit Neuro-Elementen verbindet.

Wir werden beide Kopplungsformen im folgenden etwas detailierter untersuchen.

Kooperative Kopplung

Bei der kooperativen Kopplung kann man folgende verschiedene Varianten unterscheiden:

- Berechung von Zugehörigkeitsfunktionen durch neuronale Netze: Auf der Basis von Domänedaten ermittelt ein Netz Zugehörigkeitsfunktionen für gewisse linguistische Terme. Die so ermittelten Fuzzy-Mengen bilden mit gesondert definierten Regeln den Fuzzy-Regler (vergleiche Abbildung 15.11).

- Berechnung linguistischer Kontrollregeln durch neuronale Netze: Auf der Basis bereits definierter Zugehörigkeitsfunktionen können Regeln durch ein Netz gelernt werden. Hierzu werden meist Verfahren des selbst-organisierenden Lernens verwendet (vergleiche Abb. 15.12).

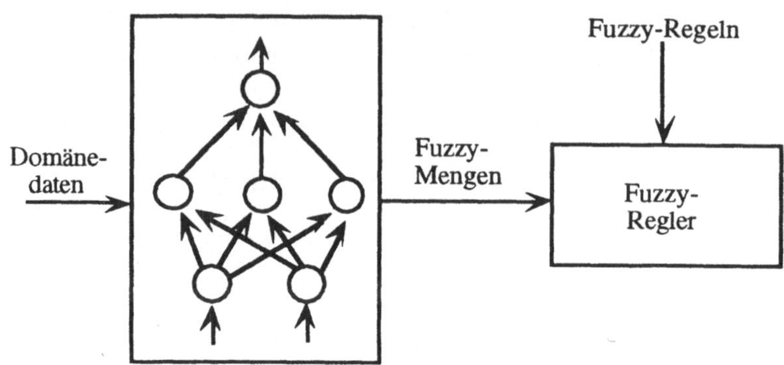

Abb. 15.11: Ermittlung von Zugehörigkeitsfunktionen durch neuronale Netze (nach Nauck, Klawonn und Kruse (1994))

- Berechnung von Regelwissen oder Regelgewichtungen durch neuronale Netze: Das Netz ermittelt online aus dem Vergleich zwischen Ist- und Sollverhalten des Reglers und des zu regelnden Systems Änderungen der Zugehörigkeitsfunktion (Adaption der Parameter einer Fuzzy-Menge) bzw. ermittelt die Gewichtung einer Regel innerhalb der Regelbasis (vergleiche Abb. 15.13).

- Vor- bzw. Nachverabeitung der Ein- bzw. Ausgabe eines Fuzzy-Reglers durch ein neuronales Netz (vergleiche Abbildung 15.14a und 15.14b).

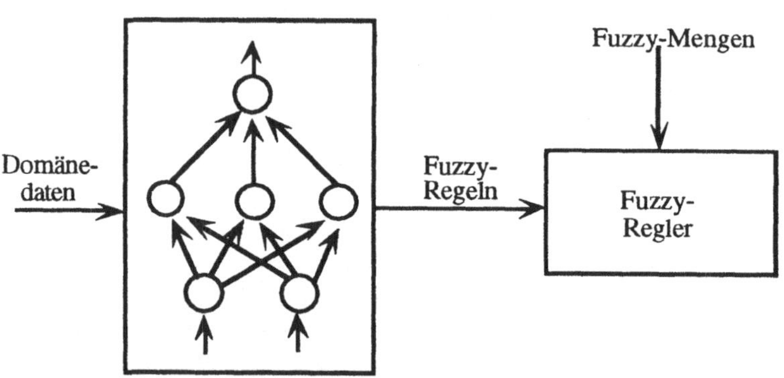

Abb. 15.12: Berechnung linguistischer Kontrollregeln durch neuronale Netze (nach Nauck, Klawonn und Kruse (1994))

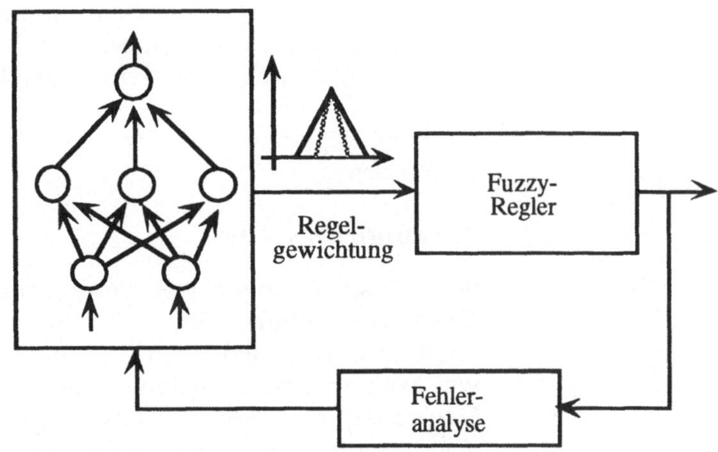

Abb. 15.13:
Berechnung von
Regelwissen oder
Regelgewichtungen
durch neuronale Netze

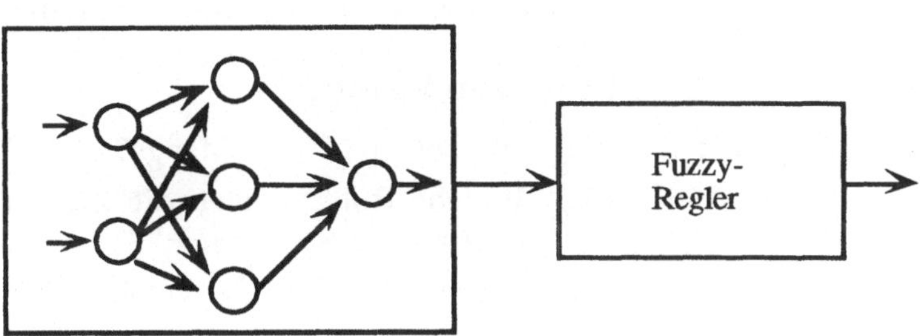

Abb. 15.14a: Vorver-
abeitung der Eingabe
eines Fuzzy-Reglers
durch ein neuronales
Netz (nach Nauck,
Klawonn und Kruse
(1994))

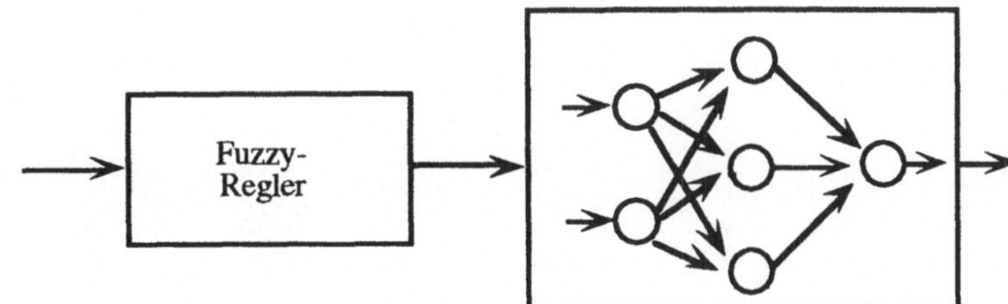

Abb. 15.14b:
Nachverabeitung der
Ausgabe eines Fuzzy-
Reglers durch ein
neuronales Netz (nach
Nauck, Klawonn und
Kruse (1994))

Hybride Kopplung

Bei der hybriden Kopplung in Neuro-Fuzzy-Reglern wird die
Regelbasis eines Fuzzy-Reglers in neuronaler Form organisiert.
Dabei stellten die Fuzzy-Mengen adjustierebare Größen dar
(gilt für parametrisierte Zugehörigkeitsfunktionen) die als
Gewichte interpretiert werden können. Regeln entsprechen den

Netzknoten, die als Verarbeitungseinheit fungieren. Durch Änderungen der Gewichtungen von Zugehörigkeitsfunktionen (Gewichten), durch Veränderung der Topologie kann nun die Regelbasis modifiziert werden. Zum Training eines solchen hybriden Reglers werden Strategien des überwachten Lernens verwendet.

15.4 Zusammenfassung

Fuzzy-Logik ermöglicht die Beschreibung unscharfen Wissens. (System)-Zustände können in Abweichung der klassischen Logik in unterschiedlichen Erfüllheitsabstufungen erfaßt und weiterverarbeitet werden. Dieses Kapitel führte in die Grundlagen der Fuzzy-Logik ein und zeigt Kombinationsmöglichkeiten mit neuronalen Netzen auf. Exemplarisch wurde ein hybrides Lernverfahren, das sogenannte Fuzzy-ART, eingeführt. Ein zweiter großer Bereich hybrider Neuro-Fuzzy-Systeme ist die Entwicklung von sogenannten kognitiven Reglern. Das Kapitel diskutierte verschiedene Kopplungsformen und deren Varianten.

15.5 Fragen zu Kapitel 15

Fragen zu Kapitel 15

15.1 Was ist eine Fuzzy-Menge?

15.2 Welche Rolle spielen die Zugehörigkeitsfunktionen in einem Fuzzy-System?

15.3 Wie ist ein Fuzzy-System aufgebaut?

15.4 Welche Kopplungsformen für Neuro-Fuzzy-Systeme sind Ihnen bekannt?

16   Neuronale Netze und genetische Algorithmen

Neuronale Netze und genetische Algorithmen weisen in vielerlei Hinsicht Parallelen auf. Beiden Forschungsbereichen ist in den letzten Jahren zunehmendes Interesse zu Teil geworden, beide Ansätze haben in den letzten Jahren interessante praktische Ergebnisse hervorbringen können und nicht zuletzt basieren beide Richtungen auf Prinzipien, die von biologischen Systemen abgeleitet worden sind.

Die *genetischen Algorithmen* gehen auf John H. Holland (1975) zurück und gehören zu einer größeren Klasse von Verfahren, die sich allesamt an Prinzipien der Evolution anlehnen (vergleiche Rechenberg (1973), Schwefel (1965), Goldberg (1989), Fogel (1995)).

Dieses Kapitel beschränkt sich auf die Grundlagen genetischer Algorithmen und ihre Anwendung in neuronalen Netzen.

16.1   Grundlagen evolutionärer Prozesse

16.1.1   Organisation des Erbmaterials

Chromosomen
Desoxyribonukleinsäure

Alle wesentlichen Informationen über die Beschaffenheit eines Organismus sind in den Chromosomen des Zellkerns enthalten. Hauptbestandteil der Chromosomen ist ein Makromolekül, die sogenannte Desoxyribonukleinsäure (DNA). Die kleinste Einheit der DNA, das Nukleotid, besteht aus einer spezifischen stickstoffhaltigen Base (Adenin, Guanin, Thymin, Cytosin), einer Pentose und einer Orthophosphatgruppe (vergleiche Abbildung 16.1).

Abb. 16.1 Aufbau
eines DNA-Stranges

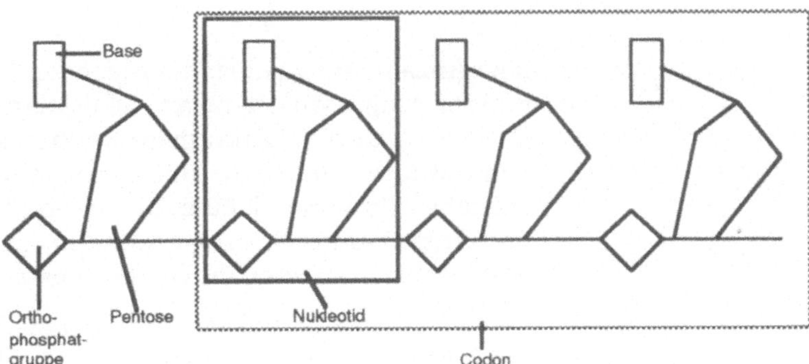

Basentriplett

Drei aufeinanderfolgende Nukleotide bilden ein sogenanntes Basentriplett (Codon, Nukleotidtriplett). Diese verschlüsseln eine der zwanzig verschiedenen Aminosäuren. Das Verhältnis der rechnerisch möglichen 64 Basentripletts zu der Anzahl der tatsächlichen Aminosäure (20) zeigt bereits, daß einige Tripletts die gleiche Aminosäure darstellen. Man spricht in diesem Zusammenhang von der Degeneration des genetischen Codes (siehe Abb. 16.2).

Degeneration des genetischen Codes

Abb. 16.2: Der genetische Code

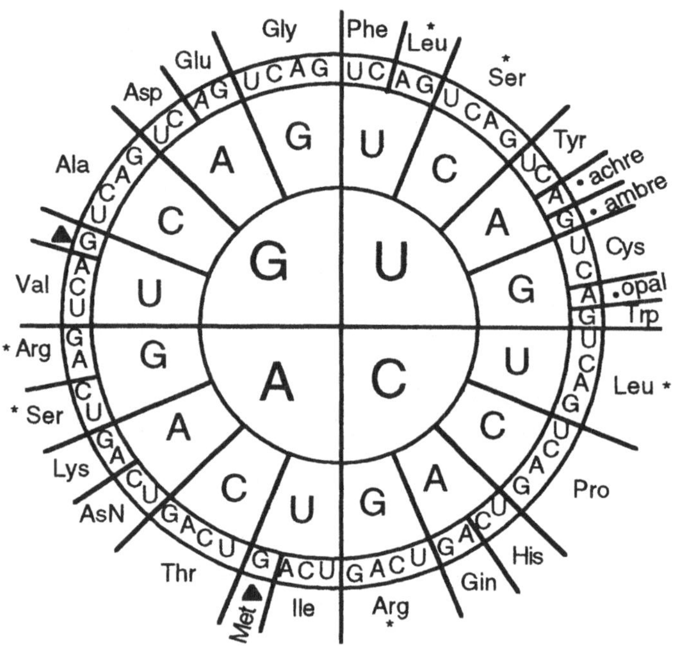

Eine Anzahl von aufeinanderfolgenden Nukleotidtripletts steht für eine Aminosäuresequenz, die Primärstruktur von Eiweißen. Durch den Zusammenschluß verschiedener Aminosäuresequenzen und ihrer räumlichen Ausrichtung entstehen Proteinmoleküle, die unterschiedlichste Funktionen im Organismus ausüben können (z. B. Steuerung von Stoffwechselprozessen durch Hormone).

Gene sind nichts anderes als lineare Abschnitte auf einem DNA-Molekül. Sie enthalten die Information darüber, wie eine spezifische Polypeptidkette (Aminosäurekette) zusammengesetzt ist. Gene, die auf homologen, d. h. auf sich entsprechenden Chromosomen angesiedelt sind, nennt man Allele.

Häufig sind für ein Merkmal (z. B. Augenfarbe) mehrere Allele (z. B. blaue, grüne, braune Augen) in einer Population vorhanden. Bemerkenswert ist, daß bei Eukaryonten (dies sind Organismen "oberhalb" der sogenannten Protozyten (Bakterien, Blaualgen etc.)) nicht alle zu einem Gen gehörenden Nukleotide kodierend sind, d. h. Information über die aus diesem Bereich ableitbare Aminosäuresequenz tragen. Typischerweise wechseln sich bei diesen Organismen kodierende und nicht kodierende Bereiche ab (vergleiche Abbildung 16.3). Eine Promotersequenz zeigt dabei den Beginn eines Gens an. Eine Terminatorsequenz markiert dessen Ende. Der so definierte DNA-Abschnitt weist informationstragende Exons und sogenannte Introns auf. Letztere werden zwar noch beim Auslesen der genetischen Information kopiert, aber auf dem Transport zu den Ribosomen (hier werden die Amonsäuresequenzen zusammengesetzt) in der RNA-Kopie (Ribonukleinsäure) dieses Genabschnitts mittels enzymatischer Prozesse herausgeschnitten.

Abb. 16.3: Aufbau
eines Genortes

Promoter	Exon	Intron	Exon ... Intron	Exon	Terminator

16.1.2 Mutationen auf dem Genpool

Die Erbinformation wird von Generation zu Generation nahezu unverändert weitergegeben. Hierbei wird durch die geschlechtliche Fortpflanzung das vorhandene Erbmaterial neu kombiniert. Die neu entstehenden Organismen weisen in ihrem Phänotyp Merkmale beider Eltern auf.

Mutationen sind ungerichtete Änderungen auf dem Erbmaterial, die zur Veränderung der Erbinformation im Verlaufe der Evolution beigetragen haben. Man unterscheidet zwischen:

- numerischen Chromosomenmutationen,

- strukturellen Chromosomenmutationen und

- Genmutationen.

Diese Begriffseinteilung ist aus medizinischer Sicht entstanden und hängt mit Beobachtbarkeit mutativer Ereignisse zusammen. Numerische Chromosomenmutationen entstehen in gewissen Phasen der Zellteilung (Meiose, Mitose). Diesen Phase ist im allgemeinen eine Vervielfachung des genetischen Materials vorausgegangen. In der nun anschließenden Reduktionsphase und der Verteilung der duplizierten Information auf verschiedene Zelle kann es zu fehlerhaften Verteilungen kommen. So kann dann eine Zelle, die aus einem fehlerhaften Teilungsprozeß hervorgegangen ist, zu viele oder zu wenige Chromosomen enthalten. Beim Menschen sind sogenannte hypoploide Zellen, d. h. Zellen mit einem oder mehreren fehlenden Chromosomen, in der Regel letal, während hyperploide Zellen lebensfähig sind. Geschieht eine solcher numerische Chromosomenmutationen in einer sehr frühen Phase der embryonalen Entwicklung so treten schwere Mißbildungen auf (Mongolismus durch Trisomie 21).

Strukturelle Chromosomenmutationen unterscheiden sich von den sogenannten Genmutationen lediglich durch den Umstand, daß letztere im submikroskopischen Bereich liegen, d. h. nicht durch konventionelle Methoden sichtbar gemacht werden können. Wir unterscheiden bei diesen beiden Mutationstypus zwischen *Deletionen* (Verlust von Erbinformationen), *Insertionen* (Einfügen von Erbinformation) und *Inversionen* (spiegelsymmetrische Einfügung eines DNA-Stückes, vergleiche Abbildung 16.5)). Eine der bekanntesten Ursachen für Deletionen und Insertionen ist das sogenannte *nicht-homologe Crossing-over* (vergleiche Abbildung 16.4).

Insertionen
Deletionen
Inversionen

Crossing-over

Abb. 16.4: nicht-homologes Crossing-over

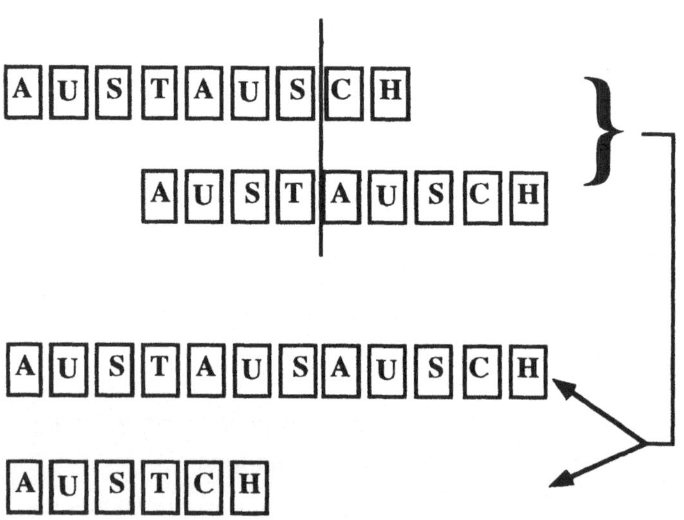

Abb. 16.5: Inversion

Konsequenzen mutativer Ereignisse

Mutationen können nun unterschiedliche Konsequenzen nach sich ziehen. Ohne diesen Aspekt vollständig diskutieren zu wollen seien an dieser Stelle auf folgende Folgewirkungen aufmerksam gemacht.

- **Änderung der Aminosäuresequenz**: Dieser ist in der Regel eine Mutation im kodierenden Bereich eines Gens vorausgegangen. Sie kann die Funktion des Proteins (z. B. Hormon) herabsetzen, aufheben oder in eine andere Wirkung umwandeln.

- **Abänderung der Promotor- bzw. Terminatorsequenz**: Mutationen in diesem Bereichen können zu Lesefehlern bei der Transkription der DNA führen. Zum einen ist es möglich, daß eine Gen nicht mehr ausgelesen wird, weil die Promotorsequenz fehlerhaft ist, zum anderen kann es geschehen, daß der Terminatorbereich "überlesen" wird. In diesem Fall wird sehr viel mehr ausgelesen, als eigentlich vorgesehen. Das resultierende Protein besteht aus einer sehr viel längeren Aminosäuresequenz als ursprünglich kodiert.

- **Verschiebung des Ablesemuster**: Da immer drei Nukleotide eine Aminosäure kodieren, spricht man von einem sogenannten Leseraster auf der DNA. Wird nun beispielsweise an einer beliebigen Stelle innerhalb eines Gens ein einzelnes Nukleotid eingefügt, so verschiebt sich das Leseraster für die nachfolgende DNA-Sequenz. So können vollständig andere Aminosäuresequenzen mit entsprechend veränderten Funktionen entstehen.

- **same-sense-Mutationen**: Mutationen haben, wie die eben aufgeführten Beispiele zeigen, unter Umständen sehr grundsätzliche Auswirkungen. Dies muß jedoch nicht immer der Fall sein. Mutationen, die in den nichtkodierenden Bereichen der DNA stattfinden, haben naturgemäß keinerlei Auswirkungen. Ebenso können Mutationen im kodierenden Bereich ohne weitere Konsequenzen sein. Wird etwa das Nukleotidtriplett AGG aufgrund mutativer Ereignisse in AGA oder CGG umgewandelt, so kodieren die neuen Tripletts weiterhin die Aminosäure Arginin (vergleiche Abbildung 16.2).

16.1.3 Die Evolution als Optimierungsverfahren

Evolution

Wir bezeichnen mit *Evolution* die Anpassungsleistung von belebter Materie an sich ändernde Umweltbedingungen. - beginnend von der Entstehung des Lebens in der Urzeit bis heute. In ihrem Verlaufe ist eine große Artenvielfalt entstanden; z. T. sehr komplexe Organismen sind auf die jeweiligen Anforderungen ökologischer Nischen in hervorragender Form angepaßt.

Mutation und Selektion

Triebfeder der Evolution ist dabei das Wechselspiel zwischen Mutation und Selektion. Wir haben Mutationen bereits als nicht zielgerichtete Änderungen des genetischen Materials kennengelernt. Grundsätzlich können sie alle "Parameter" eines Organismus oder seiner Teilsysteme beeinflußen:

- Größe
- Form
- Struktur
- Stoffwechseleigenschaften
- Verhalten
- etc.

Mutationen erhöhen die Varianzbreite des Genpools

Häufig haben Mutationen keinen unmittelbaren Einfluß auf einen Organismus sondern erhöhen zunächst nur die Varianzbreite des genetischen Materials einer Art (Genpool). Die zu einer Art gehörenden Lebewesen unterscheiden sich sowohl durch z. T. geringfügige Variationen auf der phänotypischen (von außen wahrnehmbaren) Ebene als auch auf der genotypischen Ebene. Sie stellen letztlich Probierzustände dar, die durch die Anforderungen der Umwelt auf ihre Tauglichkeit überprüft werden.

Selektion

Die *Selektion* faßt alle das Überleben und die Weitergabe von Erbinformationen betreffenden Umwelteinflüsse zusammen. Selektive Kräfte können dabei sein:

- Klima
- Nahrungserwerb
- Fluchtfähigkeit vor natürlichen Feinden
- Wehrfähigkeit gegenüber natürlichen Feinden
- Erfolgschancen als möglicher Paarungspartner

Selektive Prozesse entscheiden darüber, ob und in welchem Umfang das Erbmaterial eines Individuums in den Genpool der nächsten Generation einfließt. Über die sexuelle Fortpflanzung findet überdies eine Kombination von günstigen Merkmalen statt. Über die Zeit setzen sich so besser angepaßte Merkmale bzw. Merkmalskombinationen innerhalb einer Population durch. Die Evolution optimiert Organismen im Hinblick auf äußere Bedingungen des Lebensraumes.

Abb. 16.4: Schema der
Evolution
(Buselmaier, 1985)

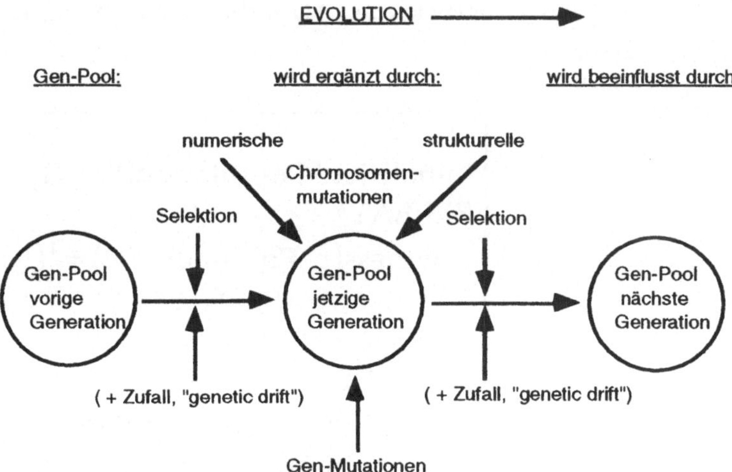

16.2   Genetische Algorithmen

Genetische Algorithmen stellen im Prinzip eine Abstraktion der Evolution dar. Sie bestehen aus folgenden wesentlichen Komponenten:

- Kodierung des Anwendungsproblems
- einer Menge von Mutationsoperatoren
- einem Selektionskriterium

Das Basisverfahren ist recht einfach. Alle das Anwendungsproblem betreffenden Informationen werden in einer geeigneten Form repräsentiert (z. B. als Bitstring). Üblicherweise startet man mit einer Population von n Individuen. Diese werden anhand eines geeignete *Selektionskriteriums* bewertet. Auf der Grundlage der Performanz des einzelnen Individuums entscheidet sich, wie hoch die Wahrscheinlichkeit für dieses ist, Erbmaterial in die nächste Generation einbringen zu können. Üblicherweise werden bei dem Transfer von Erbinformation in den Genpool der Nachfolgegeneration Mutationsoperatoren angewendet. Hierbei kommen sogenannte Mutationsoperatoren und/oder Rekombinationsoperatoren (crossing-over) zum Einsatz. Die nächste Generation von Individuen wird nun wiederum bewertet und der beschriebene Auswahlmechanismus erneut gestartet. Das gesamte Verfahren terminiert, wenn ein zuvor definiertes Kriterium greift. Abbildung 16.5 die Struktur eines genetischen Algorithmus im Überblick.

Abb. 16.5: Aufbau eines genetischen Algorithmus

```
t := 0;
Initialisiere Popultation(t):= {I₁,···,Iₙ};
REPEAT
   Fitness(t, Population(t)) = {(I₁,f₁),···,(Iₙ,fₙ)};
   Population(t+1):= ∅;
   FOR j = 1 TO n
   BEGIN
      SELECT_I(Iₖ,Population(t));
      /* Zufällige Auswahl eines Individuums */
      SELECT_O(operator);
      /* Zufällige Auswahl eines Mutationsoperators
      I'ₖ = MUTATE(Iₖ, operator, Population(t));
      Population(t+1)  = Population(t+1) ∪ {I'ₖ};
   END
   t:= t+1;
UNTIL Terminierungskriterium = TRUE
```

16.2.1 Kodierung

Die Kodierung eines Problems ist häufig der wichtigste Schritt zu seiner Lösung. Im Falle der genetischen Algorithmen werden im Standardfalle alle das Anwendungsproblem betreffende Informationen explizit durch binäre Zeichenketten dargestellt. Ein Individuum kann dabei aus einem oder mehreren binären Chromosomen bestehen.

Beispiel Funktions-optimierung

Genetische Algorithmen haben bei der Optimierung von (mehrdimensionalen) Funktion in der Vergangenheit sehr gute Resultate gezeigt. Wir verstehen in diesem Beispiel unter einem Individuum nichts anderes als ein Funktionswert an einer beliebigen Stelle innerhalb des Definitionsbereiches der zu optimierenden Funktion. Repräsentiert wird dieses Individuum durch die Binärdarstellung seiner Vektorkoordinaten.

Abb. 16.6: Eine zu optimierende, zweidimensionale Funktion

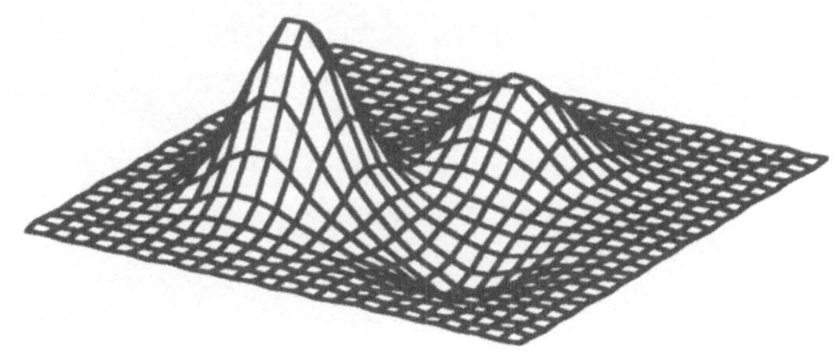

Die Individuen I_i haben damit die Form:

$$I_i = (x, y) \text{ mit } x, y \in \{0, 1\}^k$$

16.2.2 Die Operatoren

Der Mutationsoperator manipuliert das Erbmaterial eines gegeben Individuums. Sie haben in dem vorherigen Abschnitt bereits verschiedenste Mutationstypen in biologischen Systemen kennengelernt. Prinzipiell könnte man jeden Mutationstypus durch einen entsprechenden Operator simulieren. Standardmäßig kommen genetische Algorithmen jedoch mit lediglich zwei Mutationsformen aus:

- die Punktmutation

- Crossing-Over

Die Punktmutation

Im Falle der binären Verschlüsselung der Anwendungsdaten stellt eine Punktmutation die Invertierung eines Bits an einer zufällig gewählten Stelle in der binären Zeichenkette dar.

Beispiel

0 1 0 0 **0** 1 1 1 0 1 0 1 1 → 0 1 0 0 **1** 1 1 1 0 1 0 1 1

Das Crossing-Over

Der Crossing-Over-Operator wird ähnlich zu dem biologischen Vorbild implementiert. Zwei binäre Zeichenkette werden aus der aktuellen Population ausgewählt. Es werden eine oder mehrere Bruchstellen zufällig bestimmt. Anschließend werden sich entsprechende Teile der Binärzeichenketten wechselseitig vertauscht. Aus den so neu entstandenen Individuen wird dann eines in die Nachfolgegeneration aufgenommen (vergleiche Abb. 16.7).

Abb. 16.7: Crossing-Over

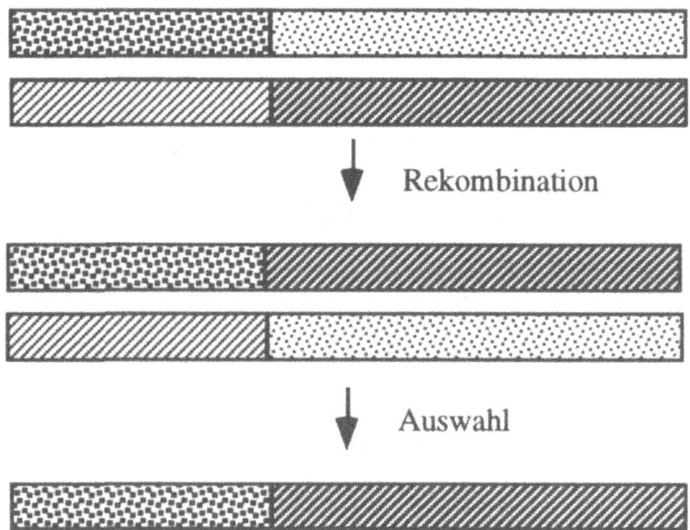

16.2.3 Selektionskriterien

Für die Auswahl eines Individuums muß ein geeignetes Selektionskriterium geschaffen werden, das die Fitness (Performanz) eines Individuums im Vergleich zu seinen "Konkurrenten" in der Population beschreibt. In unserem Beispiel der Funktionsoptimierung ist das Selektionskriterium die Funktion f(x) selbst. Die Fitness eines Individuums x wird durch den entsprechenden Funktionswert der Stelle im

Defintionsbereich von f ausgedrückt, der von der Kodierung x markiert wird. Die Abbildungen 16.8a-d zeigen die Arbeitsweise eines GA am Beispiel.

**Abb. 16.8a: Opti-
mierung einer Funktion
mittels genetischer
Algorithmen (zufällige
Verteilung der
Startpopulation)**

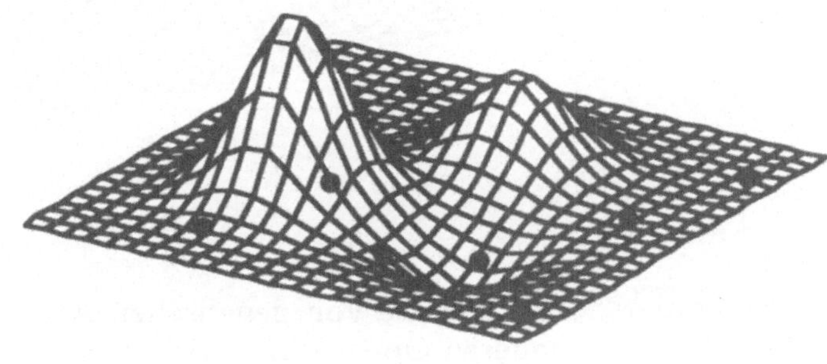

**Abb. 16.8b: Opti -
mierung einer Funktion
mittels genetischer
Algorithmen**

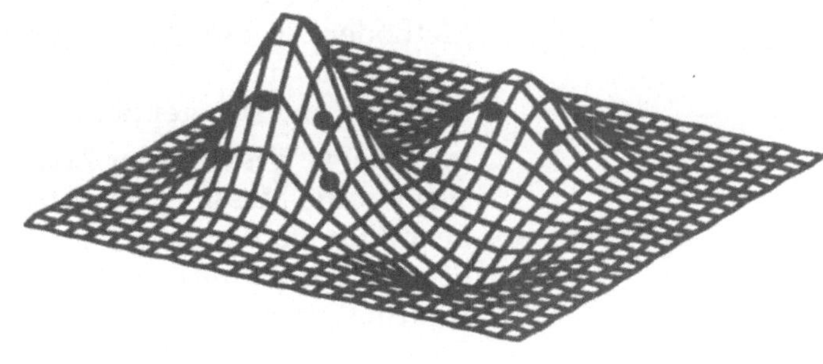

**Abb. 16.8c: Opti -
mierung einer Funktion
mittels genetischer
Algorithmen**

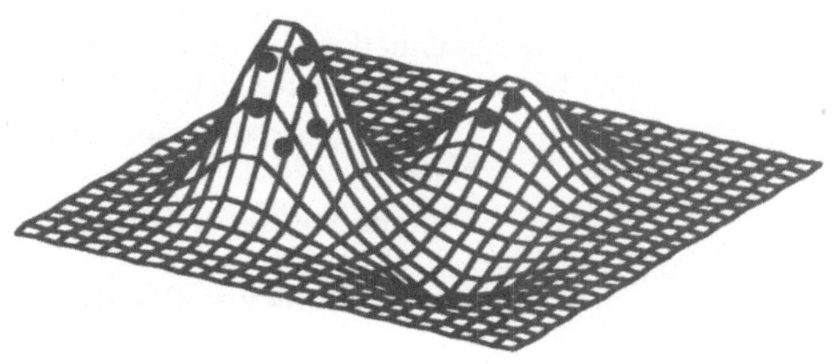

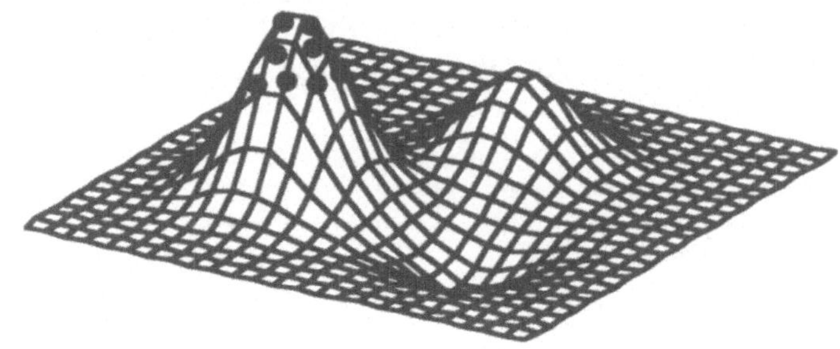

Abb. 16.8d: Optimierung einer Funktion mittels genetischer Algorithmen (Terminierung)

Vorteile genetischer Algorithmen

Die Vorteile von genetischen Algorithmen im Vergleich zu anderen Optimierungsverfahren (z. B. Gradientenverfahren) liegen in folgenden Punkten begründet:

- **globale Optimierung**: Aufgrund des stochastischen Elements kann ein GA den gesamten Funktionsraum bestreichen. Insbesondere ist es dadurch möglich, lokale Minima zu verlassen. Häufig werden jedoch konventionelle Optimierungsverfahren (hill-climbing-Methoden) in der Umgebung des vermuteten globalen Optimums nachgeschaltet, da diese im allgemeinen schneller und sicherer das absolute Optimum finden.

- **minimales Wissen über Zielfunktion**: GA beschränken sich auf die Messung der Fitness eines Individuums. Sie benötigen von einer zu optimierenden Funktion f nur den Funktionswert an einer Stelle x. Es werde keine Informationen der erste oder zweiten Ableitung zur Berechnung eines Gradienten verwendet.

- **inhärente Parallelität**: GAs sind inhärent parallel. Sie können in trivialer Weise auf verschiedene Prozessoren verteilt werden.

16.3 Neuro-genetische Verfahren

Die Kombination von genetischen Algorithmen mit neuronalen Netzen konzentrieren sich auf folgende drei Gebiete:

- Optimierung der Gewichtsmatrix eines neuronalen Netzes

- Optimierung der Netztopologie eines neuronalen Netzes

16.3.1 GAs zur Optimierung der Gewichtsmatrix

Eine naheliegende Verwendung genetischen Algorithmen ist deren direkte Verwendung zum Training der Gewichtsmatrix eines neuronalen Netzes. Ein prinzipielles Problem von konventionellen Trainingsverfahren ist, daß sie schnell in lokalen Optima stecken bleiben. Insofern liegt der Gedanke nahe, daß genetische Algorithmen für die Optimierung der Gewichtsmatrix verwendet werden können, da sie lokale Optima verlassen können.

Abb. 16.9: Äquivalente Netze durch Permutation der Parameter

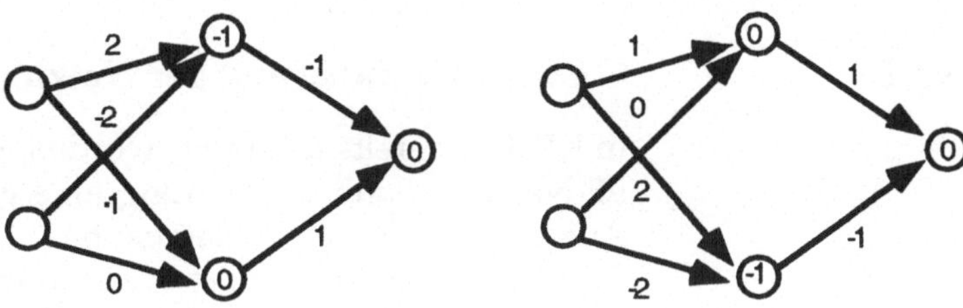

Hierzu müssen die reellwertigen Gewichte eines Netzes in eine binäre Repräsentation (Gleitkomma- oder Fixpunkt-Kodierung) transformiert werden (vergleiche Abbildung 16.10). Ein Individuum besteht aus sovielen Chromosomen, wie das Netz Gewichte aufweist. Die Optimierung der Population verläuft dann entsprechend dem oben bereits skizzierten Beispiel zur Maximumbestimmung einer zweidimensionalen Funktion.

Hohe Anzahl von lokalen Optima aufgrund von Netz-symmetrien

In praktischen Untersuchungen hat sich als nachteilig erwiesen, daß sich aufgrund gewisser Symmetrieeigenschaften der neuronalen Gewichtsmatrix, die Anzahl der lokalen Minima sehr groß ist. Abbildung 16.9 zeigt diesen Umstand sehr genau auf. Die beiden Netze sind äquivalent. Durch reine Permutation der Netzgewichte sind zwei unterschiedliche Gewichtmatrizen entstanden, die bei der genetischen Kodierung als zwei Individuen repräsentiert werden müßten. Dieses Problem läßt sich jedoch durch geschickte Kodierungen der Gewichtsmatrix entschärfen (vergleiche (Montana und Davis 1989) und (Rojas 1993)).

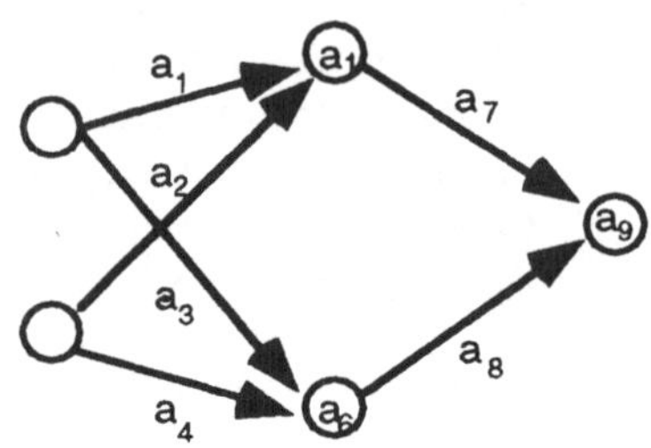

Abb. 16.10: Kodierung der Netzparameter

16.3.2 GAs zur Optimierung der Netztopologie

In KE 3 ist bereits diskutiert worden, daß die Netztopologie in FF-Netzen 1. und 2. Ordnung eine große Bedeutung für die Ausdruckkraft eines Netzes hat. Letzlich kann man die Ermittlung einer bezogen auf das Anwendungsproblem optimalen Netztopologie ebenfalls als ein (diskretes) Optimierungsproblem ansehen, das grundsätzlich mit genetischen Algorithmen gelöst werden kann.

Es gibt mittlerweile in der Literatur zu genetischen Algorithmen eine Reihe von Ansätzen, die sich mit verschiedenen Verfahren der Topologieoptimierung beschäftigen. Vielversprechende Ansätze sind etwa aus dem Bereich der Genetischen Programmierung (vergleiche Koza (1992)) zu erwarten. Wir diskutieren diese Kombinationsmöglichkeit von GAs mit Neuronalen Netzen an dieser Stelle nicht im Detail, da dies den Rahmen einer Einführung verlassen würde. Der interessierte Leser sei auf die zitierte Spezialliteratur verwiesen.

16.4 Zusammenfassung

Genetische Algorithmen sind stochastische Optimierungsverfahren, die sich Prinzipien der Evolution zunutze machen. Eine Population von möglichen Lösungen wird über eine gewisse Anzahl von Iterationen zufällig verändert und wechselseitig miteinander kombiniert. Durch selektive Prozesse findet eine Auwahl der vielversprechendsten Kandidaten statt, die Input in die die nächste Generation liefern dürfen. Generell sind genetische Algorithmen in der Lage, in hochdimensionalen, mit mehreren lokalen und globalen Optima ausgestatten Suchräumen effektiv nach günstigen Lösungen zu suchen. Genetische Algorithmen können zur Optimierung der Gewichtsmatrix und der Topologie neuronaler Netze verwendet werden.

16.5 **Fragen zur Kapitel 16**

Fragen zu Kapitel 16

16.1 Erläutern Sie die Funktionsweise eines genetischen Algorithmus.

16.2 Welche Mutationsoperatoren kennen Sie? Erläutern Sie deren Funktionsweise.

16.3 Welche Rolle spielt die Populationsgröße bei genetischen Algorithmen?

16.4 Wie können genetische Algorithmen für das Training von neuronalen Netzen eingesetzt werden?

17   Entwicklung neuronaler Systeme

Die Entwicklung neuronaler Systeme folgt einem bestimmten Ablaufschema, das unabhängig von der konkret verwendeten Netzwerksorte beschrieben werden kann. Dieses Kapitel stellt die Entwicklungsphasen neuronaler Systeme vor und untersucht diese im Detail.

17.1   Ein Phasenmodell für neuronale Systeme

Genau wie bei konventionellen Softwaresystemen gibt es für die Erstellung neuronaler Anwendungen bestimmte sinnvolle Arbeitsabfolgen, die bei der praktischen Systemrealisierung mit dieser Technologie berücksichtigt werden sollten. In einer ersten Näherung kann man die Anwendungsentwicklung neuronaler Systeme in drei Phasen unterteilen (vergleiche Abbildung 17.1):

- Datenmodellierung
- Klassifikatorerstellung
- Test

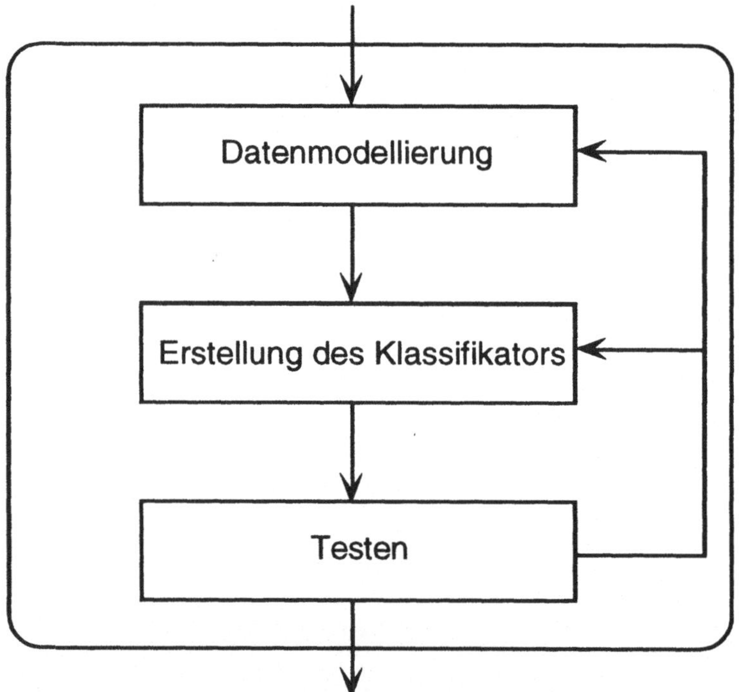

Abb. 17.1: Erstellung neuronaler Systeme, ein Phasenmodell

In der *Datenmodellierungsphase* wird das Anwendungsproblem untersucht, die Datensätze - auf deren Grundlage das Netz trainiert werden soll - werden selektiert, und aussagekräftige Merkmale ausgewählt. Im Rahmen der *Klassifikatorerstellung* wird der entsprechende Klassifikatortypus bestimmt, eine geeignete Wahl der freien Parameter getroffen und das Netz anhand der vorgegebenen Daten trainiert. In der abschließenden *Testphase* wird nach der Festlegung der Teststrategie eine Bewertung des Klassifikators vorgenommen. In Abhängigkeit von dem Ergebnis dieser Phase müssen gegebenenfalls einzelne Arbeitsschritte in vorgelagerten Phasen wiederholt werden. Die einzelnen Phasen werden in den folgenden Unterkapiteln eingehender betrachtet.

17.2 Datenmodellierung

Innerhalb der Datenmodellierungsphase, die für den Erfolg eines Neuroprojekts ausschlaggebend ist, sind insbesondere folgende Aspekte von Bedeutung:

- Auswahl der Daten
- Auswahl und Repräsentation der Merkmale

Auswahl der Daten

Im Gegensatz zu konventionellen Softwaresystemen, bei denen allgemeine Prinzipien, Regeln oder Schlußweisen gefunden und in geeigneter Form kodiert werden müssen, sind neuronale Netze in der Lage, aufgrund von Beispieldaten in gewissem Umfang eigenständig zu lernen. Allerdings erfordert deren erfolgreiche Anwendung eine sorgfältige Analyse des zur Verfügung stehenden Datenmaterials.

Die Verwendbarkeit von neuronalen Netzen für ein gegebenes Anwendungsproblem hängt nicht zuletzt davon ab, ob die zur Verfügung stehenden Daten folgenden Kriterien genügen:

Repräsentativität

Die eine bestimmte Klasse beschreibenden Datensätze sollten für diese repräsentativ sein. Angenommen, es soll der Zusammenhang zwischen Körpergröße und Körpergewicht untersucht werden. In diesem Fall muß dafür Sorge getragen werden, daß für die einzelnen Größenklassen (z. B. [180, 185]) entsprechend repräsentative Vertreter ausgewählt werden. Würde man etwa die Daten nur aus einer Gruppe japanischer Sumo-Ringer entnehmen, so hätte die daraus ableitbare Gesetzmäßigkeit, angewendet auf Personen außerhalb dieser Gruppe, keine verallgemeinerbaren Ergebnisse zur Folge.

Überdeckung des Musterraums

Die Daten sollten möglichst den gesamten Musterraum überdecken, um nicht das Netz im Hinblick auf Teilräume überspezialisieren zu lassen, während für andere Teile des Musterraums keine sichere Klassifikation möglich ist. Greifen wir unser vorheriges Beispiel, das Lernen des Zusammenhangs von Körpergröße und Körpergewicht, auf, so ist sicherzustellen, daß alle Größenklassen in ausreichender Weise in den Trainingsdaten enthalten sind. In die Trainingsdaten sollten also die Daten Kleinwüchsiger wie die überlanger Personen entsprechend ihrem Anteil an der Gesamtbevölkerung zu finden sein.

Qualität

Bei der Erstellung von neuronalen Klassifikatoren kommt natürlich der Ausgangsqualität des unterliegenden Datenmaterials eine entscheidende Bedeutung zu. Zwar können neuronale Netze z. T. fehlerhafte oder widersprüchliche Datensätze tolerieren. Dies darf jedoch nicht zu massiven Verschiebungen der aus den Daten abstrahierbaren Klassifikationsgrenzen führen. In diesem Fall kann das erzielbare Ergebnis nur so gut bzw. so schlecht sein, wie das zur Verfügung gestellte Wissen (in Form von Daten). Die Qualität kann z. B. durch Erhebungsunsicherheiten verringert werden. In unserem Beispiel können etwa Personen zu unterschiedlichen Tageszeiten gewogen worden sein. Ebenso können Meß- oder Aufzeichnungsfehler die Qualtität der Daten mindern. Gegebenenfalls ist das Datenrohmaterial auf statistische Ausreißer hin zu analysieren und um etwaige Trends zu bereinigen (vergleiche Wassermann (1993).

Auswahl und Repräsentation der Merkmale

In der Regel kann bei der Darstellung der Daten in Form von Vektoren auf mehrere Variationen zurückgegriffen werden. Es ist eine der wichtigsten Aufgaben des Anwendungsentwicklers, die entscheidenden Merkmale zu erkennen. Im Rückgriff auf unser vorheriges Beispiel kann man sich folgende Problemstellung vorstellen: Wir verfügen über einen aus mehreren Komponenten bestehenden Eigenschaftsvektor einer Person und wollen deren Körpergewicht auf der Basis der Beschreibung prognostizieren. Hierbei werden sicherlich Eigenschaften wie etwa die Blutgruppe oder der Rhesusfaktor keine oder zumindest eine untergeordnete Bedeutung für das zu lösende Anwendungsproblem haben. Ein erfahrener Netzwerkdesigner wird diese Merkmale aus dem Datenmaterial entfernen. Generell sind folgende Kriterien wichtig (vergleiche Wassermann (1993)):

Kompaktheit	Die Eingabevektoren sollten möglichst kompakt sein, d. h. sie sollten sich auf die problembezogen relevanten Merkmale beschränken.
Informationserhaltung	Bei der Kodierung der Information sollte keine Information, die zur Lösung des Anwendungsproblems notwendig sein könnte, verloren gehen.
Separierbarkeit	Bei der Umsetzung der Daten in Trainingsvektoren sollten zu einer Gruppe gehörende Trainingsbeispiele eine ähnliche Repräsentation haben, zu unterschiedlichen Gruppen gehörende Beispiele möglichst verschiedene. Z. B. kann es in einem bestimmten Bereich zu Häufungen von Datenpunkten kommen. In diesem Fall kann eine andere Skalierung (logarithmisch statt linear) bereits eine bessere Verteilung der Daten ermöglichen.

17.3 Erstellen des Klassifikators

Bei der Erstellung eines neuronalen Klassifikators sind insbesondere folgende Punkte von Bedeutung:

Auswahl des Klassifikators	Abhängig von der Problemstellung sind die in Teil II dargestellten Netzwerktypen unterschiedlich geeignet. Bei der konkreten Umsetzung eines Anwendungsproblems empfiehlt es sich daher, in der einschlägigen Literatur nach Beispielen für ähnlich gelagerte Problemstellungen und den dort beschriebenen Lösungswegen zu suchen. Gelingt dies nicht, so bleibt häufig nur das Experimentieren mit unterschiedlichen Netzwerktypen. Durch den systematischen Vergleich der verschiedenen Ansätze kann dann eine Optimierung vorgenommen werden (vergleiche auch Kap. 17.4, Konvergenzvalidität).
Parametrisierung	Nachdem die Wahl auf eine bestimmte Netzwerksorte gefallen ist, beginnt häufig die z. T. recht aufwendige Suche nach der optimalen Parametrisierung. Die bisher vorgestellten Lernverfahren weisen eine Reihe von Tuning-Möglichkeiten auf, die die erzielbaren Ergebnisse deutlich beeinflussen. Häufig erreicht man nur durch sorgfältige Tests (etwa Variation der Netztopologie, Lernparameter etc.) überzeugende Ergebnisse.
Trainieren	Ist der Netzwerktypus bestimmt und hinreichend gut kalibriert, wird das Netz abschließend mit den Daten konfrontiert. In der Regel wird eine Gewichtsmatrix berechnet, die das Verhalten des Klassifikators für eine gegebene Trainingsmenge im Kern beschreibt.

Insbesondere die Phasen Parametrisierung und Training werden häufig iteriert angewendet. Systematische Tests führen dann zu dem gewünschten Reproduktionsverhalten des Klassifikators.

Bis hierhin ist das Netz lediglich mit den reinen Trainingsdaten konfrontiert worden. Dies ist jedoch nur bedingt aussagekräftig, da letztlich ein Netz immer optimal an die Trainigsdaten angepaßt werden kann. Entscheidender ist, wie das Netz auf Daten, die es bisher noch nicht "gesehen" hat, arbeitet. Es wurde eine Reihe von Testverfahren entwickelt, die zur Bewertung von Klassifikatoren geeignet sind. Das nächste Unterkapitel stellt die wichtigsten Ansätze vor.

17.4 Performanz von Klassifikatoren

17.4.1 Fehlerabschätzung

Um die Qualität eines Klassifikators zu bewerten, wird die Klassifikationsleistung auf den zur Verfügung stehenden Daten berechnet. Stehen n Datensätze zur Verfügung, so ist die Fehlerrate f des Klassifikators:

Fehlerrate eines Klassifikators

$$f = \frac{e}{n} \tag{17.1}$$

wobei e die Anzahl der fehlerhaft klassifizierten Beispiele ist.

Die Fehlerrate f ist umso aussagekräftiger, je mehr Daten für deren Berechnung verwendet werden konnten. Dabei konvergiert f asymptotisch gegen die wahre Fehlerrate f_∞ für unendlich viele Beispiele. Die bei der Erstellung von Klassifikatoren zentrale Frage ist, wie gut man mit nur endlich vielen Daten die Fehlerrate f möglichst gut an f_∞ annähern kann.

Wahre Fehlerrate

17.4.2 Fehler, Kosten und Risiken

Bisher haben wir unter einem Fehler die inkorrekte Klassifizierung eines Beispiels verstanden. Wenn jeder dieser Fehler gleich zu gewichten ist, so kann man die Fehlerrate f wie beschrieben berechnen. Für viele Anwendungen ist jedoch eine differenzierte Sicht der Dinge notwendig.

Angenommen wir wollten auf der Basis von gewissen Symptomen auf eine Krankheit schließen. Man kann die Diagnose in ihrem Kern als ein Mustererkennungsproblem begreifen. Es können bei diesem Beispiel nun zwei verschiedene Fehlertypen auftreten. Im ersten Fall wird ein Gesunder fälschlicherweise als krank klassifiziert, im zweiten Fall wird ein Kranker als gesund klassifiziert. In der Regel wird der zweite Fall als sehr viel gravierender beurteilt, weil möglicherweise aufgrund der fehlerhaften Bewertung weitere medizinische Maßnahmen ausbleiben. Abbildung 17.2 zeigt ein Beispiel für eine detaillierte Notation der Klassifikationsleistung. Man kann der Matrix E etwa entnehmen, daß für Klasse 2 in 97 der Fälle eine korrekte Klassifikation vorgenommen wurde. In elf Fällen konnte ein Fehler festgestellt werden. Alle fehlerhaften Elemente wurden Klasse 3 zugeordnet.

Abb. 17.2: Klassifikationsmatrix E für ein 3-Klassenproblem

Zugeordnete Klasse	Richtige Klasse		
	1	2	3
1	100	0	0
2	0	97	3
3	0	11	89

Kosten

Der Wunsch, das Fehlverhalten eines Klassifikators differenzierter betrachten zu wollen, führt uns zu dem Begriff *Kosten*. Damit gewichten wir die verschiedenen Klassifikationsfehler und können so für eine Anwendung ein genaueres Bewertungsmaß erstellen. Analog zur Fehlermatrix E stellen wir eine Kostenmatrix K auf (vergleiche Abbildung 17.3), die die jeweiligen Gewichtungen enthält. Beachten Sie, daß K in der Regel nicht symmetrisch ist. Das Diagonalelement enthält immer Nullen.

Abb. 17.3: Kostenmatrix K für ein 3-Klassenproblem

Zugeordnete Klasse	Richtige Klasse		
	1	2	3
1	0	2	1
2	1	0	4
3	2	5	0

Abb. 17.4: Beispiel für
eine Risikenmatrix R

Zugeordnete Klasse	Richtige Klasse		
	1	2	3
1	1	-2	-1
2	-1	1	-4
3	-2	-5	2

Die Kosten der Mißklassifizierung $\text{Kosten}_{ges}(E, K)$ errechnen Sie dann wie folgt:

$$\text{Kosten}_{ges}(E,K) = \sum_{i=1}^{n} \sum_{j=1}^{n} E_{ij} \cdot K_{ij} \qquad (17.2)$$

In unserem Beispiel betragen die Gesamtkosten des Klassifikators $\text{Kosten}_{ges}=67$. Damit liegen die mittleren Kosten pro Klassifikation bei 0.2233. Hätten wir alle Fehler gleich gewichtet, so betrügen die Gesamtkosten $\text{Kosten}_{ges}=14$. Die mittleren Kosten pro Klassifikation lägen bei 0.0467.

Risiken

Von *Risiken* sprechen wir, wenn wir den Nutzen einer richtigen Klassifikation gegenüber den Kosten einer Mißklassifikation abwägen. Dies wird durch eine sogenannte Risikenmatrix R realisiert. Diese kann aus einer Kostenmatrix abgeleitet werden, indem alle Kosteneinträge mit einem negativen Vorzeichen versehen werden und anstatt der Nullwerte in dem Diagonalelement nun Bewertungen für richtige Klassifizierungen eingeführt werden (vergleiche Abbildung 17.4). Die Gesamtrisiken Risiken_{ges} berechnen sich wie folgt:

Gesamtrisiken

$$\text{Risiken}_{ges}(E,R) = \sum_{i=1}^{n} \sum_{j=1}^{n} E_{ij} \cdot R_{ij} \qquad (17.3)$$

Kosten und Risiken sind anwendungsabhängig.

Im weiteren werden wir lediglich auf die Berechnung des reinen Klassifikationsfehlers zurückgreifen, da die dargestellten Verfahren zunächst anwendungsunabhängig eingeführt werden. Der Leser sollte sich jedoch vor Augen halten, daß bei der Bewertung eines Klassifikators für ein spezielles

216

Anwendungsproblem die Wahl des Fehlermaßes eine besondere Bedeutung hat.

Aufgabe 2.2: Berechnen Sie für die Klassifikatoren A, B,

C die Kosten und Risiken!

Fehlermatrix für
Klassifikator A:

Zugeordnete Klasse	Richtige Klasse		
	1	2	3
1	950	30	20
2	0	870	130
3	0	30	970

Fehlermatrix für
Klassifikator B:

Zugeordnete Klasse	Richtige Klasse		
	1	2	3
1	1000	0	0
2	160	740	100
3	130	0	870

Fehlermatrix für
Klassifikator C:

Zugeordnete Klasse	Richtige Klasse		
	1	2	3
1	700	250	50
2	10	980	10
3	0	210	790

Kostenmatrix K:

Zugeordnete Klasse	Richtige Klasse		
	1	2	3
1	0	1	3
2	3	0	6
3	8	3	0

Risikenmatrix R:

Zugeordnete Klasse	Richtige Klasse		
	1	2	3
1	6	-1	-3
2	-3	5	-6
3	-8	-3	3

17.4.3 Überspezialisierung von Klassifikatoren

Bei der Erstellung von Klassifikatoren steht in der Regel nur eine begrenzte Anzahl von Beispielen zur Verfügung. In der Regel nutzt man diese, um die internen Parameter des Klassifikators so auszurichten, daß dieser für das vorgegebene Problem eine geeignete Entscheidungsfläche ausbildet. Im Bereich der neuronalen Netze heißt diese Menge von Beispielen *Trainingsmenge*. Dabei wird der auf der Trainingsmenge gemessene Klassifikationsfehler auch als *scheinbare Fehlerrate* bezeichnet.

Die scheinbare Fehlerrate ist dabei nur ein sehr vager Anhaltspunkt für die tatsächliche Qualität des Klassifikators und stellt eine möglicherweise sehr schlechte Approximation der wahren Fehlerrate dar. Im umgekehrten Fall wäre die Erstellung eines Klassifikators recht einfach. Es müßte lediglich eine Tabelle der vorhandenen Datensätze angelegt werden. Die auf dieser Basis durchgeführten Klassifikationen würden immer korrekt sein. Dies gilt jedoch nur für die Daten der Trainingsmenge. Neue Vektoren würden so nicht klassifiziert werden können.

Es gilt daher bereits bei der Erstellung eines Klassifikators darauf zu achten, daß dieser nicht nur speziell auf das vorhandene Datenmaterial ausgerichtet ist (*overfitting*). Hierzu wurde eine Reihe von Techniken entwickelt, die man zu den sogenannten Resampling-Techniken zusammenfaßt (vergleiche Weiss und Kulikowski (1991)).

Der Standardfall bei der Schätzung der wahren Fehlerrate ist die sogenannte Train-und Testmethode. Dazu werden die insgesamt zur Verfügung stehenden Daten in zwei Mengen unterteilt. Mit der sogenannten Trainingsmenge wird der Klassifikator kalibriert. Ist dieser in der Lage, die Trainingsmenge mit einer zuvor definierten Güte zu reproduzieren (bzw. korrekt zu klassifizieren), so wird dieser auf die Testmenge angewendet. Deren Daten sind dem Klassifikator bei dessen Kalibrierung **nicht** gezeigt worden. Erst wenn der Klassifikator auch die Elemente dieser Menge korrekt einordnet, gilt der Erstellungsprozeß als abgeschlossen (vergleiche auch nächster Abschnitt).

17.5 Testen des Klassifikators

Um das zur Verfügung stehenden Datenmaterial optimal auszuwerten, sind bestimmte Strategien erforderlich, die eine realistische Bewertung von neuronalen Klassifikatoren ermöglichen. Zu diesen gehören:

- Train- und Testmethode
- "Random Subsampling"-Methode
- Crossvalidation

Diese Methoden zur Leistungsbewertung von Klassifikatoren werden im folgenden kurz charakterisiert (vergleiche Weiss und Kulikowski (1991)).

Die Train- und Testmethode

Die Standardmethode zur Überprüfung der Generalisierungsleistung eines Klassifikators ist die Train- und Testmethode. Das zur Verfügung stehende Datenmaterial wird in zwei Mengen unterteilt. Mit der ersten Menge, der Trainingsmenge, wird das Netz trainiert. Mit der zweiten Menge, der sogenannten Testmenge, wird überprüft, wie gut die Qualität des Netzes ist, indem der Klassifikationsfehler auf dieser Menge aufsummiert und gemittelt wird.

In der Praxis hat man häufig nur relativ wenig Daten zur Verfügung, um das Netz zu trainieren und zu testen. Es hat sich dabei als sinnvoll erwiesen, das Datenmaterial im Verhältnis 2/1 aufzuteilen. D. h. 2/3 der Daten werden in der Trainingsphase verwendet, 1/3 zum anschließenden Testen. Die Aufteilung der Datensätze auf die Trainings- bzw. Testmenge sollte zufallsgesteuert sein.

Die "Random Subsampling"-Methode

Um dem Problem zu entgehen, durch eine zufällig schlechte Verteilung der Daten auf die Trainings- bzw. Testmenge zu unnötigerweise schlechten Klassifikatoren zu kommen, wird bei der "Random Subsampling"-Methode die Train- und Testmethode iteriert angewendet. Dazu werden zufällig mehrere Verteilungen der Daten auf die Trainings- und Testmenge berechnet und die Leistung der resultierenden Klassifikatoren ermittelt. Mit dieser Methode kann man eine bessere Einschätzung der Klassifikationsleistung erreichen.

Crossvalidation

Bei dieser Strategie wird das zur Verfügung stehende Datenmaterial in k disjunkte Teilmengen unterteilt. Häufig findet man in der Praxis k = 10. Das Netz wird auf 9 von 10 Teilmengen trainiert und auf der verbleibenden Menge getestet. Dieses Verfahren wird solange iteriert, bis jede Teilmenge einmal Testmenge gewesen ist. Der gemittelte Fehler, der sogenannte kreuzvalidierte Fehler, wird als ein realistisches Maß für die Qualität des erzeugbaren Klassifikators gewertet.

17.6 Optimieren von Klassifikatoren

Zum Abschluß dieses Kapitels gehen wir auf die Optimierungs-problematik von neuronalen Klassifikatoren generell ein. Wie in Abbildung 17.1 beschrieben, kann die Entwicklung von neuronalen Systemen in drei Phasen gegliedert werden: die Datenmodellierung, die Erstellung des Klassifikators und die Testphase. Hat man die ersten beiden Phasen durchlaufen und beginnt nun mit dem Austesten des Klassifikators, so gerät man immer dann, wenn das gewünschte Resultat nicht erzielt wurde, in ein Dilemma. Denn liefert der Klassifikator nicht das gewünschte Ergebnis, so sind *a priori* zwei Interpretationen möglich.

Zunächst ist es möglich, daß die gewählte Datenrepräsentation nicht korrekt gewählt wurde. Die ausgesuchten Merkmale sind nicht relevant bzw. es treten Fehler bei deren Erhebung auf. Dies kann in der nachfolgenden Phase der Parameterfestlegung nicht kompensiert werden. Der Klassifikator wird für keine Parameterwahl das Gewünschte leisten.

Umgekehrt ist es jedoch auch möglich, daß die Datenmodellierung und -erhebung korrekt erfolgt ist, die Verfahrensparameter aber unzureichend bestimmt worden sind. Immer dann müßte also in der zweiten Entwicklungsphase weitergearbeitet werden. Nur weiß man in der Regel mit den Resultaten nur <u>eines</u> Klassifikationsver-fahrens nicht, wo die Ursachen für das Fehlverhalten zu loka-lisieren sind.

In solchen Situationen hilft nun ein weiteres Klassifikationsverfahren. Eine gegebene Datenrepräsentation wird einfach mittels zweier Klassifikationsansätze untersucht. Zeigen beide Verfahren gleiches oder zumindest ähnliches Verhalten, können weitere Optimierungen - soweit erforderlich - zunächst auf der Datenmodellierungsebene erfolgen. Umgekehrt: kommen zwei (möglichst) verschiedene Klassifikationsansätze auf der gleichen Datenbasis zu unterschiedlichen Ergebnissen, so ist das weitere Optimierungsbemühen auf die zweite Phase zu konzentrieren. Dieser Sachverhalt wird Konvergenzvalidität genannt und findet seinen Einsatz als Validierungsstrategie auch in anderen Bereichen (z. B. Prognose, vergleiche Scherer (1996)).

Zur Überprüfung der Datenbasis ergibt sich noch eine weitere Möglichkeit. Gemäß der Strategie, mit zwei Klassifikationsansätzen zu arbeiten, bietet es sich natürlich auch an, mit zwei oder mehreren alternativen Datenrepräsentationen zu experimentieren. Durch systematisches Austesten verschiedener Datenrepräsentationen mit einem oder mehreren Klassifikationsansätzen kann herausgefunden werden, welche Modellierungsform günstig ist. Wir bezeichnen diesen Sachverhalt mit Diskriminanzvalidität. Ein geeignetes Klassifikationsinstrument kann eine problembezogen ungeeignete Datenrepräsentation von einer guten unterscheiden.

17.6 Zusammenfassung

Dieses Kapitel beschäftigte sich mit grundsätzlichen Problemen der Erstellung von neuronalen Systemen. Nach einer kurzen Einführung in die einzelnen Arbeitsphasen, Datenmodellierung, Erstellung des Klassifikators und Testen, wurden diese anschließend im Detail betrachtet. Ein abschließendes Unterkapitel führte in spezielle Strategien zur Optimierung von Klassifikatoren auf der Basis neuronaler Netze ein.

17.7 Fragen zu Kapitel 17

17.1 Was versteht man unter Überanpassung (overfitting) eines Klassifikators?

17.2 Welche Möglichkeiten gibt es zur Leistungsbewertung von Klassifikatoren?

17.3 Erläutern Sie den Unterschied zwischen wahrer und scheinbarer Fehlerrate.

18 Anwendungsbeispiele

Dieses abschließende Kapitel führt in verschiedene Anwendungsgebiete für neuronale Netze ein. Es werden Beispiele aus den Bereichen Prognose, Monitoring, Diagnose und Optimierung beschrieben. Die hier aufgeführten Beispiele deuten dabei nur ansatzweise die Bandbreite der Einsatzmöglichkeit für konnektionistische Verfahren an.

18.1 Finanzwirtschaft

Im Bereich der mathematischen Methoden für Probleme aus der Finanzwirtschaft haben neuronale Netze einen festen Platz eingenommen. Sie werden z. B. zur Prognose von Aktienkursen und zur Vorhersage von Konjunktur- und Wirtschaftsdaten verwendet. In diesem Unterkapitel stellen wir einen Ansatz von Refenes und Zaidi (1993) vor, der klassische Prognoseverfahren mit neuronalen Techniken verbindet.

18.1.1 Einführung

Bei der Analyse und Vorhersage wirtschaftlicher Entwicklungen wird versucht, aus deren historischen Werten Schlüsse über künftige Verlaufsformen zu ziehen. Ein wichtiges Instrument im Wechselkursgeschäft ist die Zeitreihenanalyse, die versucht, Trends in dem zurückliegenden Geschäftszeitraum zu erkennen. Hierzu sind Standardverfahren entwicklelt worden:

- gleitende Durchschnitte
- "Mean-Value"-Methode,

die in der Praxis einen hohen Durchdringungsgrad erreicht haben. Die Besonderheit des Ansatzes von Refenes und Zaidi (1993) ist, daß nicht das neuronale Netz selbst eine Prognose erstellt, sondern in Abhängigkeit von der aktuellen Marktsituation und der Performanz der beiden Methoden, bezogen auf einen definierten Zeitraum, eines der Verfahren auswählt, um eine Prognose zu berechnen. Das neuronale Netz stellt damit eine übergeordnete Instanz dar, die zu einem bestimmten Zeitpunkt einen Strategiewechsel einleitet.

18.1.2 Standardverfahren im Wechselkursgeschäft

Bevor Kapitel 18.1.3 die eigentliche Neuro-Applikation vorstellt, werden zwei Standardverfahren im Wechselkursgeschäft skizziert, auf deren Basis Trading-Systeme gebaut werden.

Gleitende Durchschnitte

Die Strategie der gleitenden Durchschnitte (GD) mittelt eine Menge gegebener Datenpunkte (v_0, ..., v_n) bezogen auf ein fixes Zeitfenster. Der Prognosewert für den Zeitraum n+1 ist der Durchschnitt dieser Werte. Man unterscheidet zwischen LMA (long moving average) und SMA (short moving average).

$$LMA_{n+1} = \frac{1}{k} \sum_{i=1}^{k} v_k \qquad (18.1)$$

$$SMA_{n+1} = \frac{1}{k} \sum_{i=1}^{m} v_k \qquad (18.2)$$

Der LMA berücksichtigt ein größeres Zeitfenster als der SMA. Die resultierende Prognosekurve ist daher glatter als bei SMA. Es gilt: m < k < n. Durch die kombinierte Analyse von LMA und SMA kann man Entscheidungsregeln für ein Tradingsystem formulieren. Dies wird in Abbildung 18.1 dargestellt.

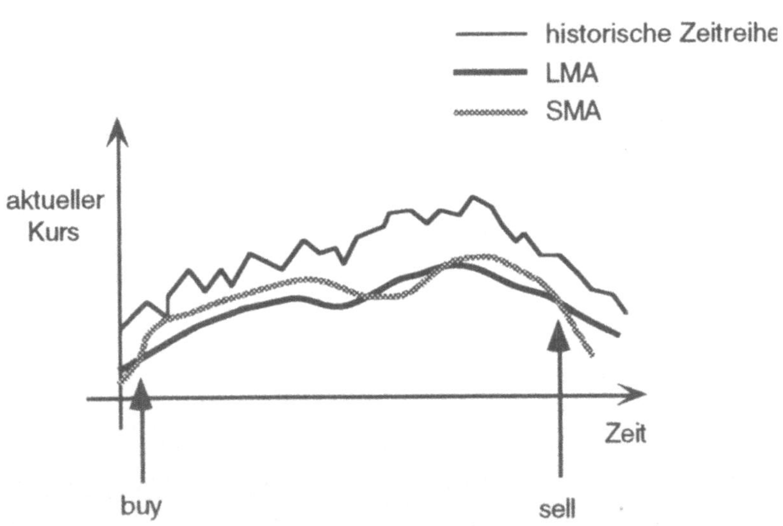

Abbildung 18.1: Kauf- und Nichtkauf- entscheidung auf der Basis der gleitenden Durchschnitte

Eine typische Vorgehensweise für ein auf gleitenden Durchschnitten basierendes Tradingsystem ist, die Schnittpunkte beider Prognosekurven zu analysieren. Wird die LMA-Linie von unten von der SMA-Linie durchschnitten, so wird dies als Kaufsignal interpretiert. Entsprechend wird umgekehrt

das Durchschneiden der LMA-Linie von oben als Verkaufssignal gewertet. Die gleitenden Durchschnitte können in
Märkten mit lang anhaltenden Trendphasen sehr gut eingesetzt
werden. Ihre Schwäche liegt allgemein in solchen Situationen,
in denen der Markt häufigen Schwankungen unterliegt. Hier
zeigt die "Mean-Value"-Strategie bessere Ergebnisse.

Das "Mean-Value"-Verfahren

Das "Mean-Value"-Verfahren (MV) geht davon aus, daß der
Preis eines am Aktienmarkt gehandelten Produktes einer
Standardverteilung entspricht (vergleiche Abbildung 18.2). Auf
der Basis einer für einen Börsenwert individuell erstellten
Verteilung wird immer dann ein Kaufsignal erteilt, wenn der
aktuelle Wert unterhalb des sogenannte "Mean Value" μ liegt.
In der umgekehrten Situation wird ein Verkaufssignal erteilt.

Abbildung 18.2: Die
Verteilung für ein
Börsenprodukt

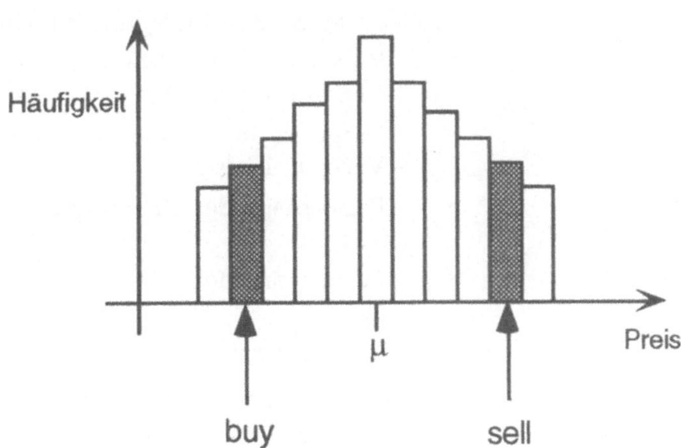

18.1.3   Ein hybrides Verfahren zum Wechselkursmanagement

Aufgrund der gegensätzlichen Charakteristiken beider Verfahren entwickelten die Autoren einen Ansatz, der dynamisch
entscheidet, welche der beiden Strategien zu einem gegebenen
Zeitpunkt n zur Berechnung des Prognosewertes für n+1 verwendet werden soll. Diese übergeordnete Instanz wurde mit
Hilfe eines neuronalen Netzes implementiert. Abbildung 18.3
zeigt dessen Struktur im Überblick.

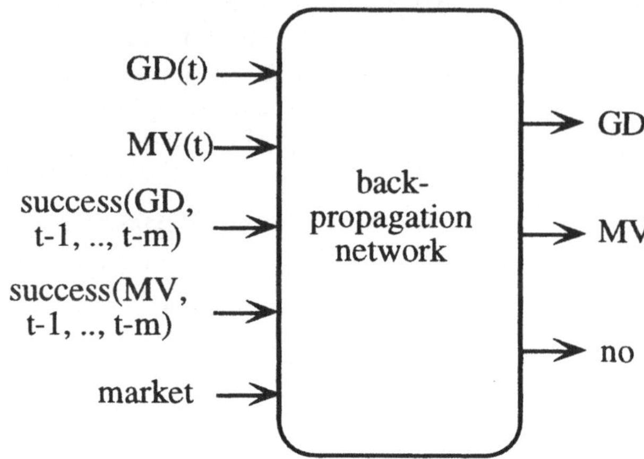

Das Netz erhält dabei folgende Informationen:

- Prognose der GD-Strategie für den Zeitpunkt n (0 = Verkauf, 1 = Kauf)

- Prognose der MV-Strategie für den Zeitpunkt n (0 = Verkauf, 1 = Kauf)

- Performanz der GD-Strategie im Zeitraum der letzten m Tage

- Performanz der MV-Strategie im Zeitraum der letzten m Tage

- Bewertung der Marktstabilität

Auf dieser Basis wird dann eine von folgenden drei Ausgabemöglichkeiten generiert:

- Verwende die GD-Strategie für n+1

- Verwende die MV-Strategie für n+1

- Keine Aktion

Das Netz wurde im Bereich des $/DM-Wechselkursgeschäfts mit Daten von 1984 bis 1986 auf täglicher Basis trainiert. Die Autoren nutzten ein Feedforward-Netzwerk mit einer versteckten Schicht. Für den Zeitraum von 1986 bis 1992 konnte nachgewiesen werden, daß das Netz die beiden Einzelstrategien klar schlägt.

Während die GD- und die MV-Strategie auf der Basis von $ 1 Mio. einen Ertrag von 12,3% bzw. 13,1 % erwirtschafteten, schlug das hybride Neuro-Verfahren mit 18% zu Buche.

18.2 Computerunterstütze Fertigung

Die Überwachung von Fertigungsprozessen spielt bei der industriellen Produktion eine immer größer werdende Bedeutung. Ziel ist es, "on-line" den Fertigungsprozeß zu beobachten und gegebenenfalls durch Korrektur gewisser Maschinenparameter das gewünschte Produkt in der angestrebten Qualität herzustellen. Neuronale Netze können in diesem Bereich einen Beitrag leisten, weil sie nicht nur komplexe Zusammenhänge zwischen einzelnen Stellgrößen und dem gewünschten Resultat (z. B. die vorgegebene Oberflächenbeschaffenheit eines Werkstücks) modellieren, sondern weil sie auch im trainierten Zustand hochperformant sind und sich daher für den "on-line"-Betrieb eignen.

Stellvertretend für eine Reihe verschiedener Arbeiten auf diesem Gebiet verweisen wir in diesem Kapitel auf die Arbeit von Zhang und Khanchustambham (1993), die neuronale Netze zur Überwachung von Drehmaschinen verwendet haben.

18.2.1 Einführung

Eine der großen Herausforderungen in der Fertigungstechnik ist die konsequente Steigerung der Produktivität, ohne dabei die Qualität der Erzeugnisse zu mindern. Eine Möglichkeit, dies sicherzustellen, ist die Austattung von Fertigungsmaschinen mit entsprechender Sensorik, die Güteparameter des Produktes (z. B. Oberflächenbeschaffenheit) oder den Abnutzungszustand der Maschine beobachten. Nachgeschaltete Komponenten können ggf. Justiervorgänge einleiten oder aber Warnmeldungen an das Maschinenpersonal ausgeben. In diesem Zusammenhang sind "on-line"-Monitore von äußerster Wichtigkeit, um die Sensorinformation rasch und gründlich auszuwerten.

Zhang und Khanchustambham (1993) entwickelten auf der Basis neuronaler Netze ein on-line-Monitoring-System, das folgende Eigenschaften aufweist:

- Kräfteaufnahme während des Schneideprozesses
- Abschätzung der Werkzeugnutzung
- Aufnahme der Fertigungsqualität
- Prognose von Fertigungsparametern

Aus diesen Informationen können dann notwendige Maßnahmen abgeleitet werden, die die Qualität der resultierenden Produkte sicherstellen.

18.2.2 Neuronale Netze im on-line Monitoring

Das Monitoring-System, wie es schematisch in Abbildung 18.4 gezeigt wird, beobachtet den Fertigungsprozeß in Realzeit. Das

227

Werkstück wird dabei im Hinblick auf die während des Fertigungsprozesses auftretenden Kräfte (cutting force) und auf die resultierende Oberflächenqualität (surface finish) beobachtet. Parallel dazu berechnet das Netz auf der Grundlage der aktuellen Fertigungsparameter:

- Vorschub (feed): Geschwindigkeit, mit der das Werkzeug über das Werkstück gezogen wird

- Tiefe (depth): Schnittiefe des Werkzeugs

- Rotationsgeschwindigkeit (spindle speed): Drehzahl des Werkstücks in einem festen Zeitintervall,

einen Erwartungswert für die auftretenden Schneidekräfte bzw. die Oberflächenqualität.

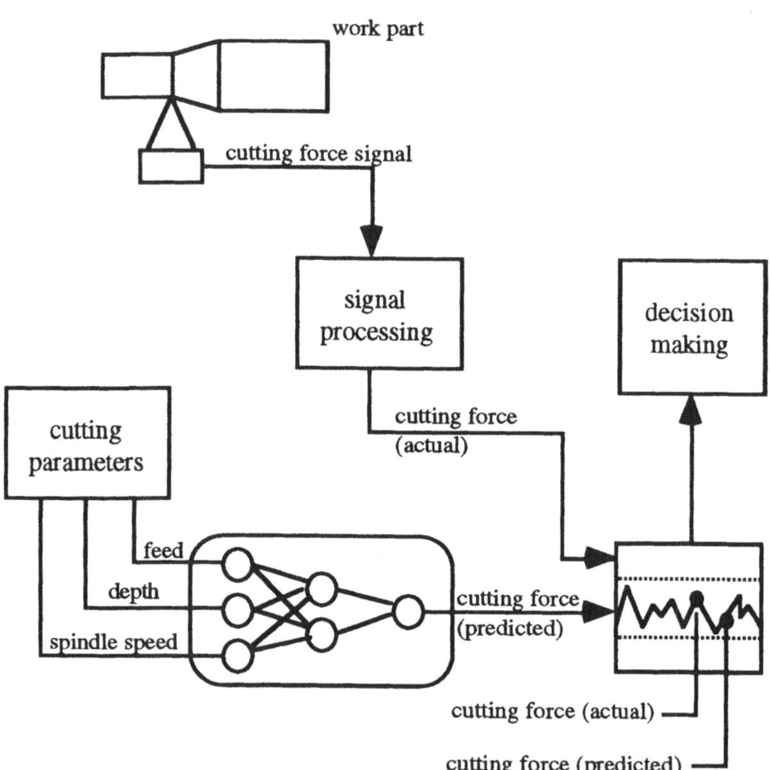

Abbildung 18.4: Aufbau eines on-line Monitors (Graphik nur für "cutting force", Monitoring der Oberflächenbeschaffenheit erfolgt analog)

Beide Werte dürfen nur innerhalb gewisser Bandbreiten variieren. Übersteigen etwa die tatsächlichen Schneidekräfte einen gewissen Maximalwert, so droht das Werkstück, das im vorliegenden Experiment aus Keramik besteht, zerstört zu werden. Oder sollte die Oberflächenrauhigkeit oberhalb eines definierten Toleranzwertes liegen, so sind die

Qualitätsanforderungen nicht erfüllt. Das Werkstück müßte nachbearbeitet werden bzw. es würde einfach als Ausschuß klassifiziert werden.

Abbildung 18.5:
Aufbau des neuronalen
Netzes

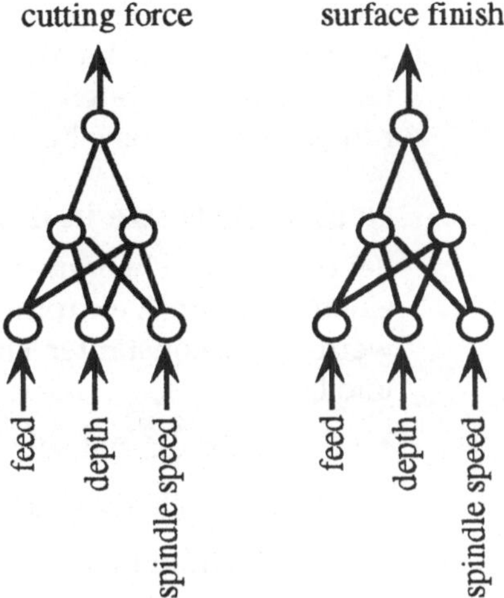

In der Applikation werden zwei Netze eingesetzt. Eines zur Prognose der Schneidekräfte und eines zur Prognose der Oberflächenqualität. Abbildung 18.5 zeigt die Topologie beider Netze.

18.3 Qualitätssicherung

Bei der Qualitätssicherung in der industriellen Fertigung gibt es eine Anzahl von Neuro-Ansätzen, die sich mit der Erkennung von fehlerhaften Produkten beschäftigen. Die Arbeit von Lutz (1993) ist ein Beispiel für die automatisierte Motor-Diagnose mittels neuronaler Netze.

18.3.1 Einführung

Aufgrund vielfältiger Faktoren ist das Bestreben in der Groß-serienproduktion von Motoren sehr groß, durch fertigungsbe-gleitende Maßnahmen das Qualitätsniveau des Endprodukts zu verbessern. Ziel ist es, möglicherweise fehlerhafte Komponenten frühzeitig zu erkennen, um hohe Folgekosten zu vermeiden,. Diese entstehen etwa, wenn ein fehlerhafter Motor in einem abschließenden Belastungstest zerstört wird.

Die Diagnoseverfahren sollten im optimalen Falle nicht nur zwischen sogenannten IO-Motoren und NIO-Motoren (IO: in Ordnung; NIO: nicht in Ordnung) unterscheiden können, sondern möglichst auch bereits bei der Ortung des Fehlers behilflich sein.

Neuronale Netze sind bei diesem Problem insbesondere von Interesse, weil bei diesem Anwendungsproblem Nichtlinearitäten zu verarbeiten sind. Überdies können Verrauschungen der Eingabedaten, bedingt durch Meßungenauigkeiten, auftreten, bei denen konventionelle Qualitätssicherungsverfahren sensibel reagieren.

18.3.2 Neuronale Netze in der Motordiagnose

Bei der vorgeschlagenen Prüfmethode wird der Motor durch einen externen Elektromotor angetrieben. Bei diesem Vorgang werden bei konstanter Drehzahl gewisse Parameter gemessen und bewertet:

- Öldruck, statisch
- Öldruck, dynamisch
- Drehmoment
- Ansaugunterdruck
- Abgasgegendruck

Zur Generierung der Trainingsmenge wurden typische Fehler in die Motoren eingebaut und entsprechende Testläufe durchgeführt. Die dabei gemessenen Werte wurden den jeweiligen Fehlerquellen zugeordnet. Jede Fehlerklasse wird durch ein Ausgabeneuron repräsentiert. Typische Fehlerklassen, die in der Neuro-Anwendung berücksichtigt wurden, waren:

- Zündkerze fehlt
- Nockenwelle phasenversetzt
- Distanzplatte Kipphebel fehlt
- Aus- und Einlaßventil vertauscht
- Hauptlagerschale fehlt
- Pleuellagerschale fehlt
- Ölbohrung zum Hauptlager blockiert
- Öldruckregelventil blockiert
- oberer Kompressionsring fehlt
- erhöhtes Hauptlagerspiel
- Zylinderkopfdichtung fehlt

Der Autor expermimentierte mit unterschiedlichen Netzwerktopologien, bis sie zur den gewünschten Ergebnissen gelangten. Zur Diagnose wurde ein konventionelles Backpropagation-Netz verwendet, dessen Eingabe aus einer Kodierung der oben beschriebenen Motorparameter bestand und dessen Ausgabe die einzelnen Fehlerklassen waren.

18.4 Produktionsplanung

In diesem Abschnitt untersuchen wir eine von Dagli und Huggahalli (1994) beschriebene Anwendung für ART-1-Netze in der zellulären Fertigung.

18.4.1 Einleitung

Übergeordnetes Anwendungsziel ist es, die Planung von Produktionsprozessen zu optimieren. Ausgangsbasis ist dabei die sogenannte Maschinen-Bauteil-Matrix (vergleiche Abb. 18.6), die beschreibt, welche Maschine welches Bauteil bearbeitet.

Abb. 18.6: Eine Maschinen-Bauteil-Matrix. Die zu fertigenden Bauteile sind waagerecht aufgeführt. Die zur Verfügung stehenden Maschinen sind senkrecht aufgetragen. Zur Lesart: Maschine 3 bearbeitet Bauteil 1, 2 und 7.

	1	2	3	4	5	6	7
1		1		1	1	1	
2	1		1				
3	1	1					1
4		1		1		1	
5	1						1

Innerhalb einer Matrix interessiert man sich für Häufungen in der Maschinen-Bauteil-Relation, die bei der Entwicklung von Produktionsprozessen ausgenutzt werden können. Durch Umgruppierung kann aus der obigen Matrix (Abb. 18.6) eine alternative Matrix abgeleitet werden, die durch Permutation der Spaltenvektoren entstanden ist.

Abb. 18.7: Eine
alternative Matrix.
Durch Umgruppierung
der Spaltenvektoren
werden zwei
Fertigungszellen
deutlich.

	1	7	3	2	4	6	5
1				1	1	1	1
4				1	1	1	
3	1	1		1			
2	1		1				
5	1	1					

Wir können aus Abb. 18.6 nun zwei Gruppen ableiten. Gruppe
1 besteht aus den Maschinen 1 und 4, die die Teile 2, 4, 5 und 6
bearbeiten. Gruppe 2 besteht aus den Maschinen 2, 3 und 5, die
die Teile 1, 7, 3, 2 bearbeiten. Das Bauteil 2 wird
Ausnahmeelement genannt, da es beiden Maschinengruppen
zugeordnet ist.

Abb. 18.8: Eine aus der
Maschinen-Bauteil-
Matrix in Abb. 18.6
abgeleitete Maschinen-
planung

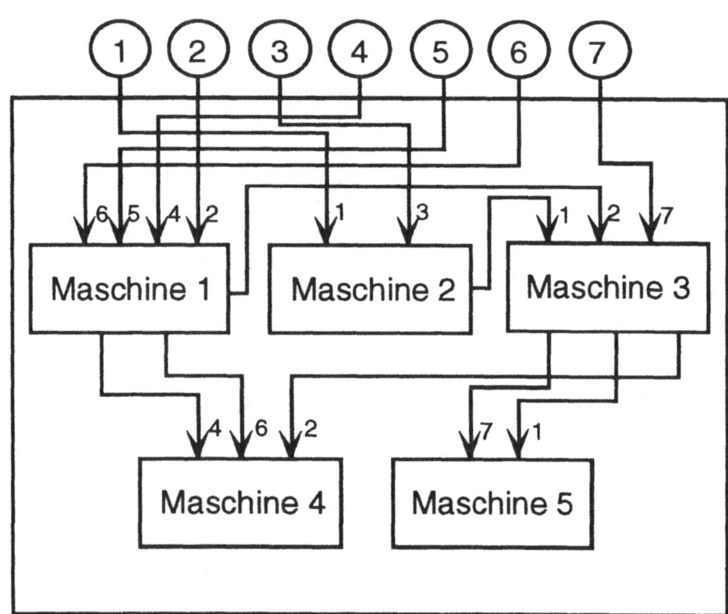

Übergeordnetes Ziel ist es, eine Matrix zu finden, für die die
Anzahl der Ausnahmeelemente minimal ist. Damit lassen sich
die Umrüstzeiten für die Maschinen und die interzellulären
Transportkosten bzw. alle im weiteren Sinne logistischen
Kostenfaktoren reduzieren. Abbildung 18.8 zeigt die Übersicht

einer Produktionsanlage, die aus der Maschinen-Bauteil-Matrix von Abbildung 18.6 abgeleitet wurde. Im Vergleich dazu stellt Abbildung 18.9 die optimierte Produktionsanlage, basierend auf der umstrukturierten Matrix (Abbildung 18.7), dar.

Abb. 18.9: Eine aus der Maschinen-Bauteil-Matrix in Abb. 18.7 abgeleitete Maschinenplanung

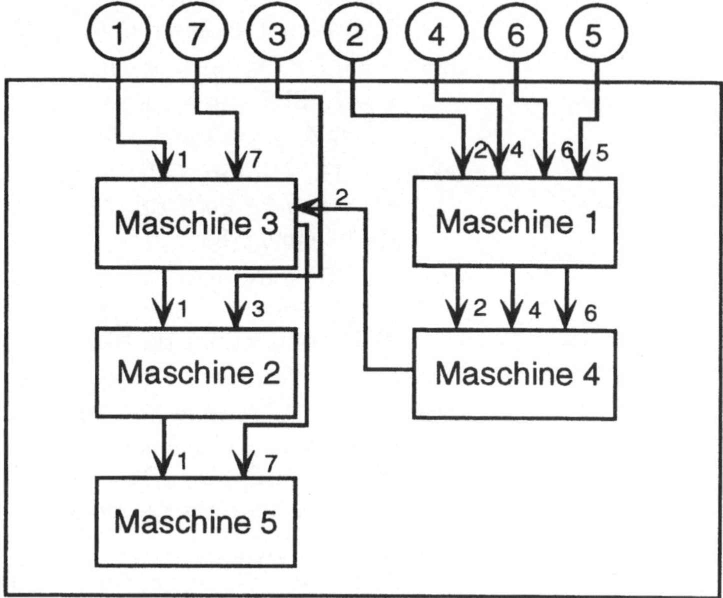

In realen Anwendungsszenarien sind die zu bearbeitenden Bauteil-Maschinen-Matrizen sehr groß, daher sind heuristische Methoden erforderlich, solche zellulären Fertigungszellen zu erstellen. In der Regel wird eine Reihe von Alternativen erstellt und dann nach unterschiedlichen Gesichtspunkten bewertet. Zu diesen gehören u. a.:

- Materialhandhabungskosten

- Umrüstzeiten

- mittlere Maschinenauslastung

Abschließend sei zu dem Beispiel (Abbildung 18.9) angemerkt, daß in der Praxis eine Duplizierung von Maschine 3 erwogen würde. Dies ermöglicht eine vollkommene Trennung der beiden Fertigungszellen. Die Autoren verwendeten ein ART-1-Netz zur Realisierung ihres Ansatzes 18.5

19 Literaturverzeichnis

Aarts, E. und Korst, J.: *Simulated Annealing and Boltzman-Machines*, J. Wiley & Sons, Chichester, UK, 1989.

Aarts, E.H.L. und Korst, J.H.M.: *Boltzmann Machines for Travelling Salesman Problem*, European Journal of Operational Research (39), pp. 79-95, 1989.

Abu-Mostafa, Y.; Jacques, St.: *Information Capacity of the Hopfield Model*, IEEE Transactions on Information Theory, Vol. IT-31, Nr. 4, pp. 461-464, 1985.

Ackley, D.H.; Hinton, G.E. und Sejnowski, T.J.: *A Learning Algorithm for Boltzman Machines*, Cognitive Science (9), pp. 147-169, 1985.

Aiyer, S.V.B.; Niranjan, M. und Fallside, F.: *A Theoretical Investigation into the Performance of the Hopfield Model*, IEEE Transactions on Neural Networks (1), pp. 204-215, 1990.

Almeida, L.B.: *A Learning Rule for Asynchronous Perceptrons with Feedback in a Combinatorial Environment*, in Caudill, M. und Butler C. (eds): *Proc. of the IEEE First Int. Conference on Neural Networks*, (2), pp. 609-618, 1987.

Amari, S.I.: Neural Theory of Association and Concept-Formation, Biological Cybernetics 26, pp. 175-185, 1977. (auch in Anderson, J.A. und Rosenfeld, E. (eds): *Neurocomputing: Foundations of Research*, Kap. 21, pp. 271-282, MIT Press, 1988.)

Anderson, J.A. und Rosenfeld, E.: *Neurocomputing: Foundations of Research*, MIT Press, 1988.

Anderson, J.A.; Pelionisz, A. und Rosenfeld, E.: *Neurocomputing 2: Directions of Research*, MIT Press, 1990.

Antognetti, P. and Milutinovic, V. (eds): *Neural Networks: Concepts, Applications, and Implementations*, Vol. I-IV, Prentice Hall, 1991.

Bäck, T., Hoffmeister, F. und Schwefel, H.P.: *A Survey of Evolution Strategies*, in Belew, R.K. und Booker, L.B.: *Proc. of the Fourth Intern. Conf. on Genetic Algorithms*, San Mateo, CA: Morgan Kaufmann, pp. 2-9, 1991.

Barto, A.G.; Sutton, R.S. und Anderson, C.W.: *Neuronlike Adaptive Elements That Can Solve Difficult Learning Control Problems*, IEEE Trans. on System, Man, and Cybernetics SMC-13, pp. 834-846, 1983. auch in Anderson, J.A.; Rosenfeld, E. (eds): *Neurocomputing: Foundations of Research*, pp. 537-550, MIT-Press, 1988.

Beale, R. und Jackson, T.: *Neural Computing: An Introduction*, IOP Publishing Ltd, 1992.

Bekey, G.A. und Goldberg, K.Y.: *Neural Networks in Robotics*, Kluwer Academic Publishers, 1993.

Bishop, C.: *Improving the Generalization Properties of Radial Basis Function Neural Networks*, Neural Computation, 3(4), pp. 579-588.

Botros, S. M. und Atkeson, C.G.: *Generalization Properties of Radial Basis Functions*, in Lippmann, R.P., Moody, J.E. und Touretzky, D.S.: *Advances in Neural Information Processing Systems 3*, Morgan Kaufmann, pp. 707-713, 1991.

Bourlard, H. und Morgan, N.: *Continuous Speech Recognition by Connectionist Statistical Methods*, IEEE Trans. on Neural Networks, Vol. 4, No. 6, pp. 893-909, 1993.

Brause, R.: *Neuronale Netze*, Teubner-Verlag, 1991.

Brause, R.: *Neuronale Netze*, Teubner-Verlag, 2. Aufl. 1995.

Burr, D.J.: *An Improved Elastic Net Method for the Traveling Salesman Problem*, Proc. of the IEEE Conf. on Neural Networks, San Diego, pp. 69-76, 1988.

Buselmaier, W.: *Biologie für Mediziner*, Springer Verlag, 1985.

Carpenter, G.A. und Grossberg, S.: *A Massively Parallel Architecture for a Selforganizing Neural Pattern Recognition Machine*, Computer Vision, Graphics and Image Pocessing (37), 54-115, 1987.

Carpenter, G.A. und Grossberg, S.: *ART 3: Hierachical Search Using Chemical Transmitters in Self-Organizing Pattern Recognition Architectures*, Neural Networks (2), pp. 243-257, 1989.

Carpenter, G.A. und Grossberg, S.: *ART 3: Hierarchical Search Using Chemical Transmitters in Self-Organizing Pattern Recognition Architectures*, Neural Networks, Vol. 3 (2), pp. 129-152, 1990.

Carpenter, G.A. und Grossberg, S.: *ARTMAP: Supervised Real-Time Learning and Classification of Nonstationary Data by Self-Organizing Neural Netzwork*, Neural Networks, Vol. 4, pp. 543-564, 1991.

Carpenter, G.A. und Grossberg, S.: *ARTMAP: Supervised Real-time Learning and Classification of Nonstationary Data by a Self-Organizing Neural Network*, Neural Networks, Vol. 4, pp. 543-564, 1991.

Carpenter, G.A. und Grossberg, S.: *The ART of Adaptive Pattern Recognition by a Self-Organizing Neural Network*, IEEE Computer, pp. 77-88, 1988.

Carpenter, G.A. und Grossberg, S: *ART2: Self-Organizing of Stable Category Recognition Codes for Analog Input Patterns*, Applied Optics (26), pp. 4919-4930, 1987.

Carpenter, G.A.: *Neural Network Models for Pattern Recognition and Associative Memory*, Neural Networks (2), pp. 243-257, 1989.

Carpenter, G.A.; Grossberg, S. und Rosen, D.B.: *ART 2-A: An Adaptive Resonance Algorithm for Rapid Category Learning and Recognition*, Neural Networks, Vol. 4, pp. 493-504, 1991.

Carpenter, G.A.; Grossberg, S. und Rosen, D.B.: *Fuzzy ART: Fast Stable Learning and Categorization of Analog Patterns by an Adaptive Resonance System*, Neural Networks, Vol. 4, pp. 759-771, 1991.

Caudell, T.P. und Dolan, C.P.: *Parametric Connectivity: Training a Constrained Network Using Genetic Algorithms*, in Schaffer, J.D. (ed): Proc of the 3rd Int. Conf. on Genetic Algorithms, pp. 370-374, 1989.

Chauvin, Y.: *A Backpropagation Algorithm with Optimal Use of Hidden Units*, in Touretzky, D.S. (ed): *Advances in Neural Information Processing Systems* (1), pp. 519-526, Morgan Kaufmann, 1989.

Chen, S.; Cowan, C.F.N. und Grant, P.M.: *Orthogonal Least Squares Learning Algorithm for Radial Basis Function Networks*, IEEE Transaction on Neural Networks, 2(2), pp. 302-309, 1991.

Crick, F.: *Function of the Thalamic Reticular Complex: The Searchlight Hypothesis*, Proc. of the National Academy of Sciences, USA, Vol. 81, pp. 4586-4590, 1984. auch in Anderson, J.A. und Rosenfeld, E. (eds): *Neurocomputing: Foundations of Research*, pp. 571-576 MIT Press, 1988.

Dagli, C.H. und Huggahalli, R.: *A Neural Network Approach to Group Technology*, in Wang, J. and Takefuji, Y. (eds.): *Neural Networks in Design and Manufacturing*, World Scientific Publishing Co., 1993.

Davis, L. (editor): *Handbook of Genetic Algorithms*, New York, Van Nostrand Reinhold, 1991.

Deutsch, S. und Deutsch A.: *Understanding the Nervous System: An Engineering Perspective*, IEEE Press, 1993.

Eckmiller, R. (ed.): *Advanced Neural Computers*, North-Holland, 1990.

Eckmiller, R., Hartmann, G. und Hauske G. (eds.): *Parallel Processing in Neural Systems and Computers*, North-Holland, 1990.

Fahlmann, S.E. und Lebiere, Ch.: *The cascade-correlation learing architecture*, in Touretzky, D.S.: *Advances in Neural Information Processing Systems 2*, Morgan Kaufmann Pub., pp. 524-532, 1990.

Fahlmann, S.E.: *An empirical Study of Learning Speed in Back-Propagation Networks*, in Touretzky, D.S. , Hinton G. und Sejnowski (eds): Proc of the 1988 Connectionist Models Summer Scholl, Carnegie Mellon University, Morgan Kaufmann, 1988.

Feldman, J.A. und Ballard, D.H.: *Connectionist Models and their Properties*, Cognitive Science (6), pp. 204-254, 1982. auch in Anderson, J.A. und Rosenfeld, E. (eds), *Neurocomputing: Foundations of Research*, pp. 484-508, MIT Press, 1988.

Fogel, D. B.: *Evolutionary Computation*, IEEE Press, 1995.

Fukunaga, K. und Young, J.A.: *Pattern Recognition and Neural Engineering*, in Antognetti, P. and Milutinovic, V. (eds): *Neural Networks: Concepts, Applications, and Implementations*, Vol. I, Prentice Hall, pp. 10-32, 1991.

Fukushima, K.: *Cognitron: A Self-Organizing Multilayered Neural Network*, Biological Cybernetics (20), pp. 121-136, 1975.

Fukushima, K.: *Neocognitron: A Self-Organizing Neural Network Model for a Mechanism of Pattern Recognition Unaffected by Shift in Position*, Biological Cybernetics (20), pp. 121-136, 1980.

Fukushima, K.: *A Hierarchical Neural Network Model for Associative Memory*, Biological Cybernetics (50), pp. 105-113, 1984.

Fukusima, K.: *A Neural Network Model for Selective Attention in Visual Pattern Recognition*, Biological Cybernetics 55 (1), pp. 5-15, 1986.

Fukushima, K.: *A Neural Network Model for Selective Attention*, in Caudill, M. und Butler, C. (eds): Proc. of the IEEE First Int. Conf. on Neural Networks, Vol. 2, pp. 11-18, 1987.

Fukushima, K.: *Analysis of the Process of Visual Pattern Recognition by the Neocognitron*, Neural Networks, Vol. 2, pp. 413-420, 1989.

Fukushima, K.: *Neural Network Models for Visual Pattern Recognition*, in Eckmiller, R.; Hartmann, G. und Hauske, G. (eds): *Parallel Processing in Neural Systems and Computer*, pp. 351-356, North-Holland, 1990.

Fukushima, K; Miyake, S. und Ito, T.: *Neocognitron: A Neural Network Model for a Mechanism of Visual Pattern Recognition*, IEEE Trans. on System, Man, and Cybernetics, pp. 826-834, 1983. auch in Anderson, J.A. und Rosenfeld, E. (eds): *Neurocomputing: Foundations of Research*, pp. 526-534, MIT Press, 1988.

Geman, S. und Geman, D.: *Stochastic Relaxation, Gibbs Distributions, and the Bayesian Restoration of Images*, IEEE Trans. on Pattern Analysis and Machine Intelligence, pp. 721-741, 1984. auch in Anderson, J.A. und Rosenfeld, E. (eds): *Neurocomputing: Foundations of Research*, pp. 614-634, MIT Press, 1988.

Geschwind, N.: *Die Großhirnrinde*, Spektrum der Wissenschaft: *Gehirn und Nervensystem*, Spektrum der Wissenschaft Verlag, Heidelberg, 10. Auflage, pp. 76-85, 1992.

Glesner, M und Pöchmüller, W.: *Neurocomputers - An Overview of Neural Networks in VLSI*, Chapman & Hall, 1994.

Goldberg, D.E.: *Genetic Algorithms in Search, Optimization, and Machine Learning*, Reading, MA: Addison-Wesley, 1989.

Goonatilake, S.; Khebbal, S.: *Intelligent Hybrid Systems*, John Wiley and Sons, 1995.

Grefenstette, J.J.: *Optimization of Control Parameters for Genetic Algorithms*, IEEE Trans. Sys., Man, and Cybernetics, Vol. SMC-16:1, pp, 122-128, 1986.

Grossberg, S.: *Some Networks That Can Learn, Remember and Reproduce Any Number of Complicated Space-Time Patterns*, Journal of Mathematics and Mechanics (19), pp. 53-91, 1969.

Grossberg, S.: *Embedding Fields: Underlying Philosophy, Mathematics, and Applications of Psychology, Physiology, and Anatomy*, Journal of Cybernetics (1), pp. 28-50, 1971.

Grossberg, S.: *Adaptive Pattern Classification and Universal Recording: I. Parallel Development and Coding of Neural Feature Detectores*, Biological Cybernetics (23), pp. 121-134, 1976. auch in Anderson, J.A. und Rosenfeld, E. (eds): *Neurocomputing: Foundations of Research*, pp. 245-258, MIT Press, 1988.

Grossberg, S.: *How Does a Brain Build a Cognitive Code?*, Psychological Review (87), pp. 1-51, 1980, auch in Anderson, J.A. und Rosenfeld, E. (eds): *Neurocomputing: Foundations of Research*, pp. 349-400, MIT Press, 1988.

Grossberg, S.: *Studies in Mind and Brain*, Reidel, New York, 1978.

Haken, H.: *Synergetics: An Introduction; Nonequilibrium Phase Transitions and Self-Organization in Physics, Chemistry, and Biology*, 3rd Ed., Springer, 1983.

Haken, H.: *Advanced Synergetics: Instability Hierarchies of Self-Organizing Systems and Devices*, 2nd correct. print, 1987.

Haken, H.: *Information and Self-Organization: A Macroscopic Approach to Complex Systems*, Springer, 1988.

Haken, H.: *Neural and Synergetic Computers*, Proc. of the international Symposium at Schloß Elmau, Bavaria, 1988, Sringer, 1988.

Haken, H.: *Synergetic Computers and Cognition: A Top-Down Approach to Neural Nets*, Springer, 1988.

Haken, H. Wunderlich, A.: *Die Selbststrukturierung der Materie: Synergetik in der unbelebten Materie*, Vieweg, 1991.

Hanson, P.J.B. und Pratt, L.Y.: *Comparing Biases for Minimal Network Construction with Backpropagation*, in Touretzky, D.S. (ed), *Advances in Neural Information Processing*, Morgan Kaufmann, pp. 177-185, 1989.

Hassibi, B. und Stork, D.G.: *Second Order Derivatives for Network Prunig: Optimal Brain Surgeon*, in Hansen, S.J., Cowan, J.D. und Giles, C.L. (eds.): *Advances in Neural Information Processing Systems* (NIPS-5), Morgan-Kaufmann, 1993.

Hassibi, B., Stork, D.G. und Wolff, G.J.: *Optimal Brain Surgeon and General Network Pruning*, in IEEE Int. Conf. on Neural Networks, San Francisko, Vol. I, pp. 293-299, 1993.

Hebb, D.: *The Organization of Behavior*, New York City, Wiley Publications, 1949.

Hecht-Nielsen, R.: *Counterpropagation Networks*, Applied Optics 26-23, pp. 4979-4984, 1987.

Hecht-Nielsen, R.: *Counterpropagation Networks*, in Caudill M. und Butler, C. (eds): Proc. of the IEEE First Int. Conference on Neural Networks, Vol. 2 pp. 19-32, San Diego, CA, 1987.

Hecht-Nielsen, R.: *Applications of Counterpropagation Networks*, Neural Networks, Vol. 1, pp. 131-139, 1988.

Hecht-Nielsen, R.: *Neurocomputing*, Addison-Wesley, 1990.

Helbig, H.: Künstliche Intelligenz und automatische Wissensverarbeitung, FernUni-Kurs 1697, Fachbereich Informatik, Ersteinsatz 1994.

Helbig, H.: Grundlagen der Künstlichen Intelligenz, FernUni-Kurs 1698, Fachbereich Informatik, Ersteinsatz 1995.

Hinton, G.E.; Sejnowski, T.J. und Ackley, D.H.: *A Learning Algorithm for Boltzmann Machines*, Technical Report CMU-CS 84-119, 1984.

Holland, J. H.: *Adaptation in Natural and Artificial Systems*, Ann Arbor: University of Michigan Presss, 1975.

Holland, J. H.: *Adaptation in Natural and Artificial Systems*, 2nd Edition, Cambridge, MA: MIT Press, 1992.

Holland, J. H.: *Genetic Algorithms*, Scientific American, July, pp. 66-72, 1992.

Hopfield, J.J.: *Neural Networks and Physical Systems with Emergent Collective Computational Abilities*, Proc. of the National Academy of Sciences, USA, Vol. 79, pp. 2554-2558, 1982.

Hopfield, J.J.: *Neurons with Graded Response Have Collective Computational Properties Like Those of Two-State-Neurons*, Proc. of the National Academy of Sciences, USA, Vol. 81, pp. 3088-3092, 1984.

Hopfield, J.J. und Tank, D.W.: *Neural Computation of Decisions in Optimization Problems*, Biological Cybernetics, Vol. 52, pp. 141-152, 1985.

Kirkpatrick, S.; Gelatt, C.D. und Vecchi, M.P.: *Optimization by Simulated Annealing*, Science (220), pp. 671-680, 1983. auch in Anderson, J.A. und Rosenfeld, E. (eds): *Neurocomputing: Foundations of Research*, pp. 554-568, MIT Press, 1988.

Klett, G.: *Fuzzy-Logik*, CBT, Addison-Wesley, 1995.

Kohonen, T.: *Associative Memory - A System Theoretic Approach*, Springer, 1977.

Kohonen, T.: *Self-Organization and Associative Memory*, Springer Series in Information Science, Springer-Verlag, 1984.

Kohonen, T.: *Correlation Matrix Memories*, IEEE Transactions on Computers (C21), pp. 253-259, 1972. auch in Anderson, J.A. und Rosenfeld, E. (eds): *Neurocomputing: Foundations of Research*, Kap. 14, pp. 174-180, MIT Press, 1988.

Kohonen, T.: *Self-organized Formation of Topologically Correct Feature Maps*, Biological Cybernetics (43), pp. 59-69, 1982. auch in Anderson, J.A. und Rosenfeld, E. (eds): *Neurocomputing: Foundations of Research*, pp. 511-522, MIT Press, 1988.

Kohonen, T.: *Self-Organization and Associative Memory*, Springer Series in Information Science, Springer-Verlag, third edition, 1989.

Kohonen, T.: *The Self-Organizing Map*, Proc. of the IEEE, Vol. 78, No. 9, pp. 1464-1480, 1990.

Kohonen, T.; Kangas, J. Laaksonen, J. und Torkkola, K.: *LVQ-PAK - The Learning Vector Quantization Program Package*, Version 2.1, LVQ Programming Team of the Helsinki Univ. of Technology, Lab. of Comp. and Inform. Science, Rakentajanaukio 2 C, SF-02150 Espoo, 1992.

Kohonen, T.: *Things You Haven't Heard About the Self-Organizing Map*, ICNN-93, 1993 IEEE International Conference on Neural Networks, San Francisco, Vol. III, pp. 1147-1156, 1993.

Kosko, B.: *Neural Networks and Fuzzy Systems - A Dynamical Systems Approach to Machine Intelligence*, Prentice Hall, 1992.

Koza, J. P.: *Genetic Programming*, Bradford, 1992.

Krogh, A. und Hertz, J.: A Simple Weight Decay Can Improve Generalization, in Moody, J., Hanson, S. und Lippmann, R. (eds): Advances in Neural Processing Systems, Morgan Kaufmann, pp. 950-958, 1992.

Lashley, K.S.: *In Search of the Engram*, Society of Experimental Biology Symposium, No. 4: *Psychological Mechanisms in Animal Behaviour*, Cambridge Univ. Press, pp. 454-455, 468-473, 477-480. auch in Anderson, J.A. und Rosenfeld, E. (eds): *Neurocomputing: Foundations of Research*, pp. 59-64, MIT Press, 1988.

LeCun, Y.: *Learning Processes in an Asymmetric Threshold Network*, in Bienenstock, E., Fogelman-Souli, F., Weisbuch, G. (eds.): *Disordered Systems and Biological Organization*, Springer, 1986.

LeCun, Y., Denker, J.S. und Solla, S.A.: *Optimal Brain Damage*, in Touretzky, D.S. (ed): *Advances in Neural Processing Systems* (NIPS-2), Morgan-Kaufmann, pp. 598-605, 1990.

Lee, Y.: *Handwritten Digit Recognition Using K-Nearest-Neighbor, Radial-Basis Function, and Backpropagation Neural Networks*, Neural Computation, 3(3), pp. 440-449, 1991.

Leonard, J.A., Kramer, M.A. und Ungar, L.H.: *Using Radial Basis Functions to Approximate a Function and its Error Bounds*, IEEE Transactions on Neural Networks, 3(4), pp. 624-627, 1992.

Leshno, M; Lin, V.Y.; Pinkus, A. und Schocken S.: *Multilayer Feedforward Networks with a Nonpolynomial Activation Function Can Approximate Any Function*, Neural Networks, pp. 861-867, 1993.

Lutz, J.: Motor-Diagnose mit Neuronalen Netzen, in Schöneburg, E.: Industrielle Anwendung Neuronaler Netze, Addison-Wesley, 1993.

Maloney, S.P.: *The Use of Probabilistic Neural Networks to Improve Solution Times for Hull-To-Emitter Correlation Problems*, International Joint Conference on Neural Networks, Vol. 1. pp. 289-294, New Jersey, IEEE Press, 1989.

Marr, D und Poggio, T.: *Cooperative Computation of Stereo Disparity*, Science (194), pp. 283-287, 1976. auch in Anderson, J.A. und Rosenfeld, E. (eds), *Neurocomputing: Foundations of Research*, pp. 261-268, MIT Press, 1988.

Mayer, A.; Mechler, B.; Schlindwein, A. und Wolke, R.: *Fuzzy Logic, Addison-Wesley*, 1993.

McCulloch, W.S. und Pitts, W.: *A Logical Calculus of the Ideas Immanent in Nervous Activity*, Bulletin of Mathematical Biophysics 5: pp. 115-133, 1943. Auch in Anderson, J.A. und Rosenfeld, E. (eds): *Neurocomputing: Foundations of Research*, pp. 18-28, MIT-Press, 1988.

Miller, G.F.; Todd, P.M. und Hegde, S.U.: *Designing Neural Networks*, Neural Networks, Vol. 4, No.1, pp. 53-60, 1991.

Minsky, M.: *The Society of Mind*, Simon & Schuster, New York, 1985.

Minsky, M. und Papert, S.: *Perceptrons*, MIT Press, Cambridge, MA., 1969.

Minsky, M. und Papert, S.: *Perceptrons*, 2nd edition, MIT Press, Cambridge, MA, 1988.

Montana, D. J.: *Automated Parameter Tuning for Interpretation of Synthetic Images*, in Davis, L. (editor): *Handbook of Genetic Algorithms*, New York, Van Nostrand Reinhold, 1991.

Montana, D. und Davis, L.: *Training Feedforward Neural Networks Using Genetic Algorithms*, Proc. of the 11th Joint Conference on AI (IJCAI-11, pp. 762-767, 1989.

Moody, J. und Darken, C.J.: *Fast Learning Networks of Locally-Tuned Processing Units*, Neural Computation 1(2), pp. 281-294, 1989.

Mozer, M.C. und Smolensky, P.: *Skeletonization: A Technique for Trimming the Fat from a Network Via Relevance Assessment*, in Touretzky, D.S. (ed), *Advances in Neural Information Processing Systems*, pp. 107-115, Morgan Kaufmann, 1989.

Nauta, W.J.H. und Freitag, M.: *Die Architektur des Gehirns*, Spektrum der Wissenschaft: *Gehirn und Nervensystem*, Spektrum der Wissenschaft Verlag, Heidelberg, pp. 88-99, 1992.

Nilson, N.J.: *Learning Machines - Foundations of Trainable Pattern Classifying Systems*, McGraw-Hill, New York, 1965.

Parker, D.: *Learning Logic*, Technical Report TR-87, Center for Computational Research in Economics and Management Science, MIT, Cambridge, MA.1985.

Parzen, E.: *On Estimation of a Probability Density Function and Mode*, Ann. Math. Stat., Vol. 33, pp. 1065-1076, 1962.

Pedrycz, W.: *Fuzzy Sets Engineering*, CRC Press, 1995.

Poggio, T. und Girosi, F.: *A Theory of Networks for Approximation and Learning*, A.I. Memo, No. 1140, MIT, 1989.

Ramacher, U.; Raab, W.; Anlauf, J.; Beichter, J.; Hachmann, U.; Brüls, N.; Weßeling, M. Sicheneder, E.; Männer, R.; Gläß, J. und Wurz, A.: *Multiprocessor and Memory Architecture of the Neurocomputer SYNAPSE-1*, Proc. ICANN-93, Amsterdam, pp. 1034-1039, 1993.

Ramcher, U. und Rückert, U.: *VLSI Design of Neural Networks*, Kluwer Academic, Boston, 1991.

Rechenberg, I.: *Evolutionsstrategie: Optimierung technischer Systeme nach den Prinzipien der biologischen Evolution*, Stuttgart: Fromman-Holzboog Verlag, 1973.

Reed, R.: Pruning Algorithms - A Survey, IEEE Transactions on Neural Networks, Vol. 4, No. 5 pp. 740-747, 1993.

Refenes, A.N. und Zaidi, A.: Managing Exchange Rate Prediction Strategies with Neural Networks, in Taylor, M. und Lisboa, P., Techniques and Application of Neural Networks, Ellis Horwood, pp. 109-116, 1993.

Riemiller, M.: *Controlling an Inverted Pendulum by Neural Plant Identification*, Proc. of the IEEE International Conference on Systems, Man and Cybernetics, France, 1993.

Riedmiller, M., Braun, H.: *A Direct Adaptive Method for Faster Backpropagation Learning: The PROP Algorithm,,* in Ruspini, H. (ed): *Proc. of the IEEE International Conference on Neural Networks*, San Francisco, pp. 586-591, 1993.

Riedmiller, M.: *Untersuchungen zu Konvergenz und Generalisierungsfähigkeit überwachter Lernverfahren mit SNNS*, Interner Report, Institut für Logik, Komplexität und Deduktionssysteme, Universität Karlsruhe, 1993.

Riedmiller, M.: *Advanced Supervised Learning in Multi-Layer Perceptrons - From Backpropagation to Adaptive Learning Algorithms*, International Journal on Computer Standards and Interfaces, Special Issue on Neural Networks (5), 1994.

Riedmiller, M.: *RPROP - Description and Implementation Details*, Technical Report, University of Karlsruhe, January, 1994.

Ritter, H.; Martinez, T., Schulten, K.: *Neuronale Netze*, Addison-Wesley, 2. Aufl., 1991.

Rojas, R.: *Theorie der neuronalen Netze*, Springer-Verlag, Berlin, Heidelberg, New York, 1993.

Rosenblatt, F.: *Principles of Neurodynamics*, Spartan Books, New York, 1962.

Rosenblatt, F: *A Comparison of Several Perceptron Models*, in Youits, M.C. et. al. (eds.), *Self-Organizing Systems*, pp.463-484, Spartan Books, Washington D.C., 1962b.

Rumelhart, D.E.; Hinton, G.E. und Williams: Learning Internal Representations by Error Propagation, in Rumelhart, D.E.; McClelland, J.L.: *Parallel Distributed Processing: Explorations in the Microstructure of Cognition*, Volume 1: *Foundations*, The MIT Press, 1986.

Rumelhart, D.E.; McClelland, J.L.: *Parallel Distributed Processing: Explorations in the Microstructure of Cognition*, Volume 1: *Foundations*, The MIT Press, 1986.

Scherer, A.: Konnektionistische Verfahren zur Wiederverwendung von Entwurfsobjekten, VDI-Verlag, Düsseldorf, 1994.

Scherer, A.: *Combining Neural Networks with other Prediction Techniques*, Hawaii International Conference on Systems Science (HICSS), Hawaii, USA, 1996.

Scherer, A.; Schlageter, G.: *A Multi-Agent Approach for the Integration of Neural Networks and Expert Sytems*, in S. Goonatilake and S. Khebbal (eds.), Intelligent Hybrid Systems, John Wiley, pp. 153-174, 1995.

Scherer, A.; Schlageter, G.; Schultheiss, R.; Schulze Schwering, W.P.: *RODIN: Connectionist Techniques in a CAD-System, European Joint Conference on Engineering Systems Design and Application*, Vol. 5, pp.115-122, 1994.

Schmidt, R.F.: *Grundriß der Neurophysiologie*, Springer-Verlag, Berlin, Heidelberg, New York, 1983.

Schwefel, H.P.: *Kybernetische Evolution als Strategie der experimentellen Forschung in der Strömungstechnik*, Diplomarbeit, Technische Universität Berlin, 1965.

Sejnowski, T.J. und Rosenberg, C.R.: *NETtalk: A Parallel Network That Learns to Read Aloud*, TR JHU/EECS-86-01, John Hopkins University, 1986. Auch in Anderson, J.A. und Rosenfeld, E. (eds): *Neurocomputing: Foundations of Research*, pp. 663-672, MIT Press, 1988.

Sietsma, J. und Dow, R.: *Creating Artificial Neural Networks That Generalize*, Neural Networks, Vol. 4, No. 1, pp. 67-79, 1991.

Specht, D.F.: *Probabilistic Neural Networks for Classification, Mapping, or Associative Memory*, Proceedings of the IEEE International Conference on Neural Networks, Vol. 1, pp. 525-532, New York, IEEE Press, 1988.

Specht, D.F.: *Probabilistic Neural Networks*, Neural Networks, 3(1), pp. 109-118, 1990.

Specht, D.F.: *A General Regression Neural Network*, IEEE Transactions on Neural Networks, 2(6): pp. 569-576, 1991.

Specht, D.F.: *Enhancements to Probabilistic Neural Networks*, in Proceedings of the International Conference on Neural Networks, Baltimore, MD, 1992.

Steinbruch, K.: *Die Lernmatrix*, Kybernetik 1, H.1., S. 36-45, 1961.

Tau, J.T. und Gonzales, R.C.: *Pattern Recognition Principles*, Addison Wesley, 1974.

Vogt, M: *Combination of Radial Basis Function Neural Networks with Optimized Learning Vector Quantization*, ICNN-93, IEEE Int. Conf. on Neural Networks, San Francisco, CA, Vol. 3, pp. 1841-1846, 1993.

von der Malsburg, C.: *Self-Organization of Orientation Sensitive Cells in the Striate Cortex*, Kybernetik (14), pp. 85-100, 1973. auch in Anderson, J.A. und Rosenfeld, E. (eds): *Neurocomputing: Foundations of Research*, pp. 212-228, MIT Press, 1988.

Walker, R.: *Neuronale Netze*, CBT, Addison-Wesley, 1992.

Wasserman, P.D.: *Advanced Methods in Neural Computing*, Van Nostrand Reinhold, 1993.

Wasserman, P. D: *Neural Computing, Theory and Practice*, Van Nostrand Reinhold, 1989.

Weiss, S. M.; Kulikowski, C.A.: *Computer Systems That Learn*, Morgan Kaufmann Publishers, Inc., San Mateo, California, 1991.

Weizenbaum, J.: Die Macht der Computer und die Ohnmacht der Vernunft, Surhkamp, 1978.

Werbos, P.: *Beyond Regression: New Tools for Prediction and Analysis in the Behavioral Sciences*, Ph.D. thesis, Harvard University, Cambridge, MA, 1974.

Werbos, P.J.: *Backpropagation: Past and Future*, Proc. of the Int. Conf. on Neural Networks (I), pp. 343-353, IEEE Press, New York, 1988.

Werbos, P.J.: *The Roots of Backpropagation: From Ordered Derivates to Neural Networks and Political Forecasting*, Wiley, 1994.

Widrow, B. und Hoff, M.E.: *Adaptive Switching Circuits,* 1960 IRE WESCON Convention Record, New York, IRE, pp. 96-104, 1960. Auch in Anderson, J.A. und Rosenfeld, E. (eds): *Neurocomputing: Foundations of Research*, Kap. 10, pp. 126-134, MIT Press, 1988.

Widrow, B.: *The Original Adaptive Neural Net Broom-Balancer*, Int. Symposium on Circuits and Systems, IEEE, pp. 351-357, 1987.

Zhang, G. und Khanchustambham, R.G.: *Neural Network Applications in On-line Monitoring of a Turning Process*, in Wang, J. and Takefuji, Y. (eds.): *Neural Networks in Design and Manufacturing*, World Scientific Publishing Co., 1993.

Zell, A.: *Simulation Neuronaler Netze*, Addison-Wesley, 1994.

Zimmermann, H.-J*Fuzzy Set Theory and Its Applications*, 2. Aufl., Boston, Kluwer, 1991a.

Zimmermann, H.-J.: *Fuzzy Sets, Decision Making and Expert Systems*, 2. Aufl. Boston, Kluwer, 1991b.

20 Index